趣味地球化学

化学元素在宇宙中的漫长奇妙旅行

[俄] 亚历山大·叶夫根尼耶维奇·费尔斯曼 —— 著

石英 安吉 —— 译

中国青年出版社

图书在版编目（CIP）数据

趣味地球化学 /（俄罗斯）费尔斯曼著；石英，安吉译 . — 3 版 . — 北京：中国青年出版社，2024.1

ISBN 978-7-5153-6878-8

Ⅰ.①趣… Ⅱ.①费… ②石… ③安… Ⅲ.①地球化学—普及读物 Ⅳ.① P59-49

中国版本图书馆 CIP 数据核字 (2022) 第 252680 号

责任编辑：彭岩
出版发行：中国青年出版社
社　　址：北京市东城区东四十二条 21 号
网　　址：www.cyp.com.cn
编辑中心：010 - 57350407
营销中心：010 - 57350370
经　　销：新华书店
印　　刷：北京中科印刷有限公司
规　　格：700mm×1000mm　1/16
印　　张：30.75
字　　数：400 千字
版　　次：2024 年 1 月北京第 3 版
印　　次：2024 年 1 月北京第 1 次印刷
定　　价：98.00 元

如有印装质量问题，请凭购书发票与质检部联系调换
联系电话：010 - 57350337

原 序

在《趣味地球化学》这本书里，费尔斯曼（Алексαдр Евгеньевич Ферсмαн）院士用文学的笔调阐述了他多年来创立的地质科学一个新的分支——地球化学，以此作为他研究工作的总结，他的目的是证明地球的化学生活正像他富有科学经验的想象所描述的那样。

这个研究地球的科学的新的分支是在 20 世纪初期兴起的，苏联杰出的科学家——维尔那德斯基（В. И. Вернадский）院士和费尔斯曼院士关于这个新的分支都有许多著述。

人们花了许多精力和时间，把无数零星的观察积累了起来，这才对于地壳的化学成分得到一些概括的认识。原子物理学和原子化学这两门研究物质结构的科学的成就，帮助了地质学家和矿物学家清楚地认识到物质在地壳里的分布和循环的情况。人们懂得了，在原子和分子这些微小的物质粒子里所起的变化，以及在宇宙空间的太阳和其他遥远的星体这些巨大的物质凝聚体里所起的变化，是统一的。

于是兴起了一门科学，就是地球化学，它把我们带进了物理化学、宇宙化学和天体物理学的成就的领域，同时又把这三门科学上的资料跟研究矿产的问题结合了起来。

费尔斯曼在地球化学的研究上花费了很大的精力，他深刻地了解到这门科学在苏联的经济生活和文化生活上的意义。费尔斯曼在苏联青年当中的声望是很高的，这是因为他虽然是一个知名的科学家，承担着大量的科学工作和国家工作，然而由于他热爱科学、热爱生活，他还给青年写了许多极好的通俗科学读物；这些著作里面最好的两部是《趣味矿物学》和《趣味地球化学》。

可惜的是，费尔斯曼在《趣味地球化学》全书写完以前就去世了；本书里有几章是他的朋友和学生补写的。

例如，"看不见的世界"和"原子分裂"这两章是赫洛平（В. Г. Хлопин）院士写的；"碳""水里的原子"和"活细胞里的原子"这三章是维诺格拉多夫（А. П. Виноградов）院士写的；"稀有的分散元素"这一章是谢尔比纳（В. В. Щербина）教授写的；"地球化学思想史断片"和"人类史上的原子"这两章是谢尔巴科夫（Д. И. Щербаков）院士和拉祖莫夫斯基（Н. К. Разумовский）教授分别根据费尔斯曼的材料编写的。

本书的第一版是 1948 年出版的，由拉祖莫夫斯基教授负责全书科学性的编辑工作，他并参照了赫洛平院士的意见。他们尽力使本书各方面都符合费尔斯曼原来的想法。

在本版里作了下面的变动：把费尔斯曼在 1940 年写的文章"地球化学家的野外工作"用附录的形式添加在本书里面，由克里诺夫（Е. Л. Кринов）根据科学上最新材料写成的"陨石——宇宙使者"这篇短文来代替"从宇宙到地球"这一篇（拉祖莫夫斯基根据费尔斯曼的材料写的）。"化学元素简单介绍"由拉祖莫夫斯基教授和索西德柯（А. Ф. Сседко）编写。此外，有几章（例如"碳""锡"和"铝"）根据费尔斯曼的材料作了许多处不大的补充。还有，名词注释重新作了修订，参考文献也作了修改，书里还添加了新的插图。

费尔斯曼院士在苏联国内的名望很大，他是杰出的矿物学家、地球

费尔斯曼与本文作者谢尔巴科夫院士

化学家和地理学家，他坚持不懈地研究了苏联的矿产资源，他还是不知疲倦的旅行家、出色的作家和地质知识的普及工作者。

费尔斯曼 1883 年 10 月 27 日（新历 11 月 8 日）出生于圣彼得堡。这位未来的科学家的童年是完全在克里木度过的，他在克里木的时候就喜欢有关石头的科学。"克里木是我的第一所大学"——这是他后来说的。

少年时代的费尔斯曼最初感兴趣的是石头外表的美，后来他的兴趣逐渐开始转到了石头的成分和成因的问题上。

费尔斯曼中学毕业以后就进了莫斯科大学，他在那里听了俄国杰出的自然科学家维尔那德斯基的矿物学课，并在他的指导下进行了研究工作。

在维尔那德斯基以前，大学里的矿物学课的内容是枯燥无味的。在

19 世纪末，矿物学主要是描述各种矿物，是研究矿物的结晶形状和矿物的分类法。

但是维尔那德斯基给这种叙述性的矿物学带来了一股生气。他开始把矿物当作天然的（地球上的）化学反应的产物来研究，他开始注意矿物的生成条件：矿物的产生、生活以及转变成其他矿物的情况。

这种新的矿物学就不再像旧的那样，不再毫无感情地描述地球内部的那些奇异事物了。新的矿物学使青年研究者的生活有了新的奔头和新的思想。研究者就不单是矿物学家，而是化学家兼矿物学家了。费尔斯曼后来回忆维尔那德斯基的时候说过这样的话："教师对我们的讲授方法是把化学跟自然界结合起来，把化学思想跟博物学家的工作方法结合起来。这在自然科学上是一个新的学派，是用有关地球的化学生活的正确科学资料做依据的。"当时莫斯科大学的矿物学研究工作不但在安静的研究室和实验室里进行，首先还要在大自然的怀抱里进行。每进行一次教学，就要在大自然里进行参观和勘探。后来费尔斯曼不止一次地回忆并提起这种情况。

一年年地过去，青年大学生从顽强的学习里不断地得到知识。最后，这些研究者不分昼夜地写论文；有时候，他们一连几天不离校舍一步。

1907 年，费尔斯曼在莫斯科大学光荣地毕业了。还在上大学时，他就在维尔那德斯基的指导下发表了五篇科学论文，是讲结晶学、化学和矿物学方面的问题的。

由于这些论文的发表，这位青年科学家得到了矿物学会奖给他的安齐波夫（А. И. Антипов）金质奖章。

费尔斯曼在 27 岁的时候被选任矿物学教授；1912 年，他开始讲授一门新的课程——地球化学，这在科学史上还是第一次。

费尔斯曼在讲课的时候一再特别强调地说："……我们要做地壳的

化学家。矿物只是各种元素暂时稳定的结合体，所以我们不但要研究矿物的分布和生成的情况，还要研究元素本身，研究元素的分布、变化和生活。"

从那一年起一直到他去世，他从来没有脱离过苏联科学院的工作，先在圣彼得堡，后在莫斯科。

伟大的十月革命为科学家的科学研究工作创造了完全新的、空前未有的有利条件。因而费尔斯曼得到了无穷尽的机会来发挥他全部的创造性才能；苏联政府对于有系统地研究和调查国内天然生产力的问题作了历史性的指示，而费尔斯曼也就把他的全部精力用来解决所有这些问题。

费尔斯曼是造诣很深的研究者，同时又主张科学工作要合乎实用，他和另一些科学家都最坚决、最热忱地支持这种主张，他不断地号召科学家到实用的、符合国民经济利益的领域里去工作。

1919 年，35 岁的费尔斯曼当选为苏联科学院院士，同时担任科学院矿物博物馆馆长的职务。

费尔斯曼的创造性的努力得到了很高的评价，谁要是看到他在科学和实践方面的多种多样的兴趣以及他的那种非常少见的工作能力，都会感到惊讶的。他在阐述地球化学和矿物学的科学原理的时候都把野外勘查工作列在第一位，他进行了巨大的勘探工作。他在苏联境内到过各种各样的地区：科拉半岛的希比内苔原、植物茂盛的费尔干流域、炎热的中亚的卡拉库姆沙漠和凯吉尔库姆沙漠、贝加尔湖沿岸的和外贝加尔的大密林地区、森林密布的乌拉尔东部山坡、阿尔泰山、克里木、北高加索、南高加索，还有其他地方。

科拉半岛的勘查工作真不愧是一篇英雄的史诗，这是一件异常重要的工作；1920 年和 1930 年，费尔斯曼先后在希比内山和蒙切苔原开始了这项工作，一直持续到他的晚年。

他在科拉半岛发现了具有世界意义的磷灰石矿床和镍矿石，这是他的最大的功绩。

由于费尔斯曼和其他专家在基洛夫的直接领导下进行了不懈的工作，科拉半岛就提供给苏联多种多样的矿产，而这些矿产的储藏量又是极其丰富的。

1929年，根据党和政府的决议，科拉半岛富源的开采工作开始大规模地进行了。位置在苏联极北地方的这个半岛一向是一个荒凉僻静的角落，几乎没有人去考察过，现在却变成了重要的工矿区了。说起来像魔术似的，这个人迹罕至的边区兴起了一些城市：先兴起的是希比内戈尔斯克，现在叫作基洛夫斯克，不久又兴起了蒙切戈尔斯克和其他城市。

费尔斯曼描述他自己在科拉半岛的工作的时候说过这样的话："在我过去的全部经历里，在自然界各式各样的景象里以及我对人对事的各种记忆里，我一生中印象最深的是希比内山——我在那里度过了整整的一个科学时代，它差不多占了我20年的全部思想和精力，支配了我的全部生活；它加强了人们的意志，唤起了人们的科学思想，唤起了人们对它的希望和期待……只是由于顽强的努力，由于对希比内山进行了巨大的研究工作，最后我们才在这里得到了奇异的成果，说起来像神话似的，

卡拉库姆沙漠景象

希比内山在我们面前终于暴露了它的富源。"然而希比内山的优美的史诗并没有妨碍费尔斯曼进行其他科学勘查工作。他的无穷尽的精力是足够应付一切科学工作的。

1924年，费尔斯曼开始到中央工作；一直到他去世为止，他对这件工作始终保持很大的兴趣。1925年，他大胆地到中央的卡拉库姆沙漠中部去旅行，那时候这个沙漠几乎还没有人去考察过；他在这里研究了产量丰富的自然硫矿床，这种矿床从此就成了苏联工业上的财富。他又在这里参加了硫磺工厂的建厂工作，这个工厂到现在还在生产。

从1934年至1939年间，费尔斯曼完成了一部阐述地壳里的化学元素的重要著作——《地球化学》，共四卷；他在这部著作里根据物理化学定律多方面地分析了地壳里各种原子移动的规律，他所表现的才能和创造性的预见是很了不起的。由于这部著作的出版，费尔斯曼和他所代表的俄罗斯地球化学得到了全世界的荣誉。

1940年，费尔斯曼写成了另一部著作：《科拉半岛的矿产》。他在这部著作里用光辉的实例说明了研究矿产的地球化学方法，并指出了寻找许多种矿产的新矿床的方法。这部著作的出版使费尔斯曼在1942年获得了斯大林奖金一等奖。

费尔斯曼的遗著是非常多的。他发表过将近1500种文章、书籍和长篇的专业论文。除了结晶学、矿物学、地质学、化学、地球化学、地理学和航空摄影测量方面的著述以外，他在天文学、哲学、艺术、考古学、土壤学、生物学和其他方面也都有著述。

费尔斯曼不但是科学家，而且还是政治家和社会活动家。

特别要指出的是费尔斯曼的写作，他是出色的、天才的作家——地质知识的普及工作者，阿·尼·托尔斯泰说他是"写石头的诗人"。

听过他的报告、学术讲演以及跟他谈过话的人都受到了他的鼓舞，他打动了各种不同年龄和职业的听众的心，他写的大量通俗科学文章也都是各界人士喜爱的读物。

1928年，《趣味矿物学》的第一版出版，这本书现在已经有好多种外国文译本，已经出了25版。1940年，《岩石回忆录》出版。《我的旅行》《宝石的故事》《趣味地球化学》都是费尔斯曼去世以后出版的。这几本书的出版，使得费尔斯曼在各种年龄的读者中都享有很大的声望。

这些书的出版不是突如其来的，这是作者进行了许多年的创造性的劳动和积累了许多年的经验所得到的结果；所有这些书里都反映了这位科学家的全部生活和他的科学兴趣。同时，作者又是一位有经验的、天才的教育家，他在这些书里对于培养有科学头脑的青年、对于教育苏联青年一代的任务是十分重视的。他是一位出色的作家和演说家，他的话热情洋溢，引起了大批青年对矿物学和地球化学的热爱，使许多科学工作者都对新的调查工作和勘探工作产生了兴趣。

特别要强调的是费尔斯曼对他祖国的热爱。这种热爱在他的每一篇短文里和每一次谈话里都是可以感觉到的。他的所有短文都赞美着劳动的功绩，都号召人们掌握确凿的科学知识，然后在这样的基础上去支配和创造性地改造苏联的大自然。

费尔斯曼说："我们不愿意做大自然、地球和地球上富源的摄影师。我们愿意做新思想的研究者和创始者，我们要控制自然，要做征服自然的战士，使自然听从人的支配，服从人在文化上和经济上的需要。

"我们不愿意只做精密的观察者和走马观花的游览者，只把所得到的印象记在笔记本里。我们要深入自然景象的内部去，我们深思熟虑地研究过大自然以后不但要产生思想，而且要创立事业。我们不能单单在祖国辽阔的土地上溜达，我们一定要参加祖国的改造工作，要做新生活的建立者。"

在费尔斯曼看来，生活是不能离开工作和科学的。问题越困难，他就越有解决这个问题的热情。

1945 年 5 月 20 日，他在重病以后不幸逝世。

别良金（Д. С. Белянкин）院士说："费尔斯曼对科学和对祖国的贡献是无可估量的，是永垂不朽的。他的科学兴趣非常广泛，他经常联想到祖国的利益和荣誉，就这两点来说，他完全像俄国不朽的科学家罗蒙诺索夫和门捷列夫。提出这两位科学家的名字来推崇费尔斯曼，不是没有道理的。"

谢尔巴科夫院士

作者简介

———— △ ————

亚历山大·叶夫根尼耶维奇·费尔斯曼（A. E. Ферсман）是苏联一位才华横溢、知识渊博、思想敏锐、成就卓著的学者，是地球化学奠基人，杰出的矿物学家、地质学家，也是一位出类拔萃的科普作家，被人们称为"石头的诗人"。西方科学家称他为"伟大的俄罗斯地质学家们中最伟大的一个"。

费尔斯曼 1883 年 11 月 8 日出生于圣彼得堡。这位科学家自幼喜欢有关石头的科学。中学毕业后就读于莫斯科大学。在大学毕业前即发表了 5 篇关于结晶学、化学和矿物学的论文，并荣获矿物学会安齐波夫金质奖章。

1907 年，费尔斯曼毕业于莫斯科大学。这位青年科学家在 27 岁的时候被聘为矿物学教授。他于 1912 年开始讲授一门全新的课程——地球化学，这在科学史上还是第一次。

费尔斯曼 35 岁时当选为苏联科学院院士，担任科学院矿物博物馆馆长。

十月革命胜利之后，费尔斯曼坚决主张应重视自然资源——特别是矿产资源对国家发展的重要性。费尔斯曼亲自带领几个探险队赶往科拉半岛、中亚、阿尔泰、贝加尔、克里木等地区。这些活动取得了巨大的成就，在科拉半岛他发现了对人类社会具有重要意义的磷灰石矿床和镍矿石，在卡拉库姆沙漠他发现并研究了丰富的自然硫矿床。

费尔斯曼一生完成了《趣味矿物学》《趣味地球化学》等妙趣横生的科普读物，以及专著、文章和论文近1500种。《趣味矿物学》和《趣味地球化学》是费尔斯曼的两部代表作，这两本书风靡全球，被人们公认为世界科普名著。书中以动人的语言、奇妙的素材和新颖的构思，深入浅出地向人们介绍了科学知识，而且以极大的感染力，引导并鼓舞全世界各地青少年走上了探索科学之路。费尔斯曼这些不朽的科普作品曾经并继续在人类科学发展进程中发挥着重要作用。

费尔斯曼因过度劳累于1945年5月20日不幸病逝，享年62岁。

奥布鲁切夫院士为他致悼词：

"很难相信，我们熟知的那个积极、活跃、乐观的亚历山大·叶夫根尼耶维奇·费尔斯曼院士去世了！如果说，一个杰出的科学家离开了我们是远远不够的——我们失去了一个伟大的男人，一个在工作和探索中不懈追求的人，一个有着广泛兴趣和无限潜力的天才，一位极富感染力的科学演说家和普及者……"

目录

第 **1** 编
原子

第 **2** 编
自然界里的
化学元素

引言

前几年我写了《趣味矿物学》。我收到学生、工人和各科专家几十封、几百封的来信。我在这些信里看出了他们是那么真诚地热爱岩石，那么迷恋着研究岩石和岩石使用的历史！一部分孩子们的来信，还那么充分地流露了青年的热情、勇敢、朝气、毅力……我被这些信件所吸引，所以我决定给青年一代，给我们的未来一代，再写一本书。

近年来，我在另外一个领域里工作，这个领域还要困难得多和抽象得多，我的思想把我吸引到一个奇妙的世界——这是无限小的、微不足道的粒子占据着的世界，而整个自然界和人本身正是由这些小粒子组成的。

最近 20 年里，我参加了创立一门崭新的科学的工作，我们把这门科学叫作地球化学。我们不是坐在舒服的书房里，在纸上一写，就创立了地球化学——这门科学是经过无数次精确的观察、实验和测量才产生的；我们为了对于我们的生命和自然界得到新的理解而斗争，地球化学便是在这种斗争里产生的；每当我把有前途的这门科学新的一章写完的时候，我真觉得高兴极了。

那么我对于地球化学要讲些什么有趣的事情呢，它究竟是怎样一门科学呢？为什么不简单叫作化学，而叫地球化学呢？还有，地球化学为什么不是由化学家来写，而是由地质学家、矿物学家和结晶学家来写呢？

对于这个问题，老实说，读者在读第一章的时候是得不到答案的；固然第一章里讲的材料很多，可是都很简要。除非把这本书从头至尾读完以后，他才会深刻了解地球化学而且感兴趣。

那时候他就会说："哦，地球化学原来是这么一门科学，这门科学多么有趣，可是难啊！我连化学、连地质学，还有矿物学，都知道得很少，怎么能完全懂得地球化学呢！"

可是懂得地球化学是值得的，因为将来地球化学的意义会比现在所想的重大得多：将来跟物理学和化学一同来促使能量和物质的庞大储藏为人们所利用，不是别的，正是地球化学。

我在结束这篇引言以前，愿意把本书的读法对读者贡献几点意见。要知道，我们很少谈到应该读什么，更要紧得多的是谈应该怎样去读，应该怎样去研究这本书，怎样设法从书里汲取更多的益处。有一类书要埋头去读，它有趣的故事吸住了你，你不读到最后一页就放不下它。例如，趣味的冒险小说的读法便是这样。另一类书应该研究：书里讲的或者是整整一门科学，或者是个别科学上的问题；这类书有系统地阐述科学资料，描写自然现象，做出科学结论。读这类书的时候，每句话都要留意，一页不能跳过，甚至一行一字也不能放过。

我们的这本书不是趣味的小说，也不是科学论文。它是根据特别的计划写成的。本书一共四编，一编接着一编，从物理学和化学上的一般问题转到地球化学的问题和地球化学未来的问题。假如读者对于物理学和化学没有什么基础，他就应该慢慢地仔细地读，遇到他认为有趣或是困难的部分，恐怕还要多读几遍。而如果读者已经懂得物理学和化学，那么他可以把他已经知道的几章跳过去：作者力求把每章写得独立完整，尽可能地使每章不依附别的章节。本书还可以加深化学方面或地质学方面的知识。

学生在学习普通化学课程期间选本书里的个别几章读一读，是有极大益处的，因为这几章里每一章大部分都是在阐释化学课本里某些枯燥的叙述。

学生学到非金属的时候，可以顺便读一下本书里讲磷和硫的两章；学到黑色金属，可以读一下讲铁和钒的两章。

研究地质学的时候，最好也参考一下本书里有关各章，这几章阐明了元素在地壳里的分布，都是化学上的重大问题。关于这方面，特别重要的是叙述地壳的几章，主要是第三编——"自然界里的原子史"。

对于研究化学的人来说，显然他会觉得我在这本书里讲的化学元素并不多：只有 15 种元素写得比较详细。可是我本来就没有打算把宇宙间、地壳深处、地球表面和人们实际使用的所有元素的化学特性和历史全部讲出来。

我只是要说明最普通和最有用的几种元素表现在"行为"上的几点最重要的特征，这些元素都在我们的周围，在地球的不显著而又是经常的化学变化当中过着复杂的化学生活。我想，照我这样写法，每种元素都可以写成很长的篇幅。也许读者愿意自己随便选一种我没有叙述的元素来试写一下它的历史。据我看来，这倒是一件有益而切实的工作；谁要是对于金属铬、对于铬的命运、对于铬的矿床和铬在工业上所起的作用发生兴趣，而愿意向这方面努力，那么他就可以把铬的历史写成许多有趣的篇幅，可以讲讲铬原子和铁族元素的原子的关系。

我只能劝告研究过本书而又喜欢对自然界各个问题作广泛分析的细心的读者去努力完成这项任务，劝他们接着我写过的地球上最重要的元素继续写下去。

第1编
原子

1.1 什么是地球化学

什么是地球化学？——要懂得我们这本书里所要讲到的一切，先得回答这个问题。

我们知道地质学是什么样的科学，它告诉我们，地球、地壳是什么，地球的历史怎样，地球怎样变化，山脉、河流、海洋怎样生成，火山和熔岩怎样产生，以及海底怎样逐渐沉积起淤泥和沙粒。

我们也知道矿物学的意思，它是研究各种矿物的科学。

我在我写的《趣味矿物学》里说过：

矿物是化学元素的天然化合物，是自然而然形成的，并没有人的意志参加在内。矿物是一种特别的建筑物，是用不同数量的几种一定种类的小砖建造起来的，但是这些砖并不是胡乱堆在一起，而是根据自然界一定的规律堆砌起来的。我们很容易明白，用同样的几种砖，甚至用的砖的数量也相同，仍然可以造成不同样式的房子。所以同一种矿物在自然界生成的样子也可能很多很多，尽管它们在本质上是同一种化合物。

我们算过，这种砖一共近 100 种，我们周围的整个自然界都是由它们构成的。

归在这 100 种化学元素里面的，例如，有氧、氮、氢等气体；有钠、镁、铁、汞、金等金属；还有像硅、氯、溴等物质。

各种元素用不同的数量和不同的方法配搭起来，就生成我们所谓的矿物，譬如，氯和钠生成食盐，硅和两份氧生成硅石或石英等。

……就是这样，由于各种化学元素的配搭，在地球上造成了 3000 种不同的矿物（石英、盐、长石等），而这些矿物聚集在一起，便形成我们所谓的岩石（例如花岗岩、石灰岩、玄武岩、砂岩等）。

研究矿物的科学叫作矿物学，叙述岩石的科学叫作岩石学，而研究这些砖块的本身和它们在自然界里的旅行的科学叫作地球化学……

　　地球化学还是一门年轻的科学，它还只在近些年才产生出来，这主要归功于我们科学家的研究工作。

　　它的任务是研究和阐明地球内部那些化学元素的命运和动态，那些元素是我们周围自然界的基础，它们依着一定的次序，排列成著名的门捷列夫表。

　　地球化学研究的基本单位就是化学元素和它的原子。

　　在门捷列夫表的每个方格里，照例放一种元素——一种原子；每个方格还依次有一个次序号码——原子序数。第 1 号是最轻的元素氢，第 92 号元素叫作铀，铀的重量是氢的 238 倍。

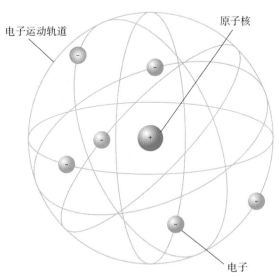

电子运动轨道　　　　　　　　　　　　　原子核

电子

本图根据科学家卢瑟福提出的原子结构模型绘制。1911 年，他通过实验发现了原子内部有一个小小的核心——原子核

原子非常小，如果把它们设想成球形，那么原子的直径是一千万分之一毫米。但是原子和坚实的球体完全不一样，原子本身是比较复杂的结构，它的内部有一个原子核，核外有叫作电子的带电小粒子绕着旋转，这种电子的个数因原子的种类而不同。

可见从原子的结构来看，它简直像是显微镜里看不见的那样小的太阳系：它的中心是一个太阳——原子核，绕着太阳旋转的是许多行星——电子。

不同的化学元素的原子，各有不同个数的电子。就因为这个缘故，化学元素的化学性质也都不一样。原子互相交换电子，便化合而生成分子。

在门捷列夫表上排列着元素的许多天然类族，这些同一族的元素不但在表上排在一起，就连在自然界里也往往是在一起的。

门捷列夫表的伟大之处就在于它不是纯粹理论的图表，而是表明了自然界一个个元素之间存在的关系，这种关系决定了元素之间的类似，决定了它们之间的区别，也决定了它们在地球里移动和迁移的途径。一句话，门捷列夫表也是地球化学的表，这个表是一个可靠的指针，帮助地球化学家去进行勘探的工作。

哪里的科学家想到把门捷列夫的周期律应用去分析自然现象，哪里就会产生新思想。

那么地球化学到底是什么呢？近年来吸引了这么多的青年研究家的这门新科学，到底讲些什么呢？

顾名思义，地球化学研究的是地球本身内部的化学作用。

一切化学元素，作为自然界里独立的单位，它们不断地移动、旅行、化合，一句话，就是我们所说的在地壳里面迁移；元素和矿物在不同深度的地壳里和在不同的压力和不同的温度下，根据哪些规律来进行化合，这就是现代地球化学研究的问题。

有些化学元素（例如钪、铪）根本不会聚集起来，有时候它们分得那么散，以至某一种元素在岩石里只占百亿分之一。

我们可以把这类元素叫作超分散元素，我们一般不去开采这种元素，除非它们在实用上有某种特别的价值。

照我们现在的想法，在一立方米的任何一块岩石里面，可以把门捷列夫表里的全部元素找出来，只要我们的分析方法足够精确，能把一个个元素都发现出来。不应该忘记，新的方法在科学史上常常比新的学说更有价值。

另外一些元素（例如铅、铁）正好相反，它们在不断的移动当中仿佛有许多歇脚的地方，它们生成这样的化合物，使它们自己在那里容易聚集和长期保存，所以尽管在地质史上地壳起过复杂的变化，这些元素还保持聚集的状态，形成了巨大的富集矿床，因而在工业上利用就比较方便。

地球化学不但研究化学元素在地球内部以及整个宇宙里分布和迁移的规律，而且研究在苏联某些地区里，例如在高加索和乌拉尔，这些元素在一定的地质条件下怎样分布和迁移，以便拟定勘探矿产的路线。

可见，现代地球化学在理论上的深远目标已经越来越接近实用的问题，地球化学正在努力想要根据一系列普遍的原理来指明：什么地方可能有某种元素；什么地方以及在哪种状况下可能有某种元素，例如钒和钨聚集；哪些金属"喜欢"聚在一起，例如钡和钾；哪些元素彼此"回避"，例如碲和钽。

地球化学研究每一种元素的动态，但是既要断定这种动态，就得熟悉元素的性质、特征。它是喜欢和其他元素化合呢，还是相反，喜欢跟其他元素分开。

这样，地球化学家就变成了勘探者，他指出在地壳的哪些地方可以找到铁和锰的矿石，说出在蛇纹岩当中的什么地方能找到铂的矿床，而且说明原因；他指示地质学家怎样在生成比较晚的那些岩石和山脉里去寻找砷和锑，并且预言如果那里不具备砷和锑富集的条件，就不可能找到这两种元素。

假如把一种化学元素的"行为"研究到家，像彻底了解某人一生的行为似的，那么这一切都是可能的，地球化学家不但能够知道这种元素的一举一动，还可以预测它在不同的环境下的动态。

这门新兴科学的巨大的实用价值，就在这里！

这样说来，地球化学是与地质学和化学携手并进的。

*　　　　　　*　　　　　　*

我不想举出大量的事实、例子和计算来折磨你们，也不愿意把地球化学上的全部知识一下子都教给你们。我只希望你们对于最近产生的这门新科学感兴趣，希望你们读过讲元素在整个宇宙里旅行的各章以后，能够切实相信，地球化学还是年轻的科学，它有极其广大的前途，而它也应该争取这个前途。

人们在科学思想界里跟在生活的各方面一样，不是一下子就赢得进步和真理的：一定要为进步和真理而斗争，要动员全部力量，要有极大的进取心和毅力，充分相信自己的正确性，确信自己会取得胜利。

取得胜利不是空洞的、没有成效的、消极的思想，而只是战斗的、燃烧着寻求新事物的热情的思想，跟生活本身和生活目的紧密结合着的思想。

在苏联，摆在地球化学家面前的是一片无边无际供他们研究的国土。

我们还需要大量的事实，用伟大的科学家巴甫洛夫（И. П. Павлов）的话来说，我们需要事实，正如为了维持鸟的飞翔而需要空气一样。

可是鸟和飞机之所以能在空中飞行，不但是由于空气自发的力量，首先还是由于鸟和飞机本身有前进和上升的运动能力。

任何科学都是仗着这种前进和上升的运动能力来立脚的：它之所以能立住脚是由于顽强的、创造性的工作，由于大胆寻求新事物的热情，而这种对新事物寻求的同时又和对已有成就的冷静而清醒的分析结合在一起。

元素远没有全部用到苏联的工业上，还得多多研究和不懈地工作下去，好让门捷列夫表里的全部元素都真正为人民的利益服务。

1.2 看不见的世界　原子和化学元素

读者们，伸出手来。我带你们到平常不理会的一个极小的世界里去。看，这是能缩小能放大的实验室。我们走进去。里面已经有人在等着我们：这人年纪还不算大，穿着工作服，看他模样也很平常，然而他是出色的发明家。我们且听他讲话。

"让我们走进一间小屋里去。这屋子是用特别材料建造的：一切射线，不管波长多长，都能通过，连最短的宇宙射线也透得过去。我把把手往右一转，我们的身体就会开始缩小。缩小的过程不太舒服，恰是随着秒表指针的转动而缩小的：我们的身体在每四分钟里缩小到千分之一。我们在小屋里站四分钟再走出去，那时候我们看周围的世界，就会像用最好的显微镜看到的那么清楚。然后我们回到小屋，把身体再缩小到千分之一。"

于是我们转动了把手……

我们的身体缩到像蚂蚁那样小……我们听声音已经和从前不一样了，因为我们的听觉器官对于空气里的声波已经失去调节的作用……我们听到的只是一些嘈杂、喧嚷、噼啪、沙沙的声音。可是我们仍然有看东西的能力，因为自然界里有X射线，它的波长只有普通光线的千分之一。在X射线里看到的一切物体的形状都变得出乎意料：大多数物体非常透明，连金属也变成有鲜明色彩的、像有色玻璃似的物体……可是玻璃、树脂和琥珀却都变黑，看上去像是金属。

我们看见了植物的细胞，里面充满了一跳一跳的汁液和淀粉的颗粒，我们可以随便把手伸进叶子的呼吸孔里去；一滴血液里飘着许多像硬币那样大小的血球，结核菌的样子像是去了头的弯钉子……霍乱菌像一粒小豆，有一条尾巴动得很快……可是分子还看不见，只看见墙壁不

在 X 光照射下拍摄的颌针鱼照片，肌肉和皮肤都变得透明，骨骼也清晰可见

停地颤动，我们的脸颊被空气打得有些儿痛，正像一阵风扬起尘土向我们迎面吹来的时候一样，这种情形告诉我们，物质分割的界限已经接近了……

我们又回到小屋，把把手往右再转一格。一切东西变成昏暗，我们的屋子也颤动起来，像是在地震。

我们恢复知觉的时候，小屋还是在颤动，而我们四周狂风怒号，还下着電子：不知什么东西像豌豆似的不停地打在我们身上；又像是成千挺机关枪在向我们发射……

忽然向导员对我们讲起话来：

"我们现在出去不得。我们的身体已经缩小到百万分之一，我们的身长要用千分之一毫米——微米——去量：我们总共才长一个半微米。

"现在，我们头发的粗细是一亿分之一厘米；这样的长度叫作一个'埃'，是测量分子和原子的单位。空气里各种气体分子的直径大约等于一个埃。这些分子的运动速度极大，它们连续轰击着我们的小屋。

"方才我们走到屋子外面，感觉空气像沙粒似的打在我们的脸上：那还是个别的分子对我们的作用。而现在我们变得更小了，那分子运动对于我们的危险，就像一个人浑身上下受着沙粒的击打一样。

"你们向窗外看一眼，就会看见直径一微米的小灰尘，就是说，灰尘差不多和我们现在一般大小。看，灰尘受到分子旋风般的不平衡的冲撞，它向四面八方跳动得多么厉害！可惜我们看不见分子：分子运动得太快了……可是我们该回去了：我们现在在超短波的射线里看分子，但是超短波对于我们的眼睛是有害的。"

向导员说完了话，就把把手往回转……

我们这次旅行，当然只是想象的。可是我们描写的这幅景象是和真实情况相接近的。

实验的结果告诉我们，我们分析复合物质的结果，会得出许多单质；但是不管分析的方法是多么完善，我们再也不可能用化学方法来使这些单质分解成更简单的组成部分。

就是那些再也分不开的单质，构成自然界里我们周围的全部物体，我们把它们叫作元素。

人们不断在自然界里和他们周围的物体发生接触，这些物体有活的和死的，有固体、液体和气体的，这样人们就得出一个非常重要的概括：得出关于物质的概念。某种物质的性质怎样，它的构造怎样？这正是每一个研究自然的人应该面对的问题。

我们由直接的感觉得出第一个回答说：物质的构造是连续不断的。然而这个印象是我们的感官在欺骗我们。我们常常用显微镜看出物质的多孔性，就是说，物质内部有肉眼看不见的微小孔隙。

甚至那些仿佛根本不会有孔隙的物质，像水、酒精以及其他液体，还有像气体一类的物质，我们也得承认它们的微粒之间是有间隔的，要不然我们就无法理解：为什么加大压力它们就会缩小，为什么加热它们就会膨胀。

任何物质都是颗粒状的。物质的最小粒子有叫作原子的，有叫作分子的。人们已经测定了，例如，液体水里分子本身才占全部水的体积的三分之一或四分之一，剩下的地方都是空隙。

现在我们知道，原子和原子接近的时候产生排斥的力量，所以它们不能够彼此打成一片。每一个原子的周围都可以划出"不准侵入"的范围，在普通状况下，别的物质不能钻进这个范围去。所以原子连同它周围的"不准侵入"的范围可以看成一个有弹性的球体，别的球体不能侵入那里去。每种元素各有不同大小的这种不准侵入的范围，这种范围的半径可以用埃做单位来表示。例如，碳的范围的半径是 0.19 埃，硅的半径是 0.39 埃——这些范围是比较小的；铁的半径是 0.83 埃，钙的半径是 1.06 埃——这些范围是属于中等的；氧的半径是 1.40 埃，算是比较大的范围了（参看下图，图上的元素各按它们范围大小的比画成圆球）。

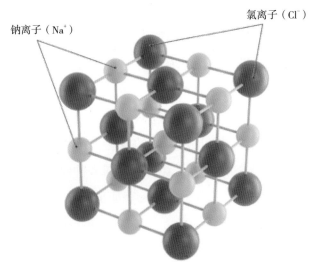

钠离子（Na⁺）　　　　　氯离子（Cl⁻）

氯化钠 NaCl 的结构模型

但是如果我们把许多球体随便放进一种容器，譬如放进一只盒子里，那么球乱滚开来，它们所占的容积会比整齐堆起来所占的大。把物体堆聚起来有各式各样的方法，容积占得最小的叫作最紧堆聚法。做到这一点是很容易的，例如可以做这样一个实验：拿几十个小钢珠（轴承珠）放在小碟子里，把碟子轻轻敲一下。因为所有钢珠都要往碟子中心滚，所以它们会紧紧靠拢在一起，很快就排许多行，球心的连线彼此相交呈60°角。从外面看，它们排成正六角形。这正是同样大小的球体在平面上的最紧堆聚法。

像铜、金等好多种金属的原子，正是这样聚在一起的。

假如球体不一样大小，譬如有两种球体大小差得很近，那么大一号的球体（例如食盐晶体里的氯）往往聚得很紧，而比较小的原子就分布在大球之间的空隙里。

可见在食盐或岩盐 NaCl 里面，每个钠原子的周围被六个氯原子包围住，而每个氯原子的周围也有六个钠原子包围着。这时候钠离子和氯离子间的吸引力最大。

就是这样，我们周围的一切物体，不管是多么复杂或多么简单，都是由一个个肉眼看不见的最小粒子——原子——结合而成的，就正像平常用一块块小砖盖成漂亮的大房子一样。

关于原子的思想，在远古时代就产生了，我们发现希腊的唯物哲学家留基伯和德谟克利特早在公元前 600 ～公元前 400 年间已经有了"原子"（希腊文的原意是"不可分的"）的概念。19 世纪创立的原子概念认为，形成单质的游离态的化学元素，就是同一种原子的总和，这种原子再也分不开，至少就不失去这种物质的特征来说是不能再分了。

同种化学元素的原子在结构方面一模一样，有它们特有的质量，就是原子量。

20 世纪初期，科学家知道地球上应该有 92 种不同的元素，也就是说，有 92 种不同的原子。到现在为止，这 92 种元素当中已经从天然产物里找到而且分出的有 90 种，也就是有 90 种原子，可是我们并不怀疑，没有找到的元素也一定存在的。我们所知道的自然界里的一切物体，便是由这 92 种原子配搭构成的。

后来，我们所知道的最重的元素是铀，它的原子序数是 92。

近年来研究铀族元素蜕变的时候，又发现更重的所谓超铀元素：第 93 号——镎，第 94 号——钚，第 95 号——镅，第 96 号——锔，第 97 号——锫，第 98 号——锎，第 99 号——锿，第 100 号——镄。还可能有更重的元素存在，这也并不奇怪。但是所有这些元素都极不稳定，而且非常少见，所以我们研究地球内部天然物体成分的时候，可以认为一切物体都由 92 种元素构成，这是不会错到哪里去的。[1]

同种元素的原子，或者是不同种元素的原子，两个两个地或更多地互相结合起来，可以生成各种物质的分子。原子和分子组合起来，就造成自然界各式各样的物体。原子和分子的数目应该是多得惊人的。例如，18 克的水里，就是所谓 1 摩尔水里，就含有 6.06×10^{23} 个水分子。

这个数目真是庞大，地球上从有植物以来所生的黑麦和小麦的粒数，也不过是这个数目的几千几万分之一。

为了对于分子的大小有一个大致的概念，我们把它来和最小的生物——细菌——做一个比较，细菌只有在显微镜下放大到近一千倍才看得见。最小的细菌的大小只有万分之二毫米。然而这个大小还比水的分子大一千倍，这就是说：连最小的细菌体里也含有 20 亿个以上的原子，这个数目比全世界的人口数目还大。

把三滴水里的全部水分子连成一根链子，几乎够从地球到太阳绕三个来回，因为这根链子长 940000000 千米！

1.除特殊说明之外，本书中所有原子及晶体的结构示意图均未按照实际比例绘制。——编者注

人们起初把原子想象成小到不能再分的粒子，可是后来更进一步研究，随着研究方法的逐步改进和精确，逐渐明白原子本身就是一个极端复杂的结构。当人们认识了元素的放射现象而且开始研究放射现象的时候，才初次看清楚原子的本质。

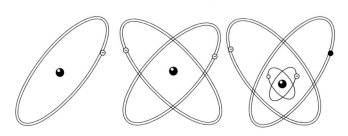

氢、氦和铍的原子的结构。原子核在中心，核外的圈表示电子的轨道

每个原子的中心有一个核，核的直径大约是原子直径的十万分之一。原子的全部质量差不多都集中在核里。核带正电荷，元素越重，带的正电荷数也越多。绕着这个带正电荷的核旋转的是电子，电子的个数等于核的正电荷数，所以整个原子是电中性的。

所有化学元素的原子核都含有两种最简单的粒子：一种是质子，也就是氢的原子核；另一种是中子，中子的质量差不多和质子一样，可是它不带任何一种电。质子和中子在核里彼此结合得十分紧密，所以不论起什么样的化学反应和普通的物理作用，原子核还是丝毫不起变化，始终保持着稳定。

特别稳定的是两个质子和两个中子构成的氦原子核。氦原子核是那么稳定，连在重元素的原子里也好像含着这种现成的氦原子核，在重元素放射蜕变的时候就射出氦原子核（即 α 粒子）。

元素的化学性质是由原子外围的电子层的结构和性质来决定的，由它失去或者得到电子的能力来决定的。至于原子核的结构对于原子的化学性质几乎没有影响。所以，只要原子外围的电子个数一样，哪怕核的结构和质量也就是原子量都不一样，这些原子还是有相似的化学性质，可以并在同一个族里面，例如氯、溴、碘便属于同族的原子，另外还有类似的情形。

图示几种原子的结构模型。从这些图可以看出，随着原子量的增加，电子轨道也逐渐变得复杂起来。

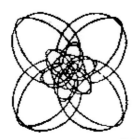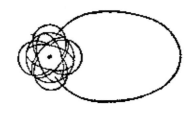

钠和氖的原子的结构

1.3 我们周围的原子

请看这一章里三幅漂亮的插图。

第一幅上是一个山顶湖的绝妙景色：蓝色的平静的水面，周围是石灰岩的断崖，那些墨绿色的斑点是一些孤立的树木，而高空还照耀着南方明媚的阳光。（见右页图）

第二幅上是一个冶金工厂，它一天到晚轰轰地响着，笼罩着烟和蒸汽，冒出红色的火焰——这是苏联技术的奇迹，是整整一代的建设的人们的骄傲：一列列火车载着矿石、煤、溶剂和砖头，像长蛇一般地向工厂开去，而从工厂载出的是成百吨的钢轨、钢块、铸锭、钢材，运往新的工业中心去。（见第 19 页）

第三幅上是漂亮的"吉斯 110"型汽车，两边深绿色的喷漆闪着光亮，140 马力的发动机轰隆轰隆地响着，无线电收音机播放着优美的歌曲。这部漂亮的汽车是由 3000 种零件在工厂里的长长的输送带上装配成功的，它开个几十万千米不算回事！（见第 21 页）

你们看过这三幅图，老实告诉我你们的想法，你们对于这些图里的哪些地方感兴趣，你们有什么问题要问？

我猜你们的想法和你们的问题是：因为你们就生在技术和工业的世纪，你们感兴趣的是机器产生力量，而力量又产生机器。

可是我要对你们讲的完全是另一回事，我想让你们用另外一种眼光来看这三幅图。请听我说。

*　　　　　　*　　　　　　*

"这湖里隐藏着多少奇妙的地质学上的问题啊！"地质学家对我说，

高山上的伊斯坎达尔湖，位于现塔吉克斯坦境内，四周的断崖和山岭的主要构造成分为石灰石

"这块又大又深的洼地是怎么形成的呢，什么东西把这片蓝色的水拦蓄在塔什克山岭上陡峭的断崖当中呢？要知道从山顶到湖底有两三千米；什么样的巨大力量能使岩层隆起产生褶皱呢？"

"形成断崖和山岭的是多么美妙的石灰石啊！"矿物学家说，"需要多少万年甚至几十万年才能在海底由淤泥、介壳、贝壳、甲壳堆成这样庞大的冲积物，然后压缩成那样结实的石灰石，差不多压缩成了大理石！你拿普通放大到十倍的矿物放大镜，也可以勉强看得出构成岩层的一个个闪亮的方解石晶体。"

"而且这里的石灰石是多么洁白纯净啊！"工业化学家插进嘴来说，"你知道，这是水泥工业和煅烧石灰的最好原料——它差不多是纯粹的碳酸钙，是钙原子、氧原子和二氧化碳的化合物。你们看，我把它溶解在弱酸里，钙溶解了，而二氧化碳却发出咝咝的声音跑到空中去了。"

"可是实验还可以做得更加精确，"地球化学家说，"用分光镜来检查，可以证明这石灰石里还有其他原子：锶和钡、铝和硅的原子。而如果分析得精而又精，打算测出含量在一亿分之一以下的极其稀少的原子，那么还可以发现它含有锌和铅。

"但是别以为这是这里石灰石的特性。有经验的化学家算过，连世界上最纯粹的大理石也含有 35 种不同的原子。

"现在我们甚至于在那么想：一立方米的任何石块——不论是花岗石、玄武石、石灰石，或者黏土——可以在它里面找出门捷列夫表里的全部元素，只是有几种元素的含量只有钙或碳的 $1/10^{18}$。"

地质学家、矿物学家、工业化学家和地球化学家说的话是多么吸引我们，原来矗立在我们面前的不是什么简单的浅灰色石灰石，而是某种莫名其妙的岩石构成的断崖；我们不由得想钻进深处去看看它的本质，去发掘它的生活和起源的秘密。

＊ ＊ ＊

现在我们来看工厂。看它建筑的规模和样式是多么新奇，多么不平常！巨大的塔似的高炉，里面装满矿石、焦炭和石块；粗大的管子伸到炉子里，送进去压缩的热空气。那是做什么用的呢？炉子里面铁在熔化，焦炭在燃烧，一团团灼热的气体喷出来发着红光，这是怎么一回事呢？

假如我告诉你们这是原子实验所，你们一定觉得奇怪：矿石里的铁原子被比它大的原子——氧原子——抓得很紧，氧原子不让铁原子自聚在一起，给我们生产出可以锻打的重金属——铁……而铁矿石和铁在性质方面一点也不一样，尽管这矿石含铁 70%。所以应当把氧赶出去。但是这件事情做起来不那么简单！

读者们知道阿辽努什卡的故事吗？她要从一堆谷粒里拣出所有的

俄罗斯第一家冶金厂，位于莫斯科附近，苏联时期改名为克索格尔斯克冶金厂

沙，就把她的蚂蚁朋友请了来，由蚂蚁顺利地完成了这件困难的工作。而你知道沙的直径远比氧原子的直径大一百万倍呢！"真是难办，未必办得到吧？"你们会这样说。的确，要解决这个难题，得花费好多精力。

但是这个难题到底还是解决了！

人的天才想法在这里不是请蚂蚁来帮忙，而是请其他物质的原子来帮忙。人和自然的力量——火力和风力——联合起来，共同强迫这些原子硬把氧从铁里抢走，让它们跟着热空气冒到炉里熔化的铁的上方。

那么打败了氧的那个朋友，是什么物质的原子呢？是两种物质的原子——硅原子和碳原子。它们俩紧抓住氧，比铁抓得更紧，和氧构成结实的"建筑物"。而且它们俩是互助的。碳一燃烧，抢走了氧，同时造成很高的温度；可是单靠碳还不行，因为铁的矿石很硬，很难熔化，不容易流动，所以碳原子钻不进紧密的矿石块的内部去。

于是硅起来帮忙：它短小精悍，生成容易熔化的矿渣，让矿石熔化，把氧抢过来交给碳。有一部分碳溶解在铁里，使铁变得能够流动，容易熔化。

这时候在场帮忙的还有火力这种自然力，它使炉子里的全部物质活动起来，所有轻的东西都和气体一齐飘到上面，所有重的东西都沉到下面，现在在我们面前出现了奇迹：原子分家了——铁和溶解在铁里的碳沉在炉底，而比较轻的矿渣却带走了矿石里全部的氧，漂浮在熔化的铁的表面；矿渣可以往工人指定的地方倒出去……

需要积累多少知识，需要把每种原子的脾气和嗜好摸得多准，才能大规模地和正确无误地来把所有原子按着人们的意志区分开！

现在看第三幅图吧，这是苏联造的"吉斯110"型汽车。它也是好几十种原子配搭起来的，选择这些原子的唯一目的，就是要制造出一辆不怕累的、有力的、跑起来不出声的而且很快的汽车。

由65种原子和不下100种金属和合金制造的3000种零件——这就是"吉斯110"！它用的铁很多，可又不是同一种铁：这是铁和4%的碳的合金，叫作铸铁，发动机体便是用它铸造的。这些铁的性质是千变万化的。而那种铁里含的碳比较少，那是坚硬而有弹性的钢。这又是一种铁，里面掺杂着与铁原子性质相似的锰、镍、钴、钼四种原子——这种钢有弹性，很坚韧，一点也不怕敲打。铁里添上钒——这种钢像马鞭子那样柔韧，不知道疲乏的弹簧就是用它造的……

在汽车的构造上占第二位的，现在已经不像以前那样是铜而是铝了——活塞和把手、好看的车身、车顶和踏板——这一切都可以用轻金属制造，可以用铝或用铅和铜、硅、锌、镁等的合金来制造。

还有，火花塞里用的最好的瓷，不怕雨不怕冻的喷漆，呢料，电线里的铜，蓄电池里的铅和硫……一句话，没有一种元素落后，没有一种

这张照片由美国弗吉尼亚大学历史教授托马斯·泰勒·哈蒙德于 1958 年访问苏联期间，在莫斯科克里姆林宫外拍摄。其中的汽车正是苏联制造的"吉斯 110"型汽车

元素不坐着汽车跑的。这些元素互相配搭起来，制成 250 种以上各式各样的物质和材料，来直接地或间接地供给汽车工业使用。

特别要强调一下，人们在这里是在违反和破坏自然界的变化过程，是在强迫自然界的变化过程顺从人们的意志。拿铝来说，难道它本来就是游离的吗？决不是的！要没有人的天才的话，哪怕地球再活个几十亿年也好，地球上永远也看不见有游离的铝。

人们彻底了解了原子的性质，然后利用这种知识来按照自己的需要使元素移动位置。地球上分布很多的是轻元素；地壳有 90.03% 是由氧、硅、铝、铁、钙五种元素构成的。假如再添上七种元素——钠、钾、镁、氢、钛、碳、氯，那么这 12 种元素共同构成地壳的 99.29%。剩下

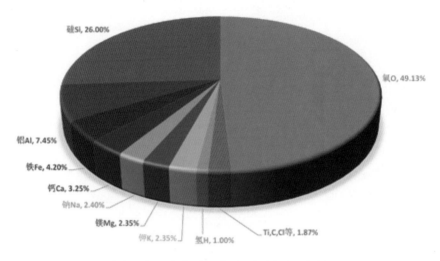

硅Si, 26.00%

氧O, 49.13%

铝Al, 7.45%

铁Fe, 4.20%

钙Ca, 3.25%

钠Na, 2.40%

镁Mg, 2.35%

钾K, 2.35%   氢H, 1.00%   Ti,C,Cl等, 1.87%

地壳（到 16 千米深）里各种元素的含量（重量）

的 80 种元素的重量加起来也只有 0.7%。但是人们对于分配给他们的这些元素并不满足：他们还在顽强地寻找比较少见的元素，有时候要经过种种想不到的困难才能把这些元素从地底下取出来，研究它们各方面的性质，在必要和合适的时候利用它们。你们看，制造汽车不就用得上镍、钴、钼，甚至于铂吗？然而镍在地壳里才占万分之二，钴占十万分之一，钼占不到十万分之一，而铂只占一千亿分之十二！

到处都是原子——而人就是原子的主人！人伸出有权力的手来拿起它们，把它们混在一起，把用不着的扔掉，用得着的让它们化合——假如没有人，这些元素一辈子也凑不到一块儿。如果说，山顶湖是在歌颂着耸起断崖和造成洼地的强大的自然力，那么工厂和汽车便是工业交响曲，是在歌颂着人的天才的威力，歌颂着人的劳动和智慧。

1.4 原子在宇宙里的诞生和动态

　　我想起一个夜景，是克里木的寂静而优美的夜景。整个自然界仿佛已经入睡，没有什么东西惊动平静的海水。连黑暗的南方天空上的星星也不眨眼，却射出鲜明的光辉。四周鸦雀无声，全世界像是停止了运动，凝结在南方夜间的无尽的寂静里。

俄罗斯画家伊凡·埃瓦佐夫斯基的油画《克里木海岸的夜景》

　　可是这幅景色和实际情况相差多么近，我们周围自然界的那种安定寂静是多么不真实啊！

　　你只要走近无线电收音机，轻轻转一下它的转钮，你就会相信有许多飞跑着的电磁波在穿越全世界。它们的波长有的几米，有的几千千米，它们汹涌地升到高空的臭氧层，又折回地面。它们彼此重叠着，用人的耳朵听不到的振动充满全世界。

而星星呢，看着像是那么牢靠地在天空里钉住不动，其实也是在宇宙空间里飞驰着，它们的速度叫人头晕，每秒钟走几百几千千米。这些星星里面，有一个是太阳，它带着我们眼睛看不见的一大群天体，向着银河的一边运动；有些星星用更大的速度旋转着，卷成巨大的星云；还有一些星星向着还没有人知道的宇宙空间跑去。

太阳四周灼热的物质变成蒸气，蒸气用每秒几千千米的速度冲上去，几分钟工夫就生成好几千千米高的一大股一大股气流，变成太阳周围的日冕里闪烁着的日珥。

离我们非常遥远的星体的内部深处，也有熔化的物质在沸腾着。那里的温度高达好几千万度：小粒子彼此分开了，原子核分裂了，电子流跑到星体的上空，汹涌的电磁波穿过千百万以至几十亿千米的距离来到我们的地球，扰乱地球大气的安静。

整个宇宙都在动荡不定，大约在公元前 100 年，有一位伟大的学者卢克莱修说得恰到好处：

> 不用说，那些原始的天体，
> 在辽阔的空间到处得不到安息。
> 相反：它们不断做出各种运动，相互追赶，
> 有一部分彼此碰撞而远远飞散，
> 有一部分却分散在相离不远的地方。

我们的地球也是活着的。它仿佛是寂静的，是无声无息的，其实它的全部表面上都充满着生命的活动。每一立方厘米的土壤里都有千百万

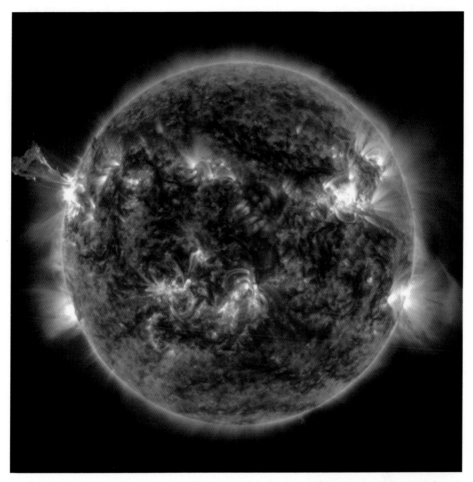

2013 年 5 月 3 日下午 1 点 45 分，美国宇航局太阳动力学天文台拍摄下了太阳日珥爆发的景象。这张图片由三幅不同波长的图像合成，左侧上方从太阳喷射出的物质，就是日珥

个微小的细菌。显微镜扩大了研究的范围，发现了更小的微生物居住的新世界，不断地运动着的病毒的世界；于是引起了争论：这种病毒算是生物呢，还是无生物界珍奇的分子？

在海水的热运动里，分子也永远在移动，据科学分析，海水里分子的振动路线很长很复杂，运动的速度是每分钟好几千米。

空气和地球之间也永远在交换着原子。氦原子从地下深处发散到空气里；它的运动速度是那么大，以至它胜过了地心引力，一直飞到行星际空间。

流动着的氧原子从空气钻进有机体里；二氧化碳分子被植物分解而造成碳不断地循环；而在地下深处，还有重岩石熔成的火热的熔岩，它们沸腾着想冲到地球的面上来。

我们面前放着一块纯净而透明的晶体，它很坚硬，静静地一动也不动。仿佛晶体里有许多固定不动的小格子，而晶体的一个个原子便是严格地固定在格子的交点上的。其实这只是仿佛是这样：原子还是在经常地运动着，它们在各自的平衡点周围颤动着，不断地互相交换电子，它们的电子忽而像金属原子的电子似的离开，忽而又结合起来顺着复杂交错的轨道运动。

一块无色透明的石英石晶体，通常称为水晶

我们周围的一切没有一个是死的。克里木的寂静的夜景是不真实的；我们的科学越是能控制自然界，那么我们对于周围世界的物质的运动情况就能剖视得越真切。现代的科学已经可能把几百万分之一秒里的运动测量出来，它能利用新的 X 射线来测量几百万分之一厘米，那种精确的程度不是我们的尺量得出来的，它又能把自然界的景象放大到 20 万～50 万倍，因而使我们的眼睛不但能看见极小的病毒，而且能看出物质的单个分子。这一切都表明，这个世界再也不是什么平静的世界，而纯粹是各种不停的运动错综在一起，各自在寻求暂时的平衡。

很早的时候，还在古希腊兴盛起来以前，小亚细亚的岛上出过一位著名的哲学家赫拉克利特。他有先见之明，他早把宇宙看得非常透彻，他说过一句话，后来赫尔岑（Герцен）[1] 把他这句话叫作人类史上最有天才的至理名言。

赫拉克利特说："一切都在流动。"他拿永恒运动的思想做自己对于世界的看法的基础。人类正是具备着这种思想来度过自己历史上的各个时期的。卢克莱修根据这种思想在他的关于万物的本质和世界的历史的有名诗句里创立了他的哲学原理。俄国天才的科学家罗蒙诺索夫（М. В. Ломоносов）根据这种思想用少有的远见创立他的物理学，他说自然界里每一个点都有三种运动形式：前进的，旋转的，摆动的。今天，科学上新的成就已经证实了古代哲学上的这个概念，所以我们更应该用新的眼光来看我们周围的世界，来看物质的规律。

各种原子分布的规律，在我们看来，一定就是那些不同速度、不同方向和不同规模的无限复杂的运动的规律，由于这些运动而决定了我们周围世界的形形色色，决定了在我们周围世界里动荡不定的各个原子的形形色色。我们现在要用新的方法去理解我们周围辽阔的空间。

---

1. 赫尔岑是 19 世纪俄国作家和文艺批评家。——译者注

能供我们观察到的那部分宇宙的范围是广大非凡的。我们不能用千米去量它，这个单位太小了。就拿太阳和地球间的距离 15000 万千米来说吧，虽然光每秒钟可以绕地球七周半，也需要 8 分钟来走完这个距离，然而即使拿太阳和地球间的距离来做长度的单位还嫌太小。科学家想出了一个特别的单位，叫作"光年"，就是光在一年里所走的距离。最好的望远镜可以辨认许多星体，这些星体发出的光要过千百万年才能到达地球……其实宇宙是无限的！而我们现在观察宇宙受到限制，只是因为我们的望远镜还不够完善……

一团团星际物质在宇宙空间的一个个地方凝结起来，就生成我们所说的"星系"。这类星系大约有一千亿个。每个星系也差不多有一千亿颗星，每一颗星又含有 1 后面添 57 个 0 那么多的质子和中子——就是构成整个宇宙的那些小粒子。而更小的带电的小粒子，就是带着负电的电子，还不算在内。

在宇宙空间里最多的是氢。我们知道，好多星云的成分里几乎只含有氢。氢原子受了万有引力的作用，也受了原子间一种特别的力的推动——关于原子间的这种力现在刚刚开始研究——就聚集起来。于是产生了很大的一团团的原子，里面含有的原子的个数要用 56 位数字来表示——这就出现了星。但是宇宙比起产生的一团团的原子来大得无可比拟。我们知道，宇宙空间的大部分好像是空的，每一立方米只有 10 个或 100 个物质的小粒子——原子，所以那里的压力只有地球上一个标准大气压被 1 后面加 27 个 0 去除那样小。我们可以从这样稀薄的宇宙空间想到另一个空前密实的空间，那里之所以这样密实是由星体深处的压力引起的，星体深处有几十亿大气压的压力，再加上几千万度或几亿度的温度：而那里也正是大自然的实验室，由氢原子变出新的比较重的好多种原子，首先是氦原子。

有些星星发出非常亮的白光，例如著名的天狼星伴星，构成这星的物质有这样密实，它的重量是同体积的金和铂的 1000 倍。我们简直很难想象这种物质究竟是什么东西，它的性质又怎样。

一方面是无限大的行星际空间，只有单个的原子在自由飞行。这里宇宙的静止和急速的运动辩证地交织在一起，这里的温度几乎是绝对零度。

另一方面是星体的中心部分，那里是千百万度的温度加上千百万大气压的压力，那里的原子克服了电子的排斥力，聚集成一整块极其密实的物质，这样密实的物质在地球上是从来没有看到过的。化学元素便是在这种条件下演变出来的，星体越大，它内部的压力和温度越高，那么产生的元素就越重、越结实。

产生的化学元素是反对宇宙混沌状态的斗争的第一个环节。在极高的温度和压力的条件下，游离态的质子和电子可以形成比较重的原子核。

就照这种情形，各个地方逐渐造成不同的结构，就是我们所谓化学元素。有些元素比较重，储藏的能量比较多；另外一些比较轻，总共才含有几个质子和中子。这些比较轻的元素在星体的周围、星体的大气层里流动，或者聚成巨大的星云。另外一些不太活跃的元素，却留在灼热的或熔化的星体表面。

很强烈的放射作用会破坏一些结构，造成另外一些结构：这种作用的强大的力量会破坏稳定的原子核，结果有些元素分裂了，另一些元素生成了，这种变化一直持续到新生成的原子离开这种力量的作用范围为止。各种原子在宇宙里的旅行史就在这时候开始了。有些原子，像钙和钠的原子，充满在行星际空间，它们可以随便在整个宇宙空间里飞行。还有一些原子比较重，比较稳定，它们聚集在星云的某些部分里。温度一旦降低，原子的各个电场彼此连成一片，于是生成简单的化合物分子：碳化物，碳氢化合物，乙炔的小粒子，以及地球上没有见过的某些物体，这些化合物都是原子结合的最初生成物，是天体物理学家在观测

位于仙王座一角的巫师星云。这里是一处恒星形成区，其中的星团诞生于 400 万年前，主要成分为氢元素

遥远星体的灼热表面的时候发现的。这些游离的简单分子，逐渐形成越来越整齐的系统。在低温的条件下，不在破坏势力范围之内，而且不是在星体内部深处，那么就产生构成宇宙的第二个环节——晶体。晶体是奇异的建筑物，原子在晶体内部排列有一定的规矩，就像四方块的东西装在盒子里一样。晶体的产生是物质从混沌状态里跑出来的第二步。要形成一立方厘米的结晶物质，需要有 1 后面带 22 个 0 的原子结合起来。晶体显示出新的性质——晶体的性质。晶体从原子产生，但是对于晶体，再也不能用那些原子里的规律去支配，不能用现在还不清楚的原子核能的规律去支配，而是要用新的物质的规律——化学上的各种规律去支配。

我不再描写这幅景象了。我只想说明，我们对于自己周围的世界知道得还不多，世界是非常复杂的，它的静止只是看起来是这样罢了，其实它里面充满着运动；世界上的物质便是产生在运动的旋风里，产生出来的物质的样式正像我们在地球表面上所认识的那样，正像我们在周围自然界的硬石块里所见到的那样。我前面讲过的那些，有许多已经由现代的科学证实了，但是关于怎样从混沌状态里先产生原子而后产生晶体，还存在许多莫名其妙的问题。

然而这幅景象，早在 2000 年前便由罗马哲学家卢克莱修描绘清楚，这真是多么值得惊异啊！我们再来回忆一下他的另几行诗句：

> 原始的时候只是一片混沌和暴风，
> 一切的开端都是没有秩序地乱哄哄，
> 在混乱的交战里产生了
> 空隙、路线、结合、吸引、冲撞、相遇和运动。
> 因为它们的形状样式不相同，
> 大的和小的互相冲散，各奔西东，
> 它们之间的运动毫无规律，
> 性质不同的部分彼此分散，
> 相同的部分联合占据一部分世界，
> 然后在这世界里发展、合作和分工。

可见自然界是没有静止的：一切都在变化，虽然变化的速度各不相同。石头是稳固的象征，可是它也在变化，因为组成它的原子是在永恒运动的。我们看石头好像是稳固而不活动的，那只是因为我们看不见这种运动，要经过很长的时期才能感觉出石头变化的结果，而我们本身的变化却比它快不知道多少倍。

以前曾经长期地认为只有原子才是不可分的，不起变化的，是跟永恒变动不相关的。其实不对，原子也得听时间的话。有一部分原子就是我们所谓有放射性的，它们变得快，其余的变得慢些……再说，现在我们知道原子也是在演变的，它们在炽热的星体里生成、发展、死亡……

而人的理智也是在反映那种永恒运动和发展的过程：起初是不了解，糊涂，混乱。然而后来就渐渐看清楚世界上各部分联系的类型，知道运动是合乎规律的，于是产生对于宇宙严整的统一的认识……而现代科学给我们揭露出来的世界也正是这样。

1.5 门捷列夫怎样发现他的定律

在圣彼得堡大学化学实验室那所老房子里，坐着一位年轻而已经出名的教授，他就是门捷列夫。他是刚开始担任大学普通化学的课程，他正忙着给学生编写讲义。他在研究用什么样的方式方法来解释化学的定律和叙述各种元素的历史最合适，他在苦想着应该怎样讲法。讲到钾、钠或锂，讲到铁、锰和镍，怎样联系起来讲呢？他已经感觉到，有几种元素的原子之间是有某些还没有完全明了的联系的。

他拿出几张卡片来，每张上面用很大的字母写上一种元素的名称，它的原子量和它最重要的几点性质。然后他开始排列这些卡片，依照元素的性质来把它们整理分类，就像老大娘晚上玩纸牌把纸牌分成一堆一堆似的。

就在这时候，这位教授看出了一种奇妙的规律性。他把所有元素按照原子量递增的次序排成一排，他觉得除去少数例外，元素的性质经过一定的间隔以后又重新出现。于是他把后来性质重新出现的那些卡片另列一排，算作第二排，放在第一排的下面；第二排排上了 7 张卡片以后，接排第三排。

这样已经排好 17 个元素，凡是性质相似的都上下对齐着，可是也有性质不完全相似的，不得不另外留下一些位置。接着往下又排了 17 张卡片，排出了下面几排。再往下排就比较复杂，好多元素完全不愿意归队，可是性质重复出现这一点还是看得很清楚。

门捷列夫所知道的元素就这样完全排进去了，排成了一张特别的表，表里除了少数例外，全部元素都是依照原子量递增的次序一个接一个地横排下去的，凡是性质相似的元素都上下对齐着排成列。

1869 年 3 月，门捷列夫把他发现的规律写了初次简单的报告，送给

俄国科学家门捷列夫（1834～1907）在他的办公室，摄于1897年

圣彼得堡的理化学会。后来他预见到他的这次发现的重大意义，便在这方面下起苦功夫来，把他的表修正得更加精确。不久他确实知道，表里一定要留出空位。

"将来在硅、硼、铝下面的空位里一定会发现新元素。"他这样说道。他的预言很快就证实了，这三个空位里放进了三个新发现的元素，叫作镓、锗、钪。

俄国化学家门捷列夫便是这样做出了化学史上最了不起的发现。但是朋友，你不要以为这个发现就是这么简单——拿些卡片来，写上元素的名称，把它们排起来——于是一切就都齐全了！这只是看起来好像简单，只是看起来好像有些碰机会。要知道那时候发现的元素统共才 62 种。原子量还测定得不够准确，有一部分还是错误的，原子的性质也没有研究得很好。所以一定要深入探索每一种原子的本性，懂得这些元素和那些元素相似的地方，识透每一种原子的"旅行路线"，辨别它们在这个地球里是"友"是"敌"，才能得到这样的成就。

所有这些问题，都是门捷列夫以前的人在研究地球的化学的时候遇到过的，现在由门捷列夫把它们结合起来了。

元素相互之间的关系，有另外几位科学家也已经看出来了，固然这种关系还不清楚，还不完全。

但是当时大部分科学家认为，替元素找什么亲属关系，那简直是荒谬的想法。例如，有一位英国化学家叫纽兰兹，曾经在加里波第的军队里为意大利争取自由作过战，他要求发表一篇文章，讲的是某些元素的性质随着原子量的增加而重复出现，当时的英国化学会拒绝采用他的文章，而另外一个化学家甚至嘲笑说，如果纽兰兹把所有元素按着它们名称的字母顺序排下去，或许会得出更妙的结论。

然而这些毕竟是局部的意见。应该从全局出发，应该制订统一的计划，发现自然界的基本定律，用事实来证明这个定律是放之四海而皆准的，证明每一种元素的性质完全照这个定律所说的，所有元素都服从这个定律，可以从这个定律推出元素的性质。

要这样做，就需要有天才的直觉，要善于察觉矛盾的普遍性，要用坚韧不拔的精神来研究一切具体的事实。这件事情只有像门捷列夫那样的思想的巨人才能办得到。

门捷列夫想出了自然界全部元素的相互关系，他想得那么清楚、透彻而又简单，任何人也推不翻他的元素系统。他把元素有条有理地整理出来了。固然，元素之间的关系还不明确，可是整个的排列次序是那么明显，所以门捷列夫已经可能说出自然界的新定律——化学元素的周期律了。

从那时起已过去了 80 多年。门捷列夫差不多在周期律上下了 40 年功夫，他在实验室里把化学的秘密追究到最深奥的地步。

他在他后来领导的度量衡检定局里，用最精密的方法研究和测定了金属的各种性质，他发现一切都是越来越确凿地证实他的周期律。

他到乌拉尔去研究当地的富源，他把好几年的时光用在研究石油和石油起源的问题上，不论在实验室里或自然界里，他到处看到周期律的有力的证据。不论在深奥的理论上或者工业上，周期律都起了指南针的作用，像帮助航海家指明航行方向般为科学家和实践家指点着研究的方向。

门捷列夫临死以前，把他 1869 年排好的小表一再研究修正，使它更加完善；成百的化学家循着他的天才的道路前进，有的发现了新的元素，有的发现了新的化合物，他们逐渐体会到门捷列夫元素周期表的含意的深远。

我们现在所见的门捷列夫元素周期表，已经是新的、完善的。

后来还知道，门捷列夫表对于研究原子光谱结构的规律性，也是极好的指南。英国青年物理学家莫斯莱在研究元素光谱的时候，把元素按

门捷列夫在 1869 年最初排成的元素周期表

照门捷列夫表的顺序排下去，结果他在 1913 年完全无意地发现这个表的另一个规律性，他肯定了表里面原子序数的重大作用。

莫斯莱证明原子里面最重要的是原子核的电荷数，这数正好等于这个元素的原子序数。例如，氢的原子序数是 1，氦的是 2，而锌是 30，铀是 92。而且有和原子序数相同数量的电子被这些电荷吸引在核外，顺着轨道绕着核旋转。

任何原子，它核外的电子个数一定等于它的原子序数。原子的全部电子在核外按照一定的方式分布成几层。离核最近的第一层K上，在氢原子是1个电子，而在所有其他元素的原子是2个电子。在第二层L上，大部分原子有8个电子。M层上可以多达18个电子，N层上可以多达32个电子。

原子的化学性质主要由最外一层电子层的结构来决定，如果这层上有8个电子，那么它就特别稳定。假如最外一层电子层只有一两个电子，那么这一两个电子很容易失掉，这样原子就变成离子。例如，钠、钾、铷的最外层上各有一个电子。它们容易失去这个电子而本身变成带正电的一价正离子。这时候最外第二层成了最外层。这层上有8个电子，所以生成的离子就稳定下来，不再起变化。

钙、钡和其他碱土金属的原子，外层上各有两个电子，它们一失掉这两个电子，自己就变成稳定的二价正离子。溴、氯和其他卤素的原子，外层上各有7个电子。它们迫切地要从其他原子的外层上夺取一个电子，一旦夺取到手，它自己的外层就补足到8个电子，于是它本身就成了稳定的负离子。

凡是原子的外层上有3个、4个、5个电子的，这类元素在化学反应里生成离子的趋势就表现得不太明显。

元素的原子量和它在自然界里分布的多少，是由原子核的结构来决定的。但是化学性质和光谱却是由电子个数的多少来决定的；假如它们最外一层电子层的结构一样，那么它们的化学性质就十分接近。

原子的秘密不外这些。自从发现了原子的秘密，所有化学家、物理学家、地球化学家、天文学家、技术家、工艺家全都明白，最奥妙的自然界定律之一就是门捷列夫的周期律。

1.6 今天的门捷列夫元素周期表

研究家想出了好多不同的方法，打算把门捷列夫元素周期表的特点表现得更清楚、更醒目。

他们在不同的时期里把门捷列夫伟大的定律画成了各种样子：有的画成了纵横的条带，有的画成了在平面上旋卷的螺旋，有的画成了复杂交错的弧和线。

我们还是讲一讲现代的科学对于这一周期表的画法。

我们来分析一下现在的元素周期表，试图领会它的深远意义。

首先看到的是许多方格。这些方格横向排成7行（周期），纵向排成18列，或者按照化学家的说法，分成18族。可是大部分课本里画的表跟这里画的多少有点不一样（有几行又分成两部分），而对于我们来说，还是研究前一种排法比较方便。

第一行（周期）一共才两个元素：氢和氦，第二行和第三行各有8个元素，第四、五、六行各18个元素。这六行的方格里一共应该有72个元素，可是在第56号和第72号之间的一格里却不是一个元素而是15个元素，它们都叫作稀土族元素。最后，下一行显然应该和前一行一样有32格，但是眼前只能填上一部分。

第一格是氢，很难想象氢以前还会有什么元素，因为氢核里的质子和中子就是构成其他原子的基本砖块；所以毫无疑问，氢在门捷列夫表里占第一位是对的。

至于表的结尾问题却复杂得多。金属铀曾经长期占据着表的末位。

可是后来化学家在实验室里制得了超铀元素，于是门捷列夫表便不能再用铀来结尾了。铀以后看来还有八格，这是一些新元素——镎（第93号）、钚（第94号）、镅（第95号）、锔（第96号）、锫（第97

号）、锎（第 98 号）、锿（第 99 号）、镄（第 100 号）。

我们看了每个方格里上面的数字，知道它们是从 1 起顺着方格的次序排下去的。这些号数叫作原子序数，就是各种元素的原子内部所含的带电的小粒子数，所以这数是每一格、每一种元素的非常重要、不可分离的性质。

譬如说，在原子量是 65.38 的金属锌的这一个方格里有一个数字 30，这个数字一方面代表锌的原子序数，另一方面又表示绕着锌原子核旋转的有 30 个带电的小粒子，就是所谓电子。

这些元素里有四种——第 43 号、第 61 号、第 85 号、第 87 号，化学家曾经在自然界里多方找寻过，他们分析了各种矿物和盐类，打算在分光镜里看出有什么还没有发现的光谱线，却都白费气力。杂志上发表过许多次长篇大论，说是发现了这四种元素，后来都证明是错了。结果不论地球上或其他天体上，都没有能够找到它们。但是现在它们已经用人工的方法制取成功了。

第 43 号这个元素在性质方面像锰。所以门捷列夫起初给它起的名字，叫作类锰。现代这种元素已经用合成方法制得，起的名字叫锝。

第二个元素的位置在碘底下，是第 85 号。它应该有某种神奇的性质，应该比碘更容易逸散。门捷列夫把它叫作类碘。这种元素现在也已经合成了，起的名字叫砹。

第三个元素在很长时期里也是一个谜，在我们的表里是第 87 号，它也是由门捷列夫预言过的，把它叫作类铯。这种元素也已经合成了，起的名字叫钫。

最后，第四个始终没有在地球上和其他星体上发现的元素，是第 61 号。它是一个稀土金属。它也用合成的方法制得了，起的名字叫钷。

门捷列夫当初苦心思索了自然界的复杂面貌，才画出第一张元素周期表的草案，而现在的表比当时充实得多了。

我们前面说过，每个方格有一定的号数，只有一种化学元素。但是物理学家证明，实际上并不那么简单。例如第 17 号那格，从化学性质来看，应该只有一种气体氯，氯原子中心有一个核，有 17 个电子绕原子核旋转，像行星绕太阳旋转一样。然而物理学家指出氯有两种：一种比较重，一种比较轻。而这两种氯到处用同样的比率混合，所以氯的平均原子量总是等于 35.46。

再举一个例子。大家知道第 30 号是锌。可是物理学家又说，锌不止一种，有些重的，有些轻的，一共有六种。可见虽然每小格里只有一种化学元素，它有一定的天然性质，可是这元素往往有好几种，也就是说有好几种"同位素"。有的元素有一个同位素，有的元素的同位素却多达十个。

不用说，同位素的发现，引起了地球化学家极大的兴趣。为什么所有同位素的分量有严格一定的比率呢？为什么同位素不是这一处是重的多而另一处是轻的多呢？化学家煞费苦心来检验这件事实。他们分析了不同来源的盐：从海水精制的食盐、各种湖里的盐、岩盐、中非洲的盐；他们用每一种盐制出了氯气，想不到这些氯气的原子量完全一样。他们甚至拿天上掉下来的石头制出氯气，结果氯气也是那样的成分。不管我们从哪儿取得这种元素，它的原子量却始终保持不变。

但是不久，化学家取得了胜利。另外几位研究家在实验室里试着来把氯的轻重两种同位素分开。氯气经过长时间复杂的蒸馏以后分成了两种气体：一种是轻的氯原子，一种是重的氯原子。两种氯气的化学性质一模一样，可就是原子量不一样。

发现了每种元素的同位素，使整个门捷列夫表变得复杂了。这表以前看着是多么简单——92 个方格，每格一种元素，格里的号数代表核外的电子数，一切不都很自然、清楚、明确吗？可是忽然又不是那么回事！

原来不是只有一种氧原子——却有三种，三种的重量分别刚好是15，16，18。但是最奇怪的是，氢也有三种原子，第一种的原子量是 1，第二种是 2，第三种是 3。第三种在自然界里非常少见，所以不用去记它，连第二种都不太引人注意。人家给它起个特别名字，叫作氘。

在化学性质方面，氘和普通的氢气一样。可是氘的重量是普通氢气的两倍。大工厂里用电流把水分解，能制得纯氘，用氘组成的水比用轻的氢气组成的水重。重水还有一些特别的性质：它要杀害生命（对活细胞有强烈的作用）。一句话，它的"行为"很特别。

化学家在实验室里取得了这样的成就以后，地球化学家也要在自然界里去研究同样的问题。要知道，既然能在曲颈甑里把不一样重的氢原子分开，那么没有问题，在自然界里也一定可以办到。所差的只是：自然界里的一切化学反应不是那样安静地进行的，周围的环境总是变化无常——熔化的岩浆有时候在地下深处，有时候冒出地面，未必能像工厂和研究所那样收集到大量的纯粹的同位素。现在确实知道，海水比河水和雨水所含的重水稍稍多一些。有一部分矿物里含的重水又比海水里的多一点。这样，又发现了一个崭新的世界，是以前的矿物学家和地球化学家所没有涉足过的。

这些化合物之间的差别是那么微小，所以一定要用非常精密的化学方法和物理方法才能找出这些差别来。而几百万分之一克和几百万分之一厘米，或者即使是几千分之一克和几千分之一厘米，矿物学家和地球化学家在研究我们周围的石块、水和土壤的时候是不会察觉的。我们有的时候会忽略氧有三种，锌有六种，钾有两种，因为它们之间的差别是那样微不足道，或者说得坦白些，现在我们的研究方法也还是不够仔细的。

只有经过化学家和物理学家的精密研究以后，才能把元素分成不同的同位素，毫无疑问，一旦我们会用最细密的方法来研究我们整个的自然界，那时候一定能发现我们现在还猜不透的地球化学上的伟大的定律。

读者们，我们先不去管同位素吧，我们暂时认为门捷列夫元素周期表的每个方格里都是一个固定不变的化学元素。第50号那格里我们算它只是锡，它不论什么时候什么地方总是那样，它进行的化学反应也到处一样，它在自然界里某些同样的晶体里找到，它的原子量到处都是118.71。

门捷列夫元素周期表决不因为同位素的伟大发现而受到损害，它只是在极微妙的细节上变得复杂了，而实质上这张表还是那样简单、清

元素周期表
Periodic Table of the Elements

图例：
- 原子序数
- 元素符号
- 元素中文名称
- 元素英文名称
- 惯用原子量
- 标准原子量

1
H
氢
hydrogen
1.008
[1.0078, 1.0082]

1	2	3	4	5	6	7	8	9	10	11	12	13	14	15	16	17	18
1 H 氢 hydrogen 1.008 [1.0078, 1.0082]																	2 He 氦 helium 4.0026
3 Li 锂 lithium 6.94 [6.938, 6.997]	4 Be 铍 beryllium 9.0122											5 B 硼 boron 10.81 [10.806, 10.821]	6 C 碳 carbon 12.011 [12.009, 12.012]	7 N 氮 nitrogen 14.007 [14.006, 14.008]	8 O 氧 oxygen 15.999 [15.999, 16.000]	9 F 氟 fluorine 18.998	10 Ne 氖 neon 20.180
11 Na 钠 sodium 22.990	12 Mg 镁 magnesium 24.305 [24.304, 24.307]											13 Al 铝 aluminium 26.982	14 Si 硅 silicon 28.085 [28.084, 28.086]	15 P 磷 phosphorus 30.974	16 S 硫 sulfur 32.06 [32.059, 32.076]	17 Cl 氯 chlorine 35.45 [35.446, 35.457]	18 Ar 氩 argon 39.95 [39.792, 39.963]
19 K 钾 potassium 39.098	20 Ca 钙 calcium 40.078(4)	21 Sc 钪 scandium 44.956	22 Ti 钛 titanium 47.867	23 V 钒 vanadium 50.942	24 Cr 铬 chromium 51.996	25 Mn 锰 manganese 54.938	26 Fe 铁 iron 55.845(2)	27 Co 钴 cobalt 58.933	28 Ni 镍 nickel 58.693	29 Cu 铜 copper 63.546(3)	30 Zn 锌 zinc 65.38(2)	31 Ga 镓 gallium 69.723	32 Ge 锗 germanium 72.630(8)	33 As 砷 arsenic 74.922	34 Se 硒 selenium 78.971(8)	35 Br 溴 bromine 79.904 [79.901, 79.907]	36 Kr 氪 krypton 83.798(2)
37 Rb 铷 rubidium 85.468	38 Sr 锶 strontium 87.62	39 Y 钇 yttrium 88.906	40 Zr 锆 zirconium 91.224(2)	41 Nb 铌 niobium 92.906	42 Mo 钼 molybdenum 95.95	43 Tc 锝 technetium	44 Ru 钌 ruthenium 101.07(2)	45 Rh 铑 rhodium 102.91	46 Pd 钯 palladium 106.42	47 Ag 银 silver 107.87	48 Cd 镉 cadmium 112.41	49 In 铟 indium 114.82	50 Sn 锡 tin 118.71	51 Sb 锑 antimony 121.76	52 Te 碲 tellurium 127.60(3)	53 I 碘 iodine 126.90	54 Xe 氙 xenon 131.29
55 Cs 铯 caesium 132.91	56 Ba 钡 barium 137.33	57-71 镧系 lanthanoids	72 Hf 铪 hafnium 178.49(2)	73 Ta 钽 tantalum 180.95	74 W 钨 tungsten 183.84	75 Re 铼 rhenium 186.21	76 Os 锇 osmium 190.23(3)	77 Ir 铱 iridium 192.22	78 Pt 铂 platinum 195.08	79 Au 金 gold 196.97	80 Hg 汞 mercury 200.59	81 Tl 铊 thallium 204.38 [204.38, 204.39]	82 Pb 铅 lead 207.2	83 Bi 铋 bismuth 208.98	84 Po 钋 polonium	85 At 砹 astatine	86 Rn 氡 radon
87 Fr 钫 francium	88 Ra 镭 radium	89-103 锕系 actinoids	104 Rf 𬬻 rutherfordium	105 Db 𬭊 dubnium	106 Sg 𬭳 seaborgium	107 Bh 𬭛 bohrium	108 Hs 𬭶 hassium	109 Mt 鿏 meitnerium	110 Ds 𫟼 darmstadtium	111 Rg 𬬭 roentgenium	112 Cn 鿔 copernicium	113 Nh 鿭 nihonium	114 Fl 𫓧 flerovium	115 Mc 镆 moscovium	116 Lv 𫟷 livermorium	117 Ts 鿬 tennessine	118 Og 鿫 oganesson

镧系 lanthanoids:

57 La 镧 lanthanum 138.91	58 Ce 铈 cerium 140.12	59 Pr 镨 praseodymium 140.91	60 Nd 钕 neodymium 144.24	61 Pm 钷 promethium	62 Sm 钐 samarium 150.36(2)	63 Eu 铕 europium 151.96	64 Gd 钆 gadolinium 157.25(3)	65 Tb 铽 terbium 158.93	66 Dy 镝 dysprosium 162.50	67 Ho 钬 holmium 164.93	68 Er 铒 erbium 167.26	69 Tm 铥 thulium 168.93	70 Yb 镱 ytterbium 173.05	71 Lu 镥 lutetium 174.97

锕系 actinoids:

89 Ac 锕 actinium	90 Th 钍 thorium 232.04	91 Pa 镤 protactinium 231.04	92 U 铀 uranium 238.03	93 Np 镎 neptunium	94 Pu 钚 plutonium	95 Am 镅 americium	96 Cm 锔 curium	97 Bk 锫 berkelium	98 Cf 锎 californium	99 Es 锿 einsteinium	100 Fm 镄 fermium	101 Md 钔 mendelevium	102 No 锘 nobelium	103 Lr 铹 lawrencium

楚、明确地表示出了自然界的面貌，和门捷列夫当初描绘的情形一样，门捷列夫的天才的智慧当时是预见到这张表的重大意义的。

让我们更深入钻研一下这张表，看看它对于研究自然界的矿物学家和地球化学家，究竟有什么价值。

我们先把每一列里的方格从上到下来看一遍。

第一列——氢、锂、钠、钾、铷、铯、钫。除了氢以外的六个都是金属，就是我们所说的碱金属。除了人工制成的钫以外，它们在自然界里常常是在一起的。它们有几种化合物我们很熟悉：钠的化合物里有我们吃的食盐，钾的化合物里有制造烟火用的硝石。钠、钾以外的四种碱金属非常少见，现在它们用在制造复杂的电气仪器上。但是这六种元素尽管有一些不同，它们的化学性质却还是十分近似的。

第二列——铍、镁、钙、锶、钡、镭。这是碱土金属，先是最轻的铍，最后是奇妙的镭。它们的性质也很近似，像一家人似的。

第三列——钪、钇，往下是镧系和锕系元素。钪、钇和镧系共计 17 种元素被称为稀土元素。锕系元素共计 15 种，均为放射性元素，其中前 6 种元素锕、钍、镤、铀、镎、钚存在于自然界中，其余 9 种全部用人工核反应合成。

第四列——钛、锆、铪、𬭛。钛、锆、铪应用于合金制造，𬭛为人造放射性元素。

第五、六、七列——这三列元素都是一些特别的金属，它们在钢铁工业上的价值很大，把它们添在钢里，可以改善钢的性质。

第八、九、十列——门捷列夫表里有趣的中心部分，这部分里最突出的特点是，横着相邻的三种金属性质非常接近。铁、钴、镍的性质很相像，在自然界里也常在一处发现；连做化学分析的时候也很难把它们分开。还有轻铂族金属——钌、铑、钯和重铂族金属——锇、铱、铂，每一族里的三种元素也是彼此很相像的。

第十一、十二列——铜、银、金、锌、镉、汞，是我们在生活上很常见的金属。

第十三列——硼、铝、镓、铟、铊。我们在实际生活中只和前两种元素——硼和铝——熟识，硼和铝在自然界里起着很大的作用。硼是硼酸和硼砂的成分，硼砂可以用作焊药。铝含在霞石、长石、刚玉、铝土里面，纯铝可以制造金属器皿、锅子、调羹。这族元素相当复杂。铝算是真正的金属了，可是硼与其说是金属，不如说是非金属，因为它和典型的金属生成盐（例如硼砂）。

第十四列——碳、硅、锗、锡、铅。碳和硅是自然界里非常重要的元素，一切生物体里都有碳，到处的石灰岩里也有碳，至于硅，我们将会专辟出一章来讲它。

第十五列——氮、磷、砷、锑、铋。第一个是气体氮，接着是容易逸散的磷和砷，然后是半金属的锑，最后是相当典型的金属铋。这一列仿佛指出这张表再往下就要急遽转变，因为那里我们再也不会遇到有金属的光泽和我们熟悉的某些性质的金属了。那里的元素是化学家所谓非金属：气体、液体，或者是固体的非金属。

第十六列——氧、硫、硒、碲、钋。前四种的性质都很明确，可是钋的性质还不太清楚。

第十七列——氟、氯、溴、碘、砹。它们是会逸散的元素，先是氟、氯两种气体，再是液体溴，再后是固体的可是也会逸散的结晶碘，最后是我们还不太清楚的人造元素砹。化学家把这族元素（氢气除外）叫作卤素，意思是"造成盐"的元素。

第十八列——氦、氖、氩、氪、氙、氡。这些都是稀有气体，也叫作惰性气体。它们和任何其他元素都不化合；它们渗透在整个地球里，存在于所有矿物和我们周围整个自然界里面。它们的第一个是太阳的气体——很轻的氦；最后一个是一种奇怪的气体氡，它的原子总共只能够存在几天。

1.7 地球化学上的门捷列夫元素周期表

化学元素在地球里和我们周围整个的自然界里怎样分布的？这个问题对于人类自古以来就是十分重要的。

世界上到处都发生这个问题，是由于日常生活的需要自然而然发生的：人在原始社会需要劳动工具和打猎工具的原料，他们开始用硬的燧石或用和燧石一样硬而更结实的软玉来制造简陋的工具。显然，人类早在纪元前好几千年就开始寻找矿藏，那时候原始的人类注意到河沙里金子的光泽，有些石块很好看或者很重，也引起了他们的注意。

人类便是这样先知道、后来又学会开采和提炼铜、锡、金，最后是铁。观察和经验逐渐积累起来。古埃及人已经知道哪些地区产铜和钴的矿物，可以用来制造蓝色颜料，后来又知道含铁的赭石，做雕像的黏土，以及做他们崇拜的圣甲虫雕像的土耳其玉[1]。

人们慢慢地看清楚关于自然界的简单规律。有一些金属往往在同一处发现，例如锡、铜和锌；这就提醒人去制造它们的合金——青铜。在另外一些地方同时发现金子和宝石；又有一些地方是黏土和长石聚在一起，可以用来制造瓷器。

就是这样逐渐发现出地球化学上的一些重要规律。中世纪的炼金术士在神秘而肃静的实验室里试着炼出金子和哲人石来，他们在积累自然界的事实方面也做了不少的工作。

炼金术士已经知道，有几种金属你爱我我爱你，常常生在一起；例如闪亮的方铅矿晶体和闪锌矿常在同一处矿脉里，银子总是跟着金子，铜又常和砷在同一处被发现。

1.古埃及人用土耳其玉雕成圣甲虫像来象征复活。

等到欧洲的矿冶业发达起来，地球化学上的规律就更加明显。在萨克森、瑞典和喀尔巴阡山脉的矿坑深处建立了一门新的科学——地球化学——的基本原理，阐明了哪些物质会在自然界里同一处发现，在什么样的条件下，哪些规律强迫某些元素聚集在地球的同一个地方或者分散在不同的地方。

要知道，这在从前是矿冶业上最迫切需要解决的问题。需要找出来哪些地方大量聚集着工业上用的重要金属——像铁、金等。

现在我们已经知道，元素的行止是有严格一定的规律的，我们可以利用这些规律来勘探矿藏。

关于这类规律，我们甚至在日常生活上也知道一些，例如天然的元素像氮气、氧气和几种稀有气体主要是在空气里混合在一起。我们又知

与闪锌矿伴生的方铅矿晶体，产自法国

道，盐湖或岩盐矿床里有氯、溴、碘跟钾、钠、镁、钙等金属化合成的盐类共生在一起。

花岗岩是熔化的岩浆凝固以后生成的，是有闪光的结晶岩，它里面含有固定的几种化学元素。而这些元素又必然和含硼、铍、锂、氟的宝石在一起。而且花岗岩里还含有重要的稀有金属：钨、铌、钽。

和花岗岩相反，从地下深处流出的很重的玄武岩里含着铬、镍、铜、铁、铂的矿物。熔化的岩浆从它的发源地向地面上升，四散分出旁支，形成了矿脉，采矿的人从这种矿脉里找到锌和铅，金和银，砷和汞。

所以我们的科学越是向前发展，地球化学的规律也就越明显越肯定，这种规律在过去长时期里是没有人懂得的。

那么再看看门捷列夫表吧。这张表对于我们勘探金属和矿石的人，难道不是和对于化学家一样，也是为我们服务的指南针吗？

门捷列夫元素周期表的中心部分有九种金属：铁、钴、镍和六种铂族金属。我们知道，这九种金属的矿床是在地下很深的地方。除非高耸的山岭在千百万年里差不多被冲成平原，像苏联的乌拉尔那样，那时候侵蚀作用才能暴露出地下深处蕴藏着铁和铂的绿色深成岩层。

你们看，这九种元素不但是苏联

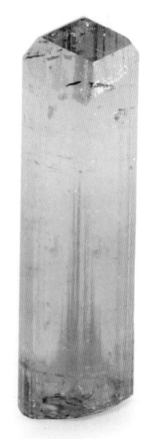

电气石（多色碧玺），产自巴西

山脉的基础，而且恰好占着门捷列夫表的中心位置。

再来看我们所谓重金属，它们在镍和铂的右方占着好几个方格。这是铜和锌、银和金、铅和铋、汞和砷。我们不是刚说过，这些金属总是在同一处被发现吗？采矿的人会在穿过地壳的矿脉里找到它们。

然后从表的中心往左看——左方也是金属的园地。这里有我们熟知的生成宝石的金属，有几种宝石里含着金属铍和锂的化合物；还有一些是稀有的甚至是非常稀罕的元素，它们聚集在花岗岩的最后冷凝的部分，在所谓伟晶花岗岩里。

再看表的最左和最右的两方。我们不能忘记，这张表可以横着卷起来，所以它两边尽头的各族元素是彼此衔接的。这部分表里又有我们熟悉的元素，在盐产地——盐湖、海洋、岩盐——里有这些元素。这是氯、溴、碘、钠、钾、钙，它们生成不同的盐。

现在请仔细看看表里的右上角，你们在这里找到了组成空气的主要元素——氮、氧、氩和其他惰性气体；而表的左上角是锂、铍。这些元素会使我们想到花岗岩里最后冷凝的部分，就是形成好看的宝石，粉红色和绿色的电气石，翠绿色的祖母绿，紫色的锂辉石。你们看，门捷列夫表本身就告诉了我们自然界里的元素是怎样成族地生在一起，可见这张表确实是勘探有用金属的指南针。

为了举例证实前面所说的规律性，我们提一下乌拉尔山脉的主要矿藏。

乌拉尔山脉在我们的眼里像是一张巨大的门捷列夫元素周期表，横跨着各种岩层。山脉的轴心，相当于表的中心部分，是比重很大的铂族金属的绿色岩层。著名的索利卡姆斯克产盐地带和恩巴地区，相当于表的左右两旁的元素。

难道这还不算是那个最深刻、最抽象的思想的奇妙的证明吗？我想你们自己也已经懂得，门捷列夫表里元素的排列不是偶然的，而是根据它们性质上相似的地方来排的。所以，元素的性质越接近，它们在表里的位置也越接近。

自然界里也是这样。我们的地质图上画着不同矿产的记号，那些记号决不是胡乱标上的。锇、铱、铂常在一起，砷和锑同在一处被发现，都不是偶然的。

各种原子在化学性质上相近似，有一定的规律，也正是这些规律决定着元素在地球内部的动态。可见伟大的门捷列夫表确实是最重要的武器，人们用它来发掘地下的富源，找到有用的金属，有了金属才谈得到农业和工业！

让我们看一下乌拉尔在远古时候的情形。熔化了的很重的深成岩浆从地底下很深的地方上升；岩浆里混合着深灰色的、黑色的和绿色的岩石，含有很多的镁和铁。岩浆里混杂着铬、钛、钴、镍的矿石；又夹带着铂族金属：钌、铑、钯、锇、铱、铂。

这样就开始了乌拉尔历史的第一阶段。橄榄岩和蛇纹岩在地下深处构成了乌拉尔山脉的中坚骨干，像一条长长的链子，往北伸展到北极地带的群岛，往南没入哈萨克斯坦羽茅草的草原地下。这就是门捷列夫表的中心部分。

熔化的岩浆在四下分散的过程当中，有一部分比较轻比较容易逸散的物质分离出来；然后岩层经过复杂的变化而变成现在的乌拉尔山脉；在变化过程当中，乌拉尔有过火山活动，等火山活动快停止的时候，在它深处结晶出来有闪光的花岗岩。这是一种灰色的花岗岩，乌拉尔地区的居民谁都知道，特别是乌拉尔东部山坡的居民。分凝出来的纯粹的石英贯通着花岗岩造成白色的矿脉，伟晶花岗岩矿脉分出旁枝，越出范围，侵入了两旁的岩石。在这种作用的过程当中聚集了容易逸散的元素——硼、氟、锂、铍、稀土族元素，同时生成了乌拉尔宝石和稀有金属的矿石。

这在门捷列夫的周期表里，相当于靠左面的那一部分。

但是在这时候和以后一段时期，地底下还有火热的溶液往上升，夹带着低熔点的、流动的、容易溶解的锌、铅、铜、锑、砷的化合物，金和银也跟着这些化合物出来。

这些矿床在乌拉尔东部山坡连成一条长链子，有的地方大量地聚集在一起，有的地方是分支的矿脉和矿脉业。

这部分相当于门捷列夫表里右方的元素。

最后火山活动完全停止了；地层本来因横压力被挤起成了乌拉尔山脉，使山峰从东向西移动，替火山岩和炽热的矿脉溶液不定在哪里打开出口，现在这种横压力也停止作用了。

接着就是长时期的破坏作用。乌拉尔山脉在成亿年里受到连续的破坏，岩层不断遭受到冲洗。一切难溶的物质留下不动，其余的都溶解在水里，被水流冲到海里和湖泊里去。水流在乌拉尔以西汇集成帕尔姆海，把从乌拉尔冲走的物质都搜罗进去。后来海水慢慢干了，海面分成许多港湾、湖泊、三角港，而盐便沉在这些地方的底层里。

这样便聚集起了钠、钾、铷、镁、氯、溴、硼的盐类。

这就是门捷列夫元素周期表的左方和右方的方格内的元素。

而原先是乌拉尔山顶的地方，现在只剩下没有和水起化学反应的东西留在那里。

在中生代千百万年的炎热天气里，破坏了的岩石又长成了地壳。铁、镍、铬、钴聚在这层地壳里，形成了储藏量丰富的褐铁矿层，替乌拉尔南部地区的炼镍工业打下了基础。

在花岗岩受到破坏的地区造成了石英冲积矿床，这里面聚集着金、钨、宝石，这些东西都埋在沙里，没有起变化。

乌拉尔便这样逐渐地死去，它的表层盖上了土，只有它东部的河水不时向它侵袭，冲毁它长成的小丘，在河的两岸重新把锰和铁的矿石分

锂辉石，产自巴西

离出来。

乌拉尔山脉的一头是靠北极地带的冰天雪地，另一头是哈萨克斯坦的羽茅草原，门捷列夫表好像就隐藏在这一带的地底下。需要有新型的人，有新的、先进的技术，才能揭去乌拉尔大山脉的古老皮层，才能一步步发现门捷列夫表的一个个元素，把这个大山脉的全部地下资源发掘出来用到工业上。

1.8 原子分裂 铀和镭

我们从前面几节知道，地球化学这门科学的基础是原子，原子这个名字的希腊文原意是"不可分的"。92 种原子，也就是 92 种不同的元素，配搭起来构成我们周围的自然界。

那么这种小到"不可分的"物质粒子到底是什么东西呢？它真的"不可分"吗？92 种原子之间确实是各不相关，在构造上毫无一致的地方吗？

把原子看作实质上不能再分的小球体，这种概念一向是化学和物理学的基础。"不可分的"原子充分地解释了物质的物理性质和化学性质，所以物理学家和化学家虽然猜疑过原子有复杂的结构，可始终没有特别下功夫去研究原子。

一直到 1896 年，法国著名的物理学家贝克勒尔发现了一种以前没有人知道的现象，发现了铀能够放射某种从来没有见过的射线，而居里夫妇又发现了新元素——镭，镭的放射现象比铀的清楚得多，从那时候起才明白原子有非常复杂的结构。而现在呢，由于居里夫人、卢瑟福、玻尔以及其他科学家辉煌的研究工作，原子结构的全貌已经相当清楚了。我们不但知道了构成原子的是哪些最小的粒子，而且知道这些粒子多大，多重，它们怎样排列，是什么力量使它们结合在一起的。

我们已经说过，每一种化学元素的原子，别看它是那么小（它的直径是一亿分之一厘米），它的结构却复杂得很，很像我们的太阳系。

原子里有一个核（核的直径是原子直径的十万分之一，差不多等于十万亿分之一厘米），原子的质量几乎完全集中在核上。

原子核带正电。原子越重，核里带正电的小粒子也越多，而且每种原子的这种小粒子数正好等于这元素在周期表里所占方格的号数。

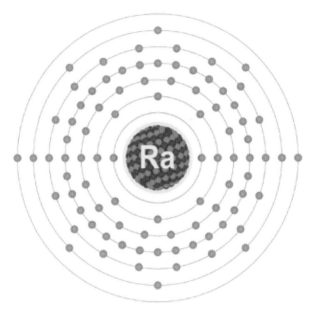

镭原子结构图

原子核外有电子，电子在离核不同的距离上绕核旋转。电子个数等于核的正电荷数，所以整个原子是电中性的。

一切化学元素的原子核都由最简单的两种小粒子组成，一种是质子，也就是氢原子核，还有一种是中子。质子的质量大约等于氢原子的质量，带一个正电荷。中子也是实质的粒子，质量和质子差不多大小，但是它既不带正电，又不带负电。

质子和中子在原子核里结合得非常紧密，所以原子核在任何化学反应当中总是那么稳定，丝毫不起变化。

翻开门捷列夫的周期表，从轻元素往重元素看，那么我们就会发现，轻元素的原子核里差不多含有同数的质子和中子（这点不难看出，因为周期表里前几个元素的原子量数等于或者大约等于元素原子序数的两倍）。

往下看到重元素，那么原子核里的中子数就比质子数多起来。最后，中子比质子多很多，原子核也变得不稳定了。从原子序数第 81 号起，有稳定的同位素，也有不稳定的同位素。不稳定元素的原子核会自动分裂，放出大量的能，结果变成另外一种元素的原子核。

从原子序数第 86 号起，所有元素的原子核没有一个是稳定的，这些元素叫作放射性元素。

放射性是原子自动分裂的一种性质，原子放射以后变成另外一种元素的原子，同时用放出各种射线的形式来放出大量的能。射线可以分成三种。

第一种射线叫作 α 射线，是一种高速度飞射出来的实质粒子，每个粒子带 2 个正电荷；拿重量来说，每个 α 粒子是氢原子的 4 倍，原来这种粒子是氦原子核。

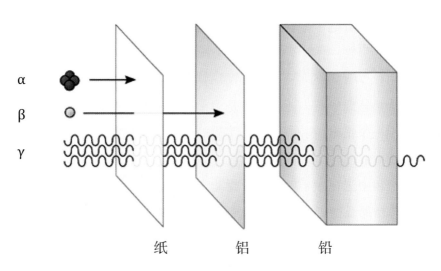

α 射线、β 射线、γ 射线穿透示意图。三种射线中，α 射线的穿透能力最差，一张纸就可以挡住 α 粒子；β 射线的穿透能力次强，但会被一般的金属板或一定厚度的有机玻璃板阻挡；γ 射线是波长很短的高能电磁波，具有很强的穿透性，想要有效阻挡它，需要很厚的重金属（如铅、铁）板或混凝土墙

第二种射线叫作 β 射线，是高速度向外飞射的电子流。每个电子带 1 个负电荷——这是电荷的最小的单位，电子的重量是氢原子的 1/1840。

第三种射线叫作 γ 射线，它很像 X 射线，但是它的波长比 X 射线短。

假如我们拿一克左右的镭盐放在小玻璃管里，把管子的两头熔化封了口，拿来观察，那么我们就能发现镭盐放射蜕变时候发生的一切重要

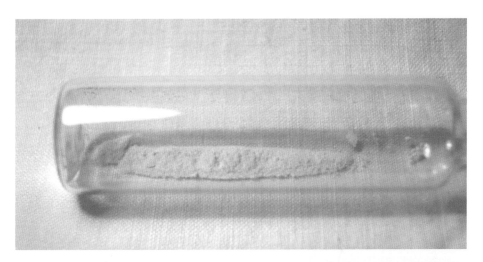

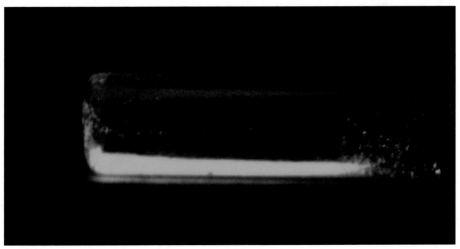

黑暗中，玻璃管中含镭的涂料发出绿色的光。这种现象是由镭产生的放射性元素氡引起的

现象。

第一，如果有一种仪器，能够测量温度的微小差别，我们便不难测出，这个盛镭盐的玻璃管的温度比它周围的气温稍微高一些。

结果我们得出这样的印象，镭盐的内部仿佛藏着一个完整的发热器，在不断起着作用。根据这种观察可以得出重要的结论：在放射蜕变的时候，也就是在原子核分裂的过程当中，不停地在产生大量的能。实验证明，1克镭在"蜕变"当中，1小时发出140卡的热；如果让它连续地变到铅为止（这差不多要两万年），那么放出的热是290万千卡，这相当于燃烧半吨煤发出的热量。

把盛着镭盐的玻璃管平放着，用小抽气机抽出玻璃管里的空气；小心地送到另外一个玻璃管里去，那个玻璃管里的空气是预先抽去了的。然后把第二个玻璃管两头熔化封了口。这个玻璃管在暗处会发出浅绿色或浅蓝色的光，和盛着镭盐的玻璃管的发光情形完全一样。

这是次级放射现象，是由镭产生的另外一种放射性元素引起的。这种元素是气体，叫作氡（Rn）。

玻璃管里氡的含量在40天以内不断增加，此后就保持不变，因为40天以后氡的蜕变的速度等于产生它的速度。氡的放射性还可以用带电的验电器检查出来，只要把盛着氡的玻璃管拿近验电器就行了。放射线把周围的空气变成离子，于是空气变成导电体，验电器上的电就马上失去了。

假如上面的实验每天都做，那么很容易看出，日子一多，盛氡的玻璃管对于带电的验电器的作用逐渐减小。过了3.8昼夜，作用力减去一半；满40天以后，把这玻璃管拿近带电的验电器，就丝毫不起作用了。可是如果我们在这个密闭的玻璃管里造成放电现象，再用分光镜来观察玻璃管里的气体在放电时候发出什么样的光，那就会发现另外一种气体的光谱，原先玻璃管里是没有这种气体的。玻璃管里新出现的气体是氦。最后，如果把镭盐放在玻璃管里保存好多年，再把它从玻璃管取出，然后用非常灵敏的分析方法来找玻璃管内壁的表面上有没有其他化学元素，我们还会发现空玻璃管里有极少量的金属铅。

1 克的金属镭在一年里面蜕变的结果，生成 4.00×10^{-4} 克的原子量是 206 的铅和 172 立方毫米的气体氦。

可见，由于镭的放射蜕变而接连生成了新的放射性元素，一直变到生成没有放射性的铅为止。到了铅，就不再起变化了。其实镭的本身，也是从铀开始的一连串蜕变当中的一个中间环节。

放射性元素蜕变的结果产生的一连串元素的系列，叫作放射系。

一种放射性元素的所有的原子核都是不稳定的，它们在一定期间进行蜕变的概率是相同的。所以，含有千百万原子的一大块放射性物质，蜕变的速度是固定不变的，不管它们受到什么样的化学作用和物理作用。

科学家已经证明，从接近绝对零度的液体氦的低温度到好几千摄氏度的高温，几千个大气压的压力，高压放电，这一些对于放射性元素的蜕变作用一点也没有影响。

放射性元素蜕变的速度，平常用它的半衰期 T 来代表，这就是原来这一个元素的全部原子蜕变了一半所需要的时间。显然，这个时间的长短，对于各种不同的不稳定原子来说，也就是对于各种不同的放射性元素来说，都不一样，但是对于某一种放射性元素的原子来说，却是固定不变的。

各种放射性元素的半衰期差别很大——最不稳定的原子核不到一秒钟；像铀和钍那样稍微有点不稳定的却需要好几十亿年。在连续蜕变当中，下一代的原子核和它上一代的一样，它本身也是不稳定的，有放射性的，这样子子孙孙地蜕变下去，最后生成稳定不变的原子核。

现在知道有三个这样的放射系，也就是三个族：第一是铀－镭系，开头是原子量 238 的一种铀同位素；第二是铀－锕系，开头是原子量 235

的另外一种铀同位素；第三是钍系。三个放射系的每一系都是十代十二代的连续蜕变，最后生成的稳定不变的物质是铅的三种同位素，这三种铅的原子量依次是 206、207、208。每一个放射系蜕变以后的稳定生成物，除了铅还有氦——α 粒子被放射出来以后失去动能和电荷，就变成氦原子。

铀、钍、镭的原子在地球上不停地进行放射性蜕变，同时不断地放出热来。

如果计算一下所有这些元素在蜕变的时候放出了多少热，那么不用怀疑，这些热量我们自己老早就在享用了，我们地球之所以显著地发热，正是因为仗着这些热量。

还有，飞艇和气球里装满着氦气，氦气的来源也是地球内部铀、钍、镭的原子在蜕变过程当中产生出来的。有人算过，这样产生出来的氦气，假如从地球一存在就算起，数量是相当庞大的，足有好几亿立方米。

地球内部铀、钍、镭的原子不停地进行蜕变，这使我们感到兴趣，不但是因为蜕变能够经常地供应热量，不断地生成工业上用的化学元素，而且因为蜕变作用是一只天然的钟表，一个计时器，我们可以根据它算出地球上各种岩石已经生成了多久，最后还能算出地球从变成固体起已经活了多少年。

那么，怎样利用铀、钍、镭的原子的蜕变来测定地质年代呢？我们方才已经看到过，放射性元素不管受到什么样的化学作用和物理作用，它们的原子始终依照严格一定的速度进行蜕变。而另一方面，它们蜕变的结果生成了稳定的、再也不变的氦原子和铅原子，氦和铅的生成量积累起来一定会越来越多。

知道了 1 克铀或 1 克钍在一年里产生出多少氦和多少铅，又测定了某种矿物里面含有多少铀和钍，多少氦和铅，然后根据氦对于铀和钍的数量的比率，以及铅对于铀和钍的数量的比率，我们就能算出这种矿物从它生成时候起已经过了多少年。

实际上，矿物刚刚生成的时候，它的成分里只有铀和钍的原子，一点没有氦和铅的原子；后来因为矿物里的铀和钍进行蜕变，这才出现和逐渐累积起氦和铅。

含有铀原子和钍原子的矿物，好比是一个沙漏，沙漏的作用你们或许也看见过。我来告诉你们沙漏是怎样构造的。它是上下连通的两个容器；一个容器里盛着一定量的沙。开始计时的时候，把沙漏固定起来，沙就由于重力的作用，慢慢从上面一个容器掉进下面一个容器里。平常装的沙的分量，是让它经过一定的时间——10分钟、15分钟等，完全掉到下面的容器里。人们在日常生活上用沙漏来测量一定的时间间隔。其实，用它来测量任何时间间隔都可以。只要先称好沙的重量，再称称掉下的沙多重；或者在容器上标出等体积的记号，然后看看掉下的沙占多大体积。因为沙受重力的作用，是依照固定不变的速度往下掉的，那就可以算出在一分钟里有多重或是多少体积的沙从上面的容器掉到下面的容器，根据沙掉下的多少，就知道从沙开始漏的时候起已经过了多长的时间。

含有铀原子和钍原子的矿物里，也发生着某些相像的作用。这种矿物相当于盛着一定分量的沙的上面的容器，每个铀原子和钍原子在执行着每粒小沙的任务。这两种原子也依照固定的速度变成氦原子和铅原子，而且和沙漏的情形一样，蜕变以后积累起来的原子与这种放射性矿物从蜕变起到现在为止的那段时间成正比。

矿物里还剩多少铀，可以直接分析出来；已经有多少铀和钍的原子进行了蜕变，根据产生的氦和铅的分量来计算。有了这些数据，就能求出铀的分量跟氦和铅的分量的比率，结果就能算出这种矿物已经进行了多长时间的蜕变。科学家按照这种方法测定出，地球上有的矿物差不多已经有了 20 亿年的历史。这样我们就可以明白了：我们的地球是一位老而又老的老婆婆，它的岁数无论如何比 20 亿岁要多得多。

最后我愿意给你们再讲一种现象，这种现象是最近发现的，但是它对人类的生活显然起着很大的作用。我们前面已经说过，门捷列夫周期表里从第 81 号起的重元素，除了稳定的同位素之外，也有不稳定的同位素，或者说有放射性的同位素。在稳定的原子核里，质子和中子的个数有一定的比率，但是如果这个比率受到了严重的破坏，原子核就变得不稳定了。如果核里的中子过多，它就变得有放射性了。

科学家刚一看出元素原子核的这点性质，他们立刻就想出方法来人为地改变原子核里质子和中子个数的比率，这样一来，就能随意把稳定的原子核变成不稳定的，把某种元素变成人造放射元素。这是怎样来做到的呢？

要做到这一点需要有某些炮弹，它的大小不能比原子核大，让它带着大量的能去冲击原子核。

可以做这种像原子核那么大又带着大量的能的炮弹的，有放射性元素放出的 α 粒子。科学家首先用这种炮弹破坏了氮原子核。第一个做成这个实验的是著名的英国物理学家卢瑟福，他在 1919 年用 α 射线冲击氮原子核，发现氮原子核里飞出了质子。

过了 15 年，在 1934 年，法国青年科学家约里奥 - 居里夫妇用钋放射的 α 粒子对铝作用，发现铝受了 α 射线的作用，不但放射含有中子的射线，而且 α 射线停止照射以后，还能保持短时间的放射性质——发出 β 射线。

约里奥 - 居里夫妇进行了化学分析，确定这时候在进行人为放射的不是铝原子本身，而是磷原子，这种磷原子是铝原子受到 α 粒子的作用以后生成的。

就是这样制得了第一批人造放射元素，从此打开了人为放射的大

居里夫妇像

门。不久，科学家试用其他方法来制取人造放射元素，他们不用 α 粒子，而用中子来冲击元素原子核，中子钻进原子核比 α 粒子容易得多，因为 α 粒子带正电，所以它一接近原子核，马上要受到核的排斥。

重元素原子核的这种排斥力是非常大的，α 粒子的能量抵不过这种力量，所以它根本够不上原子核。而中子呢，一点也不带电，核也不排斥它，所以它比较容易钻进核的内部去。实际上，利用中子冲击的方法，科学家已经制出了全部元素的不稳定的人造放射同位素。

1939 年又发现，当中子带着少量的能对最重的元素铀起作用的时候，铀原子核便发生另外一种方式的蜕变，是以前所不知道的，这时候铀原子核分成差不多同样大小的对半两块。这对半两块的本身就是门捷列夫表里中部两种已经知道的元素的原子核，是它们的不稳定的同位素。

第二年，1940 年，苏联的青年物理学家彼得尔扎克（К. А. Петржак）和弗廖罗夫（Г. Н. Флеров）二人发现，自然界里的铀也在进行这种新型的蜕变、新型的放射，只是这种新型的放射蜕变比普通的稀少得多罢了。

假如铀按照普通方式进行放射蜕变，它需要 $45×10^8$ 年才蜕变掉全部原子的一半，而按照对半分裂的方式，那么半衰期是 $44×10^{15}$ 年；可见第二种蜕变方式的概率只是普通方式的一千万分之一，可是这样蜕变时放出的能量比普通蜕变放出的多得多。

1946 年，科学家证明，铀按照新的方式放射的时候，除去生成不稳定而继续蜕变的原子核以外，也生成某种稳定的原子核，经常积累在自然界里。

例如，如果说铀在平常放射蜕变的时候，生成和逐渐积累的是氦原子，那么按照新的方式放射，它生成和逐渐积累的是氙原子或氪原子。

冲击铀的同位素，结果生成一系列的新元素，超铀元素——第 93 号是镎，第 94 号是钚，第 95 号是镅，第 96 号是锔，第 97 号是锫，第 98 号是锎，第 99 号是锿，第 100 号是镄，门捷列夫表里都有它们的位置。

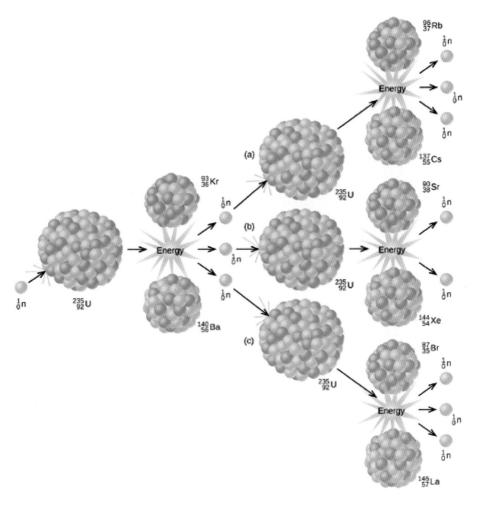

铀235原子核里自动进行的链式反应图解

　　而最有趣的是，原子的这种新型的蜕变的速度是可以调节的，我们可以随意叫它加快或是减慢。假如大大加快这种蜕变过程，使一千克金属铀的原子在一刹那完全蜕变掉，那么它能放出的能量，相当于燃烧2000吨煤那样多，结果会发生非常惊人的大爆炸。

　　爆炸以后的裂块继续寻求新的平衡方式，一直等到把过剩的能量放完，本身变成比较稳定的和缓慢蜕变的各种金属原子为止。

对于这个发现值得注意的是，人类的技术不但会引起这样激烈的反应，释放出骇人听闻的能量，而且会控制这种反应，叫它减慢或者加快，可以不让它急剧爆炸而让它把大量的能量缓慢而平静地连续释放好几千年。这种关于原子内部的能的辉煌的思想，还只是在19世纪末居里夫妇发现了镭以后才想到的，到20世纪初也只有少数科学家敢断然提出，在今天却已经变成事实了。

当1903年科学家描述人类幸福的将来，认为人类生活所需要的能量是无尽的时候，这种思想还只是美妙的幻想，既不能从自然界的现实得到证明，又不能由当时科学家掌握的技术促成实现。而在今天，这种幻想果然变成事实了。

近年来，铀成了全世界各国非常注意的对象，这是没有什么奇怪的。在这以前，都把铀当作提取镭以后的废物。比利时、加拿大、美国和其他国家的几家炼镭公司在很大的工厂里把铀和镭分离开以后，就想各种方法替铀找出路。可是铀的真正用途并没有找到，铀的价钱很低，大工厂把它低价卖出去做瓷器和琉璃砖的颜料，用它制造便宜的绿色玻璃。

近年来情况改变了：各国把铀另眼看待，对铀格外注意，它们勘探铀矿不再是为了提取镭，而正是为了铀本身。

即使要完全解决使用原子能的问题还需要花很大的精力，即使原子能在开头使用的时候比蒸汽锅炉的能量还要贵，但是要知道，原子能几乎是永恒不停的动力，广泛利用原子能在人类面前开辟了多么广阔的前途啊！

人类现在掌握了新型的能源，比以前所知道的一切的能都强大有力。

全世界的科学家正在紧张地进行工作，以便尽快地掌握这种新的技术。

等到原子能可以供日常使用的时代到来的时候，我们便会有装在手

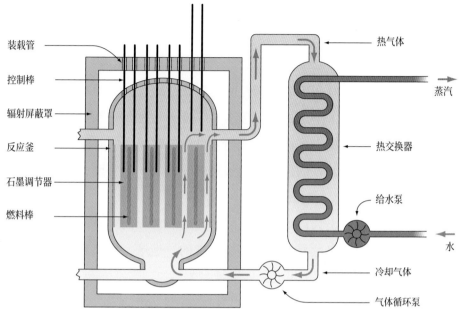

装载管

控制棒

辐射屏蔽罩

反应釜

石墨调节器

燃料棒

热气体

蒸汽

热交换器

给水泵

水

冷却气体

气体循环泵

U235 核反应堆示意图

提箱里的发电站，只有怀表那么大的几匹马力的发动机；储藏的能量够
用几年的喷气发动机，可以飞几个月不着陆的飞机。

原子能的时代来到了——我们人类的威力空前增长的时代来到了。

可是根据原子结构的新的思想来看门捷列夫的周期律，它也并没有
失去价值。

而且，门捷列夫的周期律对于认识原子内部的现象和对于认识原子
之间的化学上的关系一样，同样是指路明灯。研究了原子的结构，知道
周期律不但是化学定律之一，而且是自然界最伟大的定律之一。

1.9 原子和时间

很难设想出比时间更简单同时又更复杂的概念。芬兰有句老话说："世界上再也没有比时间更奇妙、更复杂、更难克服的东西。"古代最伟大的哲学家之一亚里士多德在公元前4世纪的时候说，时间是我们周围自然界里一切莫名其妙的事物当中最莫名其妙的，因为谁也不知道时间是什么，谁也不会控制时间。

人类刚有文化不久，就有了时间的开始和世界的末日的思想，他们想过，我们周围的自然界是怎样创造出来的，地球、行星和其他星体的年龄多大，太阳在天空中发光还能继续多久。

根据古代波斯的说法，世界一共才存在1.2万年。

巴比伦的占星学家推算天体，他们说世界很老，足有200多万年。而《圣经》却认为，根据神的意志，在六天六夜里造了世界，从那时候起一共只过了6000年。

好几千年以来，人们的脑子里不断在想着时间的问题，人们逐渐开始用比较精确的方法代替古代占星学家的说法和空想，来确定地球的年龄。

首先计算地球年龄的，是1715年的天文学家伽利略，其次是开尔文，他在1862年根据地球冷却的学说从它冷却的时候算起，算出来的年龄是4000万年，这个数字在当时看来是相当大的。

后来改用地质学上的方法来计算地球的年龄。瑞士、英国、瑞典、俄国和美国的地质学家考虑到地球上沉积的岩层总共有100多千米厚，于是他们开始计算需要多长的时间才能生成这样厚的岩层。

因为河流每年从大陆上冲走的物质不会少于1000万吨，那么我们陆地的表层平均每25年要减低一米。地质学家研究了流水的作用和冰川的作用，研究了陆地和海洋的沉积物和带状的冰川黏土，他们得出结论说，地壳的历史不止4000万年。英国地球物理学家约翰·乔利在1899年算出了地球的年龄，他说地球已经存在了3亿年。

但是不论物理学家和化学家，连地质学家自己都不满意这种结果。

陆地的破坏作用完全不是像约翰·乔利想象的那样正常地进行。和沉积时期交替的还有火山的猛烈爆发、地震、山岳的隆起。早先积累的沉积物又都被熔化和冲走了。

约翰·乔利算出的数字不能叫精密的研究家满意，研究家想找一种真正可靠的钟表来测定过去的时间，测定地壳的年龄。

现在又是化学家和物理学家来接替地质学家。他们最后发现一种钟表是永恒开动着的，是始终如一的；这种钟表不是人造的，它没有发条，也不用人去开动。是什么钟表呢？是放射性元素蜕变着的原子。

我们在上一章讲过，全世界充满着蜕变着的原子，铀、钍、镭、钋、锕和另外好几十种元素的原子便是这样不显著而长期地进行着蜕变。这种蜕变的速度是固定不变的，上面已经说过，不论在摄氏几千度的高温下，或是在接近绝对零度的低温下，也不论在多大的压力下，不能叫它加速或者减慢。放射性元素的原子在自然界里进行的蜕变作用的严格一定的速度，决不是用什么普通的方法可以改变的。

固然，现代的技术会用强有力的仪器来破坏原子和造出新的原子。但是自然界并不具备这种条件，所以重元素的蜕变速度在千百万年甚至几十亿年里还是那样。

不论什么时候什么地方，铀、镭、钍的原子总是在我们周围世界的每一角落里进行着蜕变，同时生成一定量的气体氦原子和稳定的、不再放射的铅原子。自然界里的氦和铅这两种元素正是科学家所用的新的钟表。人类史上从此有了永恒开动的、真正全世界标准的仪器来测量时间了！

这是多么值得惊异而又难以领会的景象！宇宙里充满着好几百种不同原子的复杂的电磁系统。这些原子放出能量，同时作了飞跃式的改变，从一种原子变成另一种原子：新生成的有一些原子仿佛顽强地再也不起变化了——显然，它们变化的时间太长了，以至我们没法察觉；另外一些原子能存在几十亿年，它们慢慢地放射出能量，经历着一系列复杂的蜕变；再有一些原子存在的时间有几年的，几天的和几小时的；最后还有一些的寿命只有几秒钟，有的还不到一秒钟……

测量地球的年龄的"钟表"。如果我们把地球的全部历史，从太古代起到今天为止，算作 24 小时，那么根据放射作用计算出来各个时代，在我们这只钟表上的时间是：前寒武纪，17 小时；古生代，4 小时；中生代，2 小时；新生代，1 小时，人类还只是在 5 分钟以前才出现在生命的舞台上

元素服从原子系统改变的规律，它们充满在自然界里，而时间却支配着元素在自然界里量的分布的规律，时间把元素分布到整个宇宙里，造成了我们地球世界的复杂性，使整个宇宙有了生命。

宇宙便是这样缓慢地、永恒地进行变化；很快蜕变的重原子死亡掉，另外一些原子受到 α 射线的作用而蜕变，又生成一些比较稳定的构成宇宙的小砖块——原子，而蜕变到最后的生成物——非放射性元素——就逐渐积累起来。

现在知道太阳上绝大多数的元素是不受 α 射线作用的：地球表面上有 90% 的元素，它们原子里面的电子个数是偶数或是四的倍数，也就是说，它们最能抵抗 γ 射线和宇宙射线的破坏作用。这些元素当中最稳定的、构造简单而又紧密的元素构成了我们的无机世界；不太稳定的（像钾和铷）参加了生活作用，由于它们蜕变而帮助了有机体争取生命的斗争。很快蜕变的元素（氡、镭）却要损害有机体的生命，一方面也破坏了它们自己。有一些星体上的蜕变作用正在发展，例如我们的太阳——它已经相当成熟了；在星云上，蜕变作用刚刚开始；至于另外一些昏暗无光的天体，那么蜕变作用已经进行得非常缓慢，近于熄灭。时间决定着宇宙史上各种元素的成分、性质和相互配搭的关系。

物理学家和化学家算过，1000 克的铀过了一亿年能产生 13 克的铅和 2 克的氦气。

假如过 20 亿年，那么产生的铅是 225 克，也就是有四分之一的铀变成了铅。在这期间飞射出来的氦气有 35 克。但是蜕变作用还在继续下去，40 亿年以后积累的铅几乎有 400 克，氦气有 60 克，原来的铀只剩下一半——500 克。

我们接着推算：假定经过的时间不是 40 亿年而是 1000 亿年，那时候铀差不多蜕变完了，都变成了铅和氦气。将来地球上的铀会一点不剩，自然界会到处分布着重的铅原子，空气里会含有大量太阳上的气体——氦气。

有了这些数据，近年来地球化学家和地球物理学家就给地球的地质演变史列出了年表。

利用铀的蜕变做钟表，知道地球的年龄多半在三四十亿年以上，就是说差不多在三四十亿年以前，太阳系各行星——包括地球在内——就从宇宙史上分出来而有了自己的历史。

20多亿年以前地球有了固体的地壳——这又是地球史上极其重要的一个环节，从此开始了地球的地质史。从地球上有生物到现在，已经过了10亿年以上。差不多在5亿年以前，圣彼得堡附近开始沉积起著名的寒武纪蓝色黏土层。

地质史上的第一个阶段占全部地质史的四分之三，在这期间，大堆熔化的东西有许多次从地下深处突破地面，破坏了地球表层原先长好的固体薄膜。熔化的东西流在地球表面上，火热的气体和溶液渗透进去，结果地壳发生褶皱，隆起成了山脉。苏联的地球化学家和地质学家现在已经知道哪些是地球上最古老的山脉（在卡累利阿的别洛莫里德，在加拿大曼尼托巴州的年代最久的花岗岩）。这几处山脉的年龄将近1700000000年[1]。

然后开始了有机世界的长期发展的历史。我们从"地球的年龄"这张表里看出各个地质时代的沉积作用继续了多久。

大约在5亿年以前，欧洲北部隆起了加里东大山脉；在2亿～3亿年以前造成了乌拉尔山脉和天山山脉；在2500万～5000万年之间造成了阿尔卑斯山脉，同时高加索火山的最后一次激烈爆发熄灭了，另外还隆起了喜马拉雅山山峰。

---

1. 有一些美国科学家估计曼尼托巴州的花岗岩已经有31亿年的历史；但是苏联科学家认为这个数字未免夸大。——俄文版编者注

然后是史前的时代：100 万年以前开始了冰川时代；80 万年以前出现了人；2.5 万年前冰川时代的最后一期完了；公元前 10000～公元前 8000 年前有了埃及和巴比伦的文化；1950 年前开始了我们的纪元。

科学家还需要好多年工夫才能修整他们奇妙的钟表，让它运行得更加准确。可是测定时间的方法总算已经找到了。既然解开了时间上的一个谜，那么毫无疑问，化学家很快就会随便拿起一块石头来说出它的年龄，精确地测定它已经生成了多少年。

化学家们！我们再也不信你们的原子是不可变的；一切都在运动，都在变化，都在破坏和重新造成，有的死亡了，另外一些诞生了——这就是从时间上来看世界的化学作用的历史过程。何况人又会把原子的死亡变成认识世界的工具，利用它做测量时间的标准。

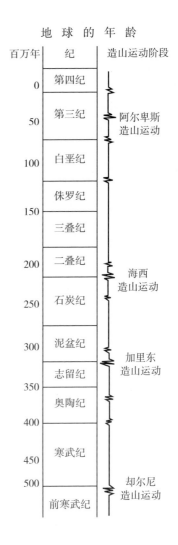

第 2 编
自然界里的化学元素

2.1 硅——地壳的基础

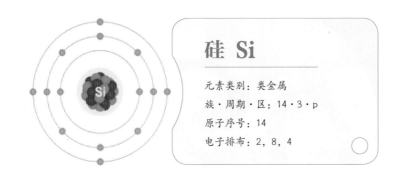

硅 Si

元素类别：类金属
族·周期·区：14·3·p
原子序号：14
电子排布：2, 8, 4

硅和硅的矿物

茹科夫斯基写过一首叙事诗，说有一个外国人到了荷兰的阿姆斯特丹，逢人便问，这个商店、那所房子、这只船、那块土地各是属于谁的，而他得到的答复却完全一样："康 – 尼特 – 弗士唐。""他真富啊！"——外国人心里想着，很羡慕这个人，其实他不懂那句荷兰话的意思是说"我不懂你的话"。

谁要是给我讲起石英，我脑子里就想起这段故事。有人给我看过各种各样的东西：照在太阳光底下像泉水一般清凉的透明的球体，杂色而好看的玛瑙，多色而有闪光的蛋白石，海岸上纯净的沙，用熔化的石英做成像蚕丝那样的细丝或耐热的容器，美丽的琢磨过的水晶，神秘而奇幻的碧石，变成了燧石的木化石，古代人粗糙地加工过的箭头，这一切东西不管我怎样去刨根问底，人们总是这样回答我：这一切都是由石英和在成分上与石英近似的矿物组成的。这一切同是硅元素和氧元素的化合物。

水晶（上，产自尼泊尔）和碧石（下，产自蒙古），主要成分都是二氧化硅

硅的符号是 Si。它是自然界里除了氧之外分布最广的元素。自然界里从来没有发现过游离的硅；它总是和氧化合在一起，造成 SiO_2，这叫硅石，也叫硅酐，也叫二氧化硅。

平常一提起"硅"，最容易联想到燧石[1]；许多人从小就很熟悉燧石这种矿物；它很硬，用铁敲打就冒出火星，从前的人用它来取火，后来把它放在燧发枪里点燃火药。

但是燧石这种矿物并不是化学家所说的硅，而只是硅的一种不太重要的化合物。至于硅的本身，却是一种奇妙的化学元素，它的原子在我们周围的自然界里分布很广，工业上也需要它。

硅和硅石

花岗岩里硅石的含量在 80% 左右，也就是有 40% 左右的硅。大部分坚硬的岩石都是硅的化合物构成的。装饰"莫斯科"旅馆的漂亮的花岗石，莫斯科的捷尔任斯基大街上给房子奠基的钠钙斜长石里的暗蓝色闪亮的斑点——一句话，地球上所有坚硬的岩石都含三分之一以上的硅。

硅是普通黏土的主要成分。普通河岸上的细沙，还有厚层的砂岩和页岩，主要也是硅构成的。因此也就并没有什么奇怪，说地壳的全部重量差不多有 30% 是硅，从地面往下 16 千米几乎有 65% 是硅和氧的主要化合物；就是化学家所说的硅石 SiO_2，也就是我们平常所说的石英。我们知道，天然的硅石有 200 多种不同的变种，矿物学家和地质学家要列举出这种重要矿物的各种变种，得用 100 多个不同的名字。

一提到燧石、石英和水晶，就要讲到二氧化硅；我们欣赏紫水晶，杂色的蛋白石或美丽的光玉髓，黑色的缟玛瑙或灰色的玉髓包括各种美

---

1. 俄文里硅叫"кремний"，燧石叫"кремень"，是同一个字根的。——译者注

丽的碧石，以及砥石，普通的沙粒，这时候也要讲到二氧化硅。各种各样的硅石的名称非常繁多，要仔细研究硅这种奇异元素的化合物，恐怕需要有整整的一门科学。

可是自然界里另外还有很多的化合物，是硅石和金属氧化物结合在一起的。这样结合的结果生成好几千种新的矿物，叫作硅酸盐。

人们在建筑上和日用上都用得着硅酸盐，最重要的是黏土和长石，可以用来制造各种玻璃、瓷器、陶器，用它们做窗玻璃、好的玻璃杯，还让它们在建筑上发挥巨大的作用——和装甲同样结实的混凝土，是铺设公路和街道，做工厂、戏院、住屋的钢筋混凝土房顶的一种主要材料。

掌握在人们手里的，还有什么东西能像硅和硅的化合物那样结实而又有多种多样的性质呢？

动植物体里面的硅

机智的人学会了在技术上使用二氧化硅，但是自然界早走在人的前面，把二氧化硅应用到动植物的生命上。凡是要长成结实的茎和结实的穗的地方，那里的土壤总是含着比较多的硅石；我们知道普通麦秆灰里含有大量的硅石，特别是像木贼这样茎很结实的植物，这种植物在生成煤的很早的地质时代里长得很茂盛，从低洼的沼地长高到几十米，正像现在苏呼米和巴统公园里参天的含硅石很多的竹子一样。可见自然界把机械强度的规律和物质本身的结实性质配合得很好。

茎结实以后，不但对于禾本科植物的穗有很大好处，因为这样能使土地不直接受风吹雨打的影响，就是对于其他植物也有好处。

飞机每天装运着花和各种观赏植物，为了防止花朵发皱和让茎保持挺直，就得在花盆的土里撒上容易溶解的硅酸盐。植物从水分里吸收了硅石，它的茎就坚硬挺直起来。

放大 160 倍的放射虫化石。发现地点为巴巴多斯，中新世至渐新世时期

对于植物来说，岂但茎需要硅和硅的化合物来保持挺直，极小的植物硅藻连全部骨架都是硅石构成的；据现在知道，由硅藻的骨架造成一立方厘米的岩层，差不多需要 5000000 个这种小植物。

而特别奇妙的是有些动物也用硅石来制造自己的躯壳。在动物发展的各个不同的阶段，这个躯壳坚强的问题也用不同的方法来解决。在有的情形它们用石灰质的贝壳来保护自己的躯体，在有的情形它们用磷酸钙来造这种贝壳，也有的除了贝壳以外，还有很硬的骨架来支持躯体，构成这种骨架的物质也有许多种，不过都是结实的。有的是用磷酸钙，就像我们骨骼里的那种物质；有的是针状的硫酸钡和硫酸锶；而有几类动物就利用结实的硅土来造自己的躯壳。一类叫放射虫的动物就是用细小的针状硅石构成它的独特的柔软的躯壳的。

有几种海绵，它们躯体上硬的部分也是含硅石的细针——叫作针骨。

自然界想尽使用硅石的方法，用硅石制成坚固的防御物来保护柔软的、容易起变化的细胞。

为什么硅的化合物那么坚固？

近年来我们的科学家试着解答一个谜：为什么动植物的外壳里，千百种的矿物和岩石里，技术和工业上极精巧的制品里，一含有硅便显得出奇的坚固？

X射线学专家的慧眼摸准了硅的化合物的底，看透了这幅奇异的景象，阐明了硅的化合物为什么那么坚固的道理，解答了它的结构的谜。

原来硅这种元素生成极小的带电的原子——离子，大小只有25000万分之一厘米。这些带电的小球体和氧离子的小球体结合起来，但是氧离子比硅离子小。结果每个硅离子球体的四周紧围着四个氧离子的球体，这四个氧离子互相接触而生成特别的几何形体，叫作四面体。

所有四面体按着不同的规则结合起来，长成复杂的巨大结构，这种结构很难被压缩或者弯曲；要让当中的硅原子和它周围的氧原子分开，那更是非常不容易办到。

现代科学的解释，这种四面体的结合方法可以多达好几千种。

有时候在它们之间也有其他带电的粒子；有时候这种四面体结合成带状或片状，形成黏土和滑石，但是不论什么时候什么地方，它们结构的基础总是结合起来的四面体。

在有机化学上，碳和氢可以生成几十万种不同的化合物，同样，硅和氧在无机化学上也能有好几千种结构，X射线发现这些结构是相当复杂的。

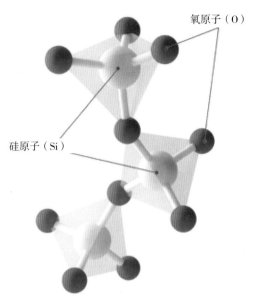

氧原子（O）

硅原子（Si）

石英晶体里的硅原子（红球）和氧原子（白球）的排列情形。每个氧原子总跟两个硅原子相连接。这是硅化合物的结构骨架

　　硅石不但很难用机械方法来破坏，甚至坚硬得连锐利的钢刀都制不了它，而且它的化学性质也非常稳定，因为除了氢氟酸，没有一种其他的酸能够侵蚀它或者溶解它，只有强碱才能把它略微溶解一点[1]，把它变成新的化合物。硅石又很难熔化，在1600℃～1700℃才开始变成液体。

　　这样看来，硅石和硅石的各种化合物构成无机世界的基础，也就没有什么稀奇的了。现在已经产生了整整一门研究硅的化学的科学，而地质学、矿物学、技术和建筑方面的研究道路，也是每一步都跟硅的历史交错在一起的。

---

1. 硅石很容易和钠碱一齐熔融，在这个作用过程当中猛烈放出二氧化碳来，生成透明的硅酸钠球体，硅酸钠能在水里溶解。所以我们叫它可溶玻璃（它的水溶液叫作水玻璃）。——译者注

硅在地壳里的历史

现在举几个例子来研究一下地壳里硅的命运。地壳深处熔化的岩浆里主要是硅和各种金属。熔化的岩浆在地下深处凝结，就生成结晶的岩石——花岗岩、辉长岩，假如冒出地面，就变成熔岩流，变成玄武岩等，硅石的复杂化合物——硅酸盐类——便是这样形成的。如果含硅过多，那么还出现纯粹的石英。

你瞧，这是花岗斑岩里的极短的石英晶体，这是地下深层岩浆最后冷凝的部分——伟晶花岗岩矿脉里的致密的烟晶。烟晶也叫作"烟黄玉"[1]，一定要小心焙烧它的颗粒，或者把它加热到300℃～400℃，才能生成"金黄玉"，金黄玉可以做成小珠子和胸针一类饰物。

你瞧，这石英矿脉里满是洁白的石英。我们知道，有些矿脉长达好几百千米。有的很大的石英矿脉像灯塔似的矗立在乌拉尔山脉的山坡上。乌拉尔山地的石英矿脉就有好几百千米长，里面充满透明的水晶。水晶就是纯净的、透明的石英，希腊哲学家亚里士多德早就提起过透明石英，将其命名为"水晶"，他以为水晶是冰的化石。也就是这种水晶，在17世纪曾经从瑞士的阿尔卑斯山的天然"地窖"里开采出来，那时候一处处开出的水晶加起来多达500吨，够30节火车车皮装运的。

有的时候，水晶的晶体长得很大。马达加斯加岛上发现过很大的水晶晶体，周长有8米。日本人曾经从一块缅甸产的透明水晶车出一个巨大的球体——直径一米多长，差不多重一吨半。

另外一种硅石，它的外表完全不像我们讲过的那种，它是从熔化的熔岩里沉淀出来的，那时候炽热的水蒸气里充满了硅石，它就在矿脉里或在有气体的空隙里凝结出大块的硅石结核和晶洞。等到岩石破坏成黏

---

1. 这个名称不太正确，因为拿成分来说，"烟黄玉"就是普通的石英 SiO_2，而不是真正的黄玉；黄玉的成分比较复杂，是硅、铝、氟和氧的化合物：$Al_2F_2(SiO_4)$。

土砾石的时候，硅石就从庞大的球体那里滚落出来，球的直径有长达1米的。

这种硅石球体在美国的俄勒冈州叫作"大蛋"。把它打成碎块，切成薄片，做成美丽的成层玛瑙——这是一种原料，可以用它做钟表和精密仪器的"钻"，做天平的棱柱，做化学实验用的小臼。有的时候，火山停止活动以后，喷出物已经凝结，硅石还随着温泉一同涌出地面。冰岛和美国的黄石公园有一种普通蛋白石，便是这样被间歇喷泉带出而沉积起来的。

我们看一看波罗的海和北海海滨的雪白的沙丘，中亚和哈萨克斯坦的几百万平方千米的沙漠；正是沙决定了海岸和沙漠的性质；同是石英质的沙，有的包着一层红色的铁的氧化物，有的含着比较多的黑色燧

在美国俄勒冈州北部一个农场中发现的"大蛋"，从切开的剖面上可以看到，外层是火山岩，内部空隙被玛瑙填充

美国黄石公园中的猛犸间歇泉。随泉水喷涌出的蛋白石沉积成白色的阶梯

石，有的被海浪冲打得洁白纯净。

你瞧，这是用水晶做的漂亮的制品。妙手的中国工匠会用各式各样的雕刻工具和金刚砂粉把石英的晶体制成非常奇幻的制品。

中国工匠需要好几十年工夫才能把水晶磨成小花瓶，雕成可怕的龙，或者雕一个玫瑰油的小瓶！

喏，这里还有玛瑙片；它的颜色种类很多。会动脑筋的人把它泡在各种溶液里，这样能把很难看的灰色玛瑙变成洁净的、颜色好看的玛瑙片，用来做各种制品。

而我们的面前还摆着更新奇的景象：美国的亚利桑那州有整片古代的森林变成了木化石，南乌拉尔西部山坡的二叠纪沉积层当中，倒下的树干变成了纯硅石质的化石——玛瑙。

这里有一种有闪光的、颜色变幻的石头，很像猫或老虎的眼睛里的

发晶，内含红宝石，产自巴西

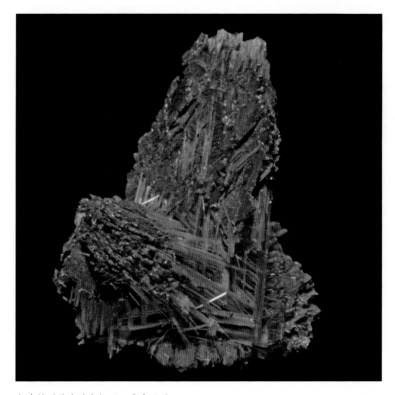

与赤铁矿伴生的金红石，产自巴西

"睛珠"。这里又有一种神秘的晶体，它的内部仿佛有石英的晶体"幽灵"似的在发光。这里像红黄色的尖针的这种矿物是金红石，它横七竖八地穿过水晶的晶体，——像"丘比特的箭"[1]。这里还有一种像金色的薄毡子的矿物——这是"维纳斯的头发"[2]——发晶。这里有一种石头很奇怪，它的内部有孔隙，差不多充满了水。水在这种硅石躯体里闪亮跳动。

这里还有一种说出来不容易叫人相信的能够弯曲的岩石管子，它是石英颗粒受闪电的作用而熔成的，叫作闪电熔岩，普通人也常叫它"天箭"或"电箭"。这里还有从天外来的石头。穿过澳大利亚、印度、菲律宾的长条地带里，有个别地区发现含硅石很多的特别陨石，形状像绿色或棕色的玻璃。

围绕着这类"玻璃"的神秘的成因问题引起过多少争论啊！有人说，这是古代人熔化玻璃留下来的东西；有人说，这是地球上熔化的尘埃的颗粒；还有一种说法，说是大块的陨铁落在沙上，沙受热熔化而生成的；但是大部分科学家都倾向这样的说法，认为是从天外掉下来的颗粒……

硅和石英在文化史和技术史上的地位

读者们，我在前几节给你们描述了石英、硅石和它们的化合物的复杂历史。从炽热的熔化物质的地球内部到它寒冷的表层，从整个宇宙的范围到铺在人行道上薄冰上的沙——我们随处可以遇到硅和硅石，到处都是石英，石英的确是世界上最值得注意和分布最广的矿物的一种。

关于石英的历史，我本想讲到这里为止，但是我还得多说一些，因为石英在文化史和技术史上的意义是非常大的。原始的人类首先用燧石

---

1. 丘比特是罗马神话里的爱神。——译者注
2. 维纳斯是罗马神话里的一个女神。——译者注

或碧石制造工具，埃及最初也用石英来装饰最古老的建筑物，美索不达米亚残存的苏马连[1]文化的遗物里也用石英，东方人早在公元前1200年就会把沙和碱混合熔化来造玻璃，这一切都不是没有原因的。

波斯人、阿拉伯人、印度人、埃及人替水晶找到非常广泛的用途；据我们研究知道，人们早在5500年前就去磨制水晶。古希腊人在好几百年里一直认为水晶是冰的化石，是冰根据神的意志变成石头的。

从前人对于水晶想出了许多奇幻的故事。《圣经》非常重视水晶。建造耶路撒冷著名的所罗门寺院的时候用了大量的这种矿物，而且用的种类很多：玛瑙、紫水晶、玉髓、缟玛瑙、鸡血石等。

从15世纪中叶起才有水晶加工业。人们会把它锯开、研磨、上色，并且广泛地用它做装饰品。但是这只是个别的手工业者那里做，直到后来新的技术提出了比较广泛的要求，水晶工业才有比较大的规模。现代工业和无线电技术都要用水晶，无线电技术用压电水晶片来检超声波，把超声波变成电振动。水晶也已经变成现代工业上最重要原料的一种。

从前用水晶雕过笛子（现在陈列在维也纳艺术博物馆里），也雕过透明的俄国式的水壶（现在保存在莫斯科的武器库博物馆里）；后来石英的用途改变了，把它做成小小的石英片供无线电用，因而促成了人类史上最伟大的发明之一——把电磁波传到遥远的距离。

而化学家不久还要制造石英——纯水晶。人们要在大桶里装满液体玻璃，在高温高压下用细银丝伸到桶里去，让细银丝上结出水晶的晶体——供无线电用的纯净的水晶片，还可能做成窗玻璃或容器。

人体需要太阳的紫外线照射，但是普通窗玻璃透不过紫外线，用人造水晶做窗玻璃，就能让紫外线穿到室里来。将来还会用熔化的石英做杯子，这样的杯子在电炉上灼热以后放进冷水去也不会破裂。

1.历史学家将美索不达米亚文化分为苏马连、巴比伦、亚述和迦勒底四个时期，苏马连人是美索不达米亚文化的创始者。

把石英做成细丝，可以细到五百根丝加起来才像火柴杆那样粗，用这种细丝可以织成非常柔软的衣料；硅石不但是构成微小的放射虫的躯壳的材料，也会变成人们的衣服的材料；它用细丝保护了人体……

水晶成了新的技术的基础：不但地球化学家用它做温度计来测量陆界作用的温度[1]，不但物理学家需要它帮忙来确定电磁波长，而且它在不同的工业部门里打开了新的动人的远景；眼看石英就要变成我们日常用到的东西了。

化学家和物理学家把硅原子抓得越紧，研究得越透彻，他们就能更快地写下科学史上和技术史上最值得注意的一页，同时也是地球本身的历史上最值得惊异的一页！

---

1. 假如水晶在 575℃ 以上的温度结晶出来，它就生成特别的六角双锥体。但是如果在 575℃ 以下的温度生成晶体，那么它的结晶形状又不一样，是长的六角柱体。——俄文版编者注

2.2 碳——一切生命的基础

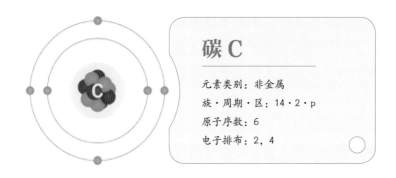

碳 C

元素类别：非金属

族·周期·区：14·2·p

原子序数：6

电子排布：2, 4

你们有谁不知道闪烁着各种颜色的贵重的金刚石，灰色的石墨和黑色的煤炭？这三种东西在自然界里只是形状不同，其实是同一种化学元素——碳。

碳在地球上的含量比较起来不算多：它只占地壳总重量的 1%。可是它在地球化学上起的作用非常大：没有碳就没有生命。碳在地壳里的总含量是 45842000 亿吨。下面是碳在各部分地壳里的分布量：

在活的物质里·······························7000 亿吨

在土壤里·······························4000 亿吨

在泥炭里·······························1200 亿吨

在褐煤里·······························21000 亿吨

在烟煤里·······························32000 亿吨

在无烟煤里·······························6000 亿吨

在沉积岩里·······························45760000 亿吨

此外，大气里还有碳 22000 亿吨，海洋的水里有碳 1840000 亿吨。

活的物质里都含碳，有一门化学就是专门研究碳的，我们现在也来认识一下这种元素的历史吧。这种元素在地壳里经历的道路是多么神秘啊，我们在这方面是多么不清楚啊！

从现在我们所能研究到的深度来看，碳的生命史上的第一个阶段是熔化的岩浆。这种熔化物在地下深处和在岩脉里凝成各种岩石，碳在这些岩石里有时候聚集成片状或球状的石墨，有时候生成贵重的金刚石晶体。但是大部分的碳都在岩体凝固的时候跑掉：有的生成容易逸散的烃和碳化物从岩脉升上来，聚集成石墨（例如斯里兰卡岛上就有这样生成的石墨），有的跟氧气化合成二氧化碳，升到地面上来。

我们知道，万能的硅酸在地下深处是不可能让二氧化碳生成碳酸盐的；实际上也的确是这样，在我们所知道的各种火成岩里面，没有一种重要的矿物是含有二氧化碳的。然而火成岩会把二氧化碳机械地截留在岩石的空隙里面（正像截留含氯的盐类的溶液那样），留在这种空隙里的二氧化碳分量极多——多到我们大气里所含的五六倍。

不但在活火山的地区里，甚至在第三纪早已熄灭了的死火山地区里，地下都常有二氧化碳喷到地面上来：或者跟其他容易逸散的化合物在一起聚成气流，或者跟水混在一起形成碳酸矿泉。

人们利用这种矿泉水来治病，所以在这种矿泉的附近开设了许多疗养院和水疗院，例如在高加索便是这样。二氧化碳在这种水里是过饱和的，所以水面上经常有二氧化碳的气泡冒出来，使人看了觉得水像在沸腾似的。

但是如果你到乌拉尔去，你却找不到这种碳酸矿泉。根据地球化学的解释，高加索和乌拉尔这两处水的成分之所以不同，是因为乌拉尔山脉的隆起比高加索山脉早得多，因此在山脉形成时候的地底下的岩石已经凝固了。

至于高加索，那里山底下非常深的地方还保留着热源。这个热源附近的岩石（白垩岩，石灰岩）都含二氧化碳，这些岩石受到热的作用就有一部分分解而把气体状态的二氧化碳放出来，然后二氧化碳跟矿泉一起顺着地层的裂缝涌出地面。

还有这样的情况，地面下的二氧化碳气流喷出来的时候太凶猛，压力太大，以致气流在喷出的过程当中会在喷出口的四周生成云雾和固态的二氧化碳"雪"。有些地方像这种天然的二氧化碳气流生成的固态二氧化碳，工业上就拿来当作干冰使用。

地质史上有过这样的时代，那时候火山活动得非常厉害，把大量的二氧化碳喷出到大气里去；还有过这样的时代，生长得非常茂盛的热带植物整批地死掉而重新还原成天然状态的碳。拿作用的规模来说，人在工厂里的那种生产过程比起地球上的这类自然作用来就太逊色了。

活火山总是大量地喷出二氧化碳，例如维苏威火山、埃特纳火山、阿拉斯加的卡特迈火山等。火山喷出的气体主要就是二氧化碳。

二氧化碳喷出到地面以后就成了许多种化学变化的重要因素，就开始进行破坏作用；跟在地下深处相反，一到地面，占统治地位的就不是硅酸而是二氧化碳了：二氧化碳破坏火成岩，腐蚀金属，跟钙和镁化合而聚集成石灰岩和白云岩；海洋江湖等贮水的地方总是含有大量的碳酸盐，有些生物就利用碳酸盐来构成它们的外壳，珊瑚虫也利用碳酸盐来构成它们的坚硬的躯体。

我们不可能把碳在地面上所起的这类缓慢的变化的意义估计得十分周到，因为这类变化不但影响到地面上的气候，而且控制着整个生物界在进化过程中的演变。

试想一下，假如地球上没有碳会变成什么样子。那不就是说，连一片绿叶、一棵树、一根草都没有了吗？不但没有植物，连动物也没有了。那样的地球只能是各种岩石构成的光秃的峭壁矗立在一片死寂沉静的沙漠和荒地上面。同时也不可能再有大理岩和石灰岩，这两种岩石把

这张假想图表现的是石炭纪时期的地球，到处都长满了高大的蕨类植物。煤就是由这些植物变成的。选自《地质手册》（1888 年版）

地球装点成白色的那种景观再也看不见了。煤和石油也都不可能有。既然没有二氧化碳，地面上的气温也一定还要冷些，因为大气里的二氧化碳是能够帮助吸收太阳的光能的。

没有碳的话，水也会走样，会变得死寂。

碳的化学性质非常特别。在所有化学元素里面，只有碳一种能够跟氧、氢、氮和其他元素生成无限多的化合物。碳所生成的这类化合物叫作有机化合物，好多种有机化合物又能生成极其多样的、复杂的蛋白、脂肪、糖、维生素和许多种其他化合物而含在生物体组织和细胞里面。

从"有机化合物"这个名称本身看出，人是先从动植物体组织里析出了糖和淀粉一类的碳的化合物而认识这一类物质的，后来才学会用人工方法把好多种这一类物质制造出来。专门研究碳和碳的化合物、研究这些化合物的合成和分析的一门化学叫作有机化学，现在有机化学里已经知道的有机化合物在 100 万种以上。我们实验室能够制造的无机化合物有 3 万种以上，而天然的无机化合物，也就是矿物，不到 3000 种，这样一比较就知道有机化合物比无机化合物多得多了。

有机化合物既然那么多，所以它们的名称就越来越长，越来越复杂；拿著名的疟疾药"阿的平"来说，它的全名是："2- 甲氧 -6- 氯 -9-（α- 甲基 -δ- 乙基胺 - 丁基）- 氨吖啶的二盐酸盐"。

甲氧基 - 氯二乙氨基 - 甲丁氨基 - 吖啶

由于碳可以生成无数的化合物，结果就产生各种各样极其繁多的动植物品种，现在世界上的动植物至少有几百万种。

然而这并不是说，碳是活的有机体——也就是地球化学上所说的活物质的主要成分。碳在活物质里只占到 10% 左右；活物质的主要成分是水，大约占 80%，剩下的 10% 左右是其他化学元素。

既然生物体有摄取养料、发育和繁殖的能力，所以有大量的碳参加着活物质的生活作用。你们也看见过好几次了吧：春天池塘水面上逐渐长起一层绿色的水藻和其他植物，到夏天这些水藻长得最盛，而在快到秋天的时候就变成暗褐色沉到池底里，于是就生成了含有机物很多的底层淤泥。后面还要讲到，这样的淤泥正是煤和植物淤泥——"煤泥"的开端，"煤泥"可以用来制合成汽油。

动物呼吸的时候要呼出很多的二氧化碳。

例如，人的肺泡的总面积差不多有 50 平方米，平均每昼夜呼出 1.3 千克的二氧化碳。

全人类每年呼出到大气里去的二氧化碳有 10 亿吨左右。

最后，地底下还储存着更大量的化合状态的二氧化碳，那就是石灰岩、白垩岩、大理岩和其他矿物，这些物质生成的岩层厚达几百米甚至几千米。假如我们把含在这些物质里的碳酸钙和碳酸镁里的二氧化碳完全分解出来放到空气里去，那么二氧化碳在空气里的含量就会比现在的

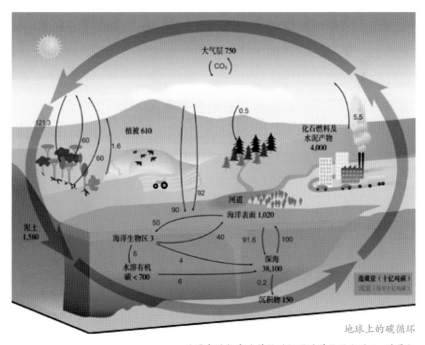

地球上的碳循环

（图中的数字为单位时间通过单位面积的 CO_2 总量）

含量多 25000 倍。

空气里的二氧化碳有一部分溶解在海洋的水里。植物的机体便从空气和水里摄取二氧化碳。海水里二氧化碳的含量一少，空气里的二氧化碳就随时进去补充。海洋的广大水面的作用就像一个巨大的泵，可以不断地把二氧化碳吸收进去。

植物吸收二氧化碳，这是二氧化碳在活物质内部循环的第一步。正是绿色植物的叶子，在光的照射下捕捉到了二氧化碳，把它变成复杂的有机化合物。这个作用叫作光合作用，参加这个作用的是光，还有植物体里面叫作叶绿素的一种绿色物质。俄国天才的科学家季米里亚泽夫（К. А. Тимирязев）第一个阐明了自然界里光合作用的巨大意义，他对这个作用进行了详细的研究。由于光合作用，全世界的植物在一年当中把空气里的二氧化碳带走得相当多。但是空气里的二氧化碳含量不会减少，因为水里和动物体组织里都不断地分出二氧化碳补充到空气里去。

光合作用的结果就生成了大量的有机物——植物体组织。植物充作动物的食料，保证了动物的生存和发育。假如再考虑到石油和煤也都是腐烂的生物体变成的，那么植物摄取二氧化碳这个作用在地球化学上的重大意义就更清楚了。从地球化学的效果来看，地球上再也没有比植物的光合作用更重要的作用了。

前面已经说过，植物把二氧化碳变成有机化合物，植物又是动物的食料，可是碳的循环并不是到了动物体里就结束了。生物体是会死掉的。死掉的生物体组织就在池塘、湖沼和海洋的底部沉积起来，大量地沉积成泥炭。这些残余的生物体受到水的作用而逐渐发酵腐烂。微生物把生物体原来组织的成分改变得很厉害。死掉的生物体里最坚持不变的是植物的纤维素，植物的木质。

残余的生物体便埋在厚层的沙和黏土底下。

然后，残余的生物体受到热和压力的作用，并且经过复杂的化学变

地下煤矿的隧道

化，看它们本身的性质和周围的条件怎样而逐渐变成煤或石油。

　　残余的植物机体经过分解以后，剩下的固态的碳有三种形态：无烟煤、烟煤、褐煤。

　　无烟煤含碳最多。拿显微镜一看就知道烟煤和褐煤都是植物性物质，都是由植物变成的。这些煤都是成层的，每两层之间有的地方还有叶子、孢子和种子的痕迹，这种情况连肉眼都能看出来。每一块煤都是二氧化碳里所含的碳，而这种二氧化碳便是植物起初依靠太阳光线的能量和叶绿素的作用而吸收到活细胞里去的。

　　"捕捉到的太阳光线"——这就是指煤说的。实际上也的确是这样，每一小块煤里都储存着植物捕捉到的太阳光线：太阳光线被捕捉到以后先变成复杂的植物体组织，然后在植物体的缓慢分解的过程当中逐渐改变形状。煤的热能可以用来烧热工厂和海轮的锅炉，转动巨大的机器，煤的开采促进了现代工业的飞速发展。

全世界每年开采的煤多达 10 亿吨以上，这个庞大的数字远远超过了任何其他矿物的开采量。从已经勘探到的煤的储藏量来看，苏联占全世界第二位。但是苏联的工业在不断发展，尽管苏联煤的储藏量非常丰富，也只够 100 ～ 200 年使用。

所以苏联人民应当继续勘探本国的地下富源，好增加这种宝贵物资的实际储藏量。煤不但可以发热，人们还能从煤里提取有价值的产物，这些产物就是煤的化学工业的基础。苯胺染料、阿司匹林、抗生素都可以从普通的煤来制出。

植物体组织的细胞主要是变成了煤，而另一些极简单的植物体和它们的孢子却变成了一种液态的有机物——石油；石油这种可燃性液体是一种特别的"捕捉到的太阳光线"，它比煤更有价值。现代高速度的舰船、飞机和汽车都非用石油——从石油经过提炼和蒸馏得到的纯净的汽油——不可。有几种煤也可以用人工方法制出汽油来，但是适合这种用途的煤不太多，炼得的汽油量也少，质地也比较差。为了寻找石油，人们钻凿了好多处 4 千米多深的油井，来从地底下取出这种珍贵的液体——"地球的黑血"。

油井可以连续开采几年。油井在地面上是一个复杂的建筑物，是一座 37 ～ 43 米高的高塔。油井架像森林般地矗立着，从远处看去非常壮观。高加索、乌拉尔西部山坡、中亚和库页岛都有这样的油田。伊朗、美索不达米亚和地球上其他地方，也有储藏量很丰富的石油矿床。

由于煤和石油的开采，碳这种元素就又从地下深处跑到地面上来；这次是人叫它跑上来的；人类为了生存，为了掌握储藏在自然界里的能量而不断地进行斗争，每年烧掉的煤在 7 亿吨以上。

为了取得热能，人就把所有可燃性物质变回成二氧化碳和水。

这样，人跟自然界相互间进行着斗争，对碳起着相反的作用：人使

石油在生产上的应用

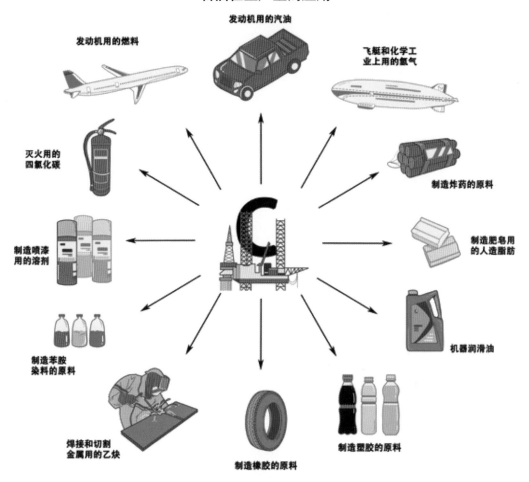

发动机用的汽油

发动机用的燃料

飞艇和化学工业上用的氢气

灭火用的四氯化碳

制造炸药的原料

制造喷漆用的溶剂

制造肥皂用的人造脂肪

制造苯胺染料的原料

机器润滑油

焊接和切割金属用的乙炔

制造塑胶的原料

制造橡胶的原料

碳氧化，而自然界却使碳从化合态变成游离态。

但是，前面已经说过，你们大家也都很清楚，除了煤以外，纯净的碳还有两种有趣的变种——金刚石和石墨。金刚石很贵重，能闪烁发光，而石墨却是普通灰色的东西，我们能够用来写字，这两种物质是多么不一样啊！物质的性质不同，我们总是解释为它们的成分不一样。但是拿金刚石和石墨来说，它们的性质之所以不同，是由于它们的晶体里面碳原子排列方法不同。

碳原子在金刚石晶体里排列得非常紧凑。所以金刚石的比重非常大，它的硬度也比一切其他矿物的硬度都大，它的折光率也特别高。

金刚石只有当熔化的岩石在 30 个大气压那样大的压力下才能结晶出来，有时候生成金刚石的压力竟高达 6 万个大气压。

海上的石油钻井平台

碳的三种形态之一：煤

产于南非的天然金刚石，是碳最光彩夺目的形态

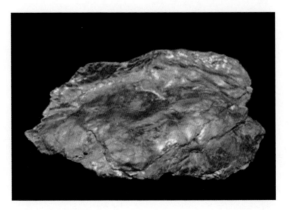

产自捷克的石墨标本

这样大的压力只能在地面下 60 ～ 100 千米的深处存在。岩石能从这样深的地方钻出地面上来的太少了，这也就是金刚石在自然界里非常稀少的原因。由于金刚石的硬度大，又能反光，所以它的价值很高，它在一切宝石当中占第一位。琢磨过的金刚石叫作钻石。

印度自古以来就以出产金刚石而闻名，那里的金刚石是从沙里采出来的。后来巴西（1727 年）、非洲（1867 年）和苏联也先后发现了产金刚石的沙地。现在全世界产金刚石最多的地方是非洲，产在奥兰治河右岸的支流瓦尔河流域。

起初是在瓦尔河河谷的沙地里开采金刚石，可是不久发现离河很远的小山坡的蓝色黏土里也有金刚石。于是又赶快开掘这些蓝色黏土，这样就开始了"金刚石狂热病"：许多人抢着收买 3 米 ×3 米一块块的蓝色黏土地区，那里的地价突然涨高达好几百万倍，他们把地买到手就在地面上开挖巨大的深坑。坑里的人群像蚂蚁似的忙着开采矿石。从坑底到

位于南非普列米尔矿山的金刚石矿坑，人们在这里开采出了迄今为止世界最大的金刚石——库利南钻石

地面架设了许多线路，把开出来的珍贵的黏土往上运出去。

但是挖不太深，就把黏土挖尽了，往下是一种坚硬的绿色岩石——角砾云母橄榄岩。固然这种岩石里也含金刚石，可是开采起来比较困难，作业的方法复杂繁难，代价又高，于是小地主就一个个被迫停止开采了。这件工作停顿了一个时期以后，资本雄厚的股份公司重新开采起来，那已经是用竖坑作业法来进行开采了。

含有金刚石的岩石藏在地下很深的地方，那种深度是人们难以达到的。从前火山爆发的时候，地下深处生成了孔道，这种岩石便填充在这种孔道里面。

地面上已经知道的由于火山爆发生成的这种漏斗状火山口有十五处，最大的一个直径长达 350 米，其余的也有 30～100 米。

金刚石散在角砾云母橄榄岩里的颗粒很小，重量不到 100 毫克（半个克拉）。但是有时候也能开出很大的颗粒来。在很长的时期里面，最大的一颗金刚石叫作"超级钻石"，重量是 972 克拉，合 194 克。1906 年开出了更大的一颗金刚石，叫作"非洲之星"，重达 3106 克拉，合 621 克。通常金刚石超过了 10 克拉就很稀罕，价值已经很昂贵。一般最名贵的钻石的重量是 40～200 克拉。此外，有一种金刚石叫作钻石屑，还有一种黑色的金刚石叫作"黑金刚石"，这两种金刚石的价值也都很

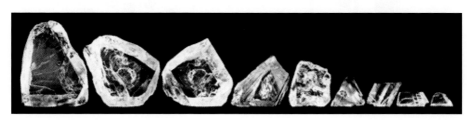

非洲之星，南非普列米尔矿山开采出的天然金刚石，原石重达 3106.75 克拉。南非政府买下后赠予英国王室，最后被切割成了 9 颗大钻石和 96 颗小钻石。图为切割后未经琢磨的 9 颗大钻。其中最大的一颗镶在英王的权杖上。

高，因为技术上要用它们来钻岩石。制造金属丝的车床，例如制造电灯泡里钨丝的车床上，需要用颗粒相当大的金刚石。

石墨也是碳，可是它跟金刚石在性质上相差多远啊！

石墨里的碳原子成层地分布着，所以很容易分开。这种矿物不透明，有金属光泽，性质柔软，容易剥落成片，能在纸上留下痕迹。它很难和氧化合，在极高的温度下也不起变化，所以它特别耐火。

有两种情况可以生成石墨：或者是在火成岩生成的时候，岩浆里冒出来的二氧化碳分解以后变成的，或者是由煤变成的。西伯利亚著名的石墨矿床属于前一种情形。西伯利亚凝固的火成岩——霞石正长岩——里有非常纯净的石墨晶体。叶尼塞河流域也有储藏量非常丰富的

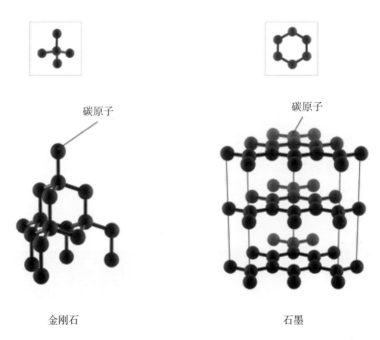

碳原子   碳原子

金刚石   石墨

金刚石和石墨的成分都是碳，但是碳原子在这两种矿物里的排列方式不同。在金刚石（左）里，每个碳原子的周围都有四个碳原子，和中心的碳原子保持等距离（成四面体）。在石墨（右）里，碳原子排列成层，层和层之间结合得并不紧密

石墨矿层。这儿的石墨是由煤变成的，所以含的灰分很多。

如果我们每天都用铅笔写字，那就是每天跟石墨打交道。制造铅笔芯的时候要把石墨跟纯净的黏土混合在一起，黏土用的多少决定铅笔的软硬，硬铅里黏土用得多，软铅里黏土用得少。制好的铅笔芯就嵌在木条里，再把木条胶合起来。但是开采出来的石墨，用来制造铅笔芯的只占5%。大量的石墨都用来制造耐火坩埚来熔炼上等的钢，用来制造电炉里的电极，或者用来润滑重的机器（例如轧钢机）里不断受到摩擦的零件；石墨粉末用来撒在沙箱——铸造机器上金属零件的黏土铸型上。

我们还差一部分二氧化碳没有讲到，就是在地层里形成石灰岩、白垩岩和大理岩的那部分二氧化碳。

首先要问：这部分二氧化碳是怎样生成的？这倒容易答复。只要拿一点白垩粉末放在显微镜底下一看就知道了。在显微镜下面我们会发现微小的古代生物的世界。我们看到许多微小的圆圈、棍棒和晶体，它们的样子大多数都很小很好看。它们是叫作根足虫一类的微小生物体的石灰质骨架。这一类小动物有几种到现在还能在热带的海水里遇到。根足虫的骨架含的是碳酸钙，根足虫一死，大量的骨架就形成岩石。但是，参加石灰质岩石的生成作用的不只有低级的微小的生物体，海洋里另外有许多种动植物的骨架也含碳酸钙。这类骨架也能在石灰岩里发现。

根据石灰岩里有机体的残骸，科学家就能断定这种石灰岩是在什么时候形成的。

根据地球化学上最近的研究，全世界煤和石油的存量跟石灰岩的存量之间有规律性的比率，这个比率已经有办法算出来。

因此，根据每一个地质时代石灰岩的生成量，可以约略估计当时生成了多少煤和石油。地球化学上得到的这个结论有极大的价值，即使实际算出来的数字还不完全准确。

许多年代极久的石灰岩受到压力的作用变成了大理岩；在大理岩

里，有机体的任何微小的痕迹都不见了。在大理岩里积压了千百万年的二氧化碳，是退出了碳的循环的。除非大理岩附近什么地方有造山运动和火山作用，大理岩才会受热而放出二氧化碳，再把二氧化碳带到碳的循环里去。

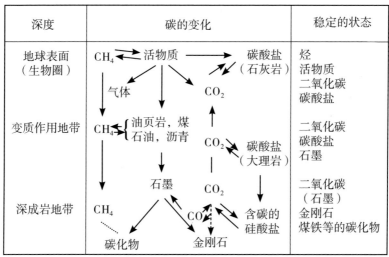

深度	碳的变化	稳定的状态
地球表面 （生物圈）	CH_4 ⇌ 活物质 → 碳酸盐（石灰岩） 气体　　　　　CO_2	烃 活物质 二氧化碳 碳酸盐
变质作用地带	CH_4 {油页岩，煤，石油，沥青}　　CO_2 碳酸盐（大理岩）	二氧化碳 碳酸盐 石墨
深成岩地带	石墨　　CO_2 CH_4　　CO　含碳的硅酸盐 碳化物　金刚石	二氧化碳 （石墨） 金刚石 煤铁等的碳化物

碳在地球化学上的循环

可见，地球上的各种化学变化在永恒地循环着，大自然的本身在这个循环里保持着平衡。

2.3 磷——生命和思想的元素

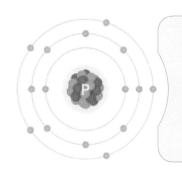

磷 P

元素类别：非金属

族·周期·区：15·3·p

原子序数：15

电子排布：2, 8, 5

　　磷是自然界里奇异的元素，我给你们讲两段故事，好让你们了解它的历史。前一段故事离现在比较远，是 17 世纪末的，后一段是现代的。然后我预备根据这两段故事做出结论，给你们描述关于磷的奇异的历史；要知道，没有磷的话，既没有生命，也没有思想。

　　在一间杂乱的屋子里，炉子里生着火，连着铁匠用的大风箱，还有巨大的曲颈瓶，上面缭绕着一缕缕的烟……桌上和地上摆着厚厚的用厚皮做封面的旧书，书里标着莫名其妙的神秘记号。地上还有碾碎盐的大钵、成堆的沙和人的骨头，盛着"活水"的容器，桌子上是闪亮的水银滴、精巧的玻璃杯、曲颈瓶以及黄色、褐色、红色、绿色的溶液。

　　这就是古代炼金术士的实验室，一个炼金术士专注于自己的研究许多年。他想把水银变成金子，他希望利用神秘的燃烧力量，好从一种金属制得另一种金属。

　　他想尽了方法让各种粉末和人的骨头溶解，他把人和各种动物的尿蒸发干，他希望炼出"哲人石"，这种哲人石可以把普通金属变成贵重

英国画家约瑟夫·怀特于 1771 年绘制的油画《寻找哲人石的炼金术士发现了磷》。画中人正是 1669 年发现磷的德国炼金术士亨尼戈·布兰德。现存于英国德比博物馆

的金子，人吃了也会返老还童。

17世纪的炼金术士便在这种神秘而复杂的环境里解决化学上的问题。但是他想把水银变成金子和从骨头里炼出哲人石却是枉费心机。连做几年实验，还是毫无结果。炼金术士把各自的实验室保管得越来越严密，把密方和记录的厚本子都藏了起来。

1669年，汉堡有一个炼金术士突然走起运来。他为了找寻哲人石，把新鲜的尿液蒸发，再把剩下的黑色的渣滓加热。起初是小心地加热，后来用旺火猛烈加热，他发现盛着残渣的管子的上部逐渐聚集了白蜡似的物质，使他惊喜的是，这种物质竟会发光。

这个炼金术士的名字是布兰德，他对于这个发现一直严守秘密。其他炼金术士一步也别想迈进他的实验室。当时有势力的王公都到汉堡来想收买他的秘密。这个发现造成了很深的影响，17世纪最大的学者都关心这个发现，以为哲人石真的炼出来了。这种哲人石发出冷的安静的光；这种光叫作"冷火"，而发光物质本身给起了一个名字叫"磷"（磷这个名字的希腊文意思是"带光的"）。

英国最著名的化学家之一玻意耳和17世纪的哲学家莱布尼茨对于布兰德的发现非常关注。不久，玻意耳有一个门生兼助手在伦敦也制得了磷，他的制法非常成功，所以竟在报上登广告说：

"化学家汉克维兹住伦敦某某大街，能制造各种药剂。此外，伦敦只有他会制造各种磷，每盎司售价3金镑。敬请各界爱好者注意。"

但是直到1737年，磷的制法还是属于炼金术士的秘密。可是炼金术士打算利用这个奇异的元素，结果怎么也利用不上。他们认为已经发现哲人石，就想用发光的黄磷来把银子变成金子，可是这种企图没有成功。哲人石并没有显出什么奇妙的性质，倒是有时候拿哲人石做实验发生了爆炸，使这些研究的人害怕起来。所以磷在当时还仍旧是神秘的物质，没有找到什么用途。大约过了200年，化学家李比希才在简陋

罗伯特·玻意耳（Robert Boyle, 1627～1691），英国科学家，在化学和物理学研究上都有杰出贡献。此肖像画现存于英国维尔康姆图书馆

的实验室里揭开了另外一个秘密——磷和磷酸对于植物生命的价值。这才明白，磷的化合物是田野里生命的基础；于是就在这个实验室里第一次想到应该把"冷火"的化合物撒在田地里来提高庄稼的收成。

但是我们知道，李比希的话在当时是得不到人们的相信的。李比希曾经想用硝石做肥料，结果失败了，轮船老远从南美洲装运来了硝石，竟因为遇不到买主而不

尤斯图斯·冯·李比希男爵（Justus Freiherr von Liebig，1803～1873），德国化学家。他创立了有机化学并发现了氮对于植物营养的重要性，被称为"化肥工业之父"。图为李比希男爵青年时的肖像石版画

得不把硝石扔到海里去。用"冷火"的盐可以提高黑麦和小麦的收成，可以让一种宝贵的纤维素植物——亚麻——的茎发育得很好，然而这种想法在长时期里始终认为是办不到的幻想。所以科学家又连续不懈地研究了许多年，磷才变成国民经济上最重要的元素之一。

第二段故事是1939年的事。在苏联北部积雪的山坡上大规模地开采着浅绿色的矿石——磷灰石，这是一种贵重的矿产。这里开出的磷灰石的吨数很多，可以和地中海沿岸、非洲或佛罗里达开采的纤核磷灰石相比。把绿色的磷灰石送进大的选矿工厂，在那里把它碾碎，去掉有害的成分，研成纯白的粉末，像麦粉一样细碎和柔软。然后把它装上火车，几十列火车从遥远的北极地带开到圣彼得堡、莫斯科、敖德萨、维尼察、顿巴斯、莫洛托夫和古比雪夫的工厂去，在那里让它和硫酸起作用，变成另外一种白色粉末——能够溶解的磷酸盐，当肥料用。用特制

芬兰锡林耶尔维的露天磷灰石矿场

的机器把千百万吨这样的磷酸盐撒在苏联的田地里，把亚麻的收成提高一倍，使甜菜增加糖分，让棉花结更多的棉桃，让青菜长得更多更好。

于是散布在田地里的小小的磷原子钻进谷物和青菜里，钻进好多种我们的食物里。有人算过，我们吃一块 100 克重的面包，就吃了 1000000000000000000000000 个磷原子，这个数字真大，很难用平常的语言表达出来。

方才给你们讲的是苏联磷的主要来源，是关于希比内山脉的磷灰石。但是不管科拉半岛的磷灰石储藏量多么丰富，单靠它还不能满足苏联广大田地的要求，因为还有一个运输的问题。整车贵重的选过的磷灰石运到西伯利亚、哈萨克斯坦和中亚，可是那里总嫌运来得不够——于是就得靠新勘探出来的磷矿来补北极磷灰石的不足。苏联欧洲部分已经有许多地方正在大力开采纤核磷灰石，而现在发现西伯利亚和中亚也有很重要的纤核磷灰石矿床。在苏联广大的领土上，各处都在勘探新的纤核磷灰石矿床，勘探出来就动手采掘。正是纤核磷灰石矿层使苏联得到好几千万吨的磷肥，它把富有生命的力量带给苏联集体农庄和国营农场的田地，让所有谷粒和植物的茎都充满促进生活机能的磷原子。

磷灰石，产自加拿大

前面给你们描写了关于磷的历史的两幅图景，讲到磷的发现和磷在今天的用途。全世界每年制造的磷肥在 1000 万吨以上；这当中含的 200 万吨磷就撒在田地里。

但是磷不只用作肥料。磷的重要性正在一年比一年增大。在今天利用这种"冷火"的至少有 120 个工业部门。

第一，磷是有关生命和思想的物质：骨头里含有磷，它决定骨髓细胞的生长和正常发育，而归根结底，生物体有了磷才能长得结实。大脑里含的磷很多，表示磷在大脑工作上起着十分重要的作用。食物里缺乏磷，就会使整个机体衰弱下去。怪不得有许多种含磷的药，会给身体衰弱的人和病才好的人服用。磷不但人需要，动植物也大量需要。现在我们不但能用磷肥使陆地肥沃，还能使海肥沃。在开口狭窄的港湾里撒上磷的化合物，就会使细小的水藻和其他微生物很快繁殖生长，结果也就很快提高了鱼的繁殖率。曾经做过这样的实验，把磷的化合物撒在圣彼得堡附近的池塘里，结果眼看着鱼长得比平常大一倍。近来磷在制造各种食品上，特别是制造汽水上，起的作用很大。高级汽水可以用磷酸制造。磷酸盐，尤其是锰和铁的磷酸盐，可以用作坚牢不变的涂料。我们知道，最好的不锈钢制品就是在表面涂上一层磷酸盐。飞机各部分的表层涂上这种磷酸盐，就不会生锈。人们很早就利用磷的"冷火"来兴起一门大的工业——火柴工业。我们青年的读者们大概不知道在发明现代的火柴以前大家用的是什么样的火柴。我还记得我小的时候用的火柴是红头的，不论擦在什么东西上都能着火。那种火柴碰上皮鞋底特别容易着火。但是磷的性质很危险，这就使人们不得不去发明另一种火柴，就

磷在生产上的应用

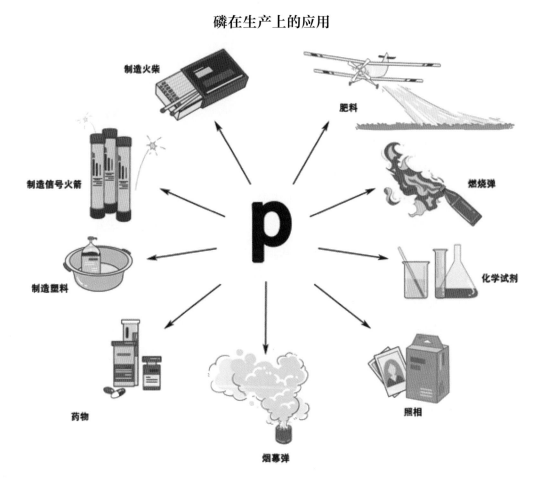

制造火柴

肥料

制造信号火箭

燃烧弹

p

化学试剂

制造塑料

药物

照相

烟幕弹

是我们现在都用的那种。

人们看到能用磷制造火柴，于是想起磷不但可以用来发出"冷火"，还可以生成"冷雾"。因为磷一燃烧就变成五氧化二磷，五氧化二磷能飘在空气里很久，变成不容易下沉的烟雾。

军事上就利用五氧化二磷的这点特性来制造烟幕。燃烧弹里含有大量的磷；在现代的战争当中，用含磷的炸弹来散布白色的烟雾，已经是常用的一种进攻和破坏的方法了。

磷先是在深成岩的熔化物里，后来变成细小针形的磷灰石，最后微生物像一个活的过滤器，从稀薄的海水溶液里把磷捉住，磷在自然界里所经过的这些化学变化相当复杂，这里都不细讲。磷在地壳里的迁移历史非常有趣。磷的命运是与生物的生和死的复杂作用分不开的。

磷聚集在有机体死亡的地方，聚集在动物成群死亡的地方，在洋流的衔接点上鱼类繁生的地方，那里常常造成了海底的坟墓。磷在地球上有两种聚集的情形：或者从灼热的岩浆里分离出来而生成很深的磷灰石矿床，或者存在动物死后的骨骼里。磷原子在地球史上的循环很复杂。化学家、地球化学家和技术家已经发现了它们循环过程当中的几个环节。磷的过去的命运消失在地底深处，而它的未来的命运却寄托在全世界的工业上，在技术进步的复杂道路上。

2.4 硫——化学工业的原动力

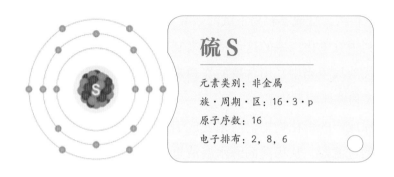

硫 S

元素类别：非金属

族·周期·区：16·3·p

原子序数：16

电子排布：2, 8, 6

　　硫是人类最先知道的化学元素之一。地中海沿岸好多地方都有硫，古代希腊人和罗马人不会不去注意到它。每次火山爆发都带出来大量的硫；当时人们把二氧化碳气体和硫化氢气体的臭味当作地下的火山神活动的标志。早在公元前几世纪，人们就注意到西西里大硫矿里所产的纯净而透明的硫的晶体。特别引起兴趣的是这种石块会燃烧生成窒息性的气体。正是这点特殊的性质使当时的人认为硫是世界上基本元素的一种。

　　也正因为这一点，古代的自然研究者，尤其是炼金术士，特别重视硫的作用，他们一讲到火山活动的过程或者山脉和矿脉生成的经过，总要强调硫这种元素所起的作用。

　　在炼金术士看来，硫的性质同时也很神秘，他们眼看硫一燃烧就生成新的物质，所以他们联想到硫一定是哲人石的一个组成部分，他们正在拼命炼这种哲人石，想用人工方法制造金子，但是结果一无所得。

　　1763 年，罗蒙诺索夫发表了著名的论文《地震中金属的诞生》，他在这篇文章里叙述硫在自然界里所起的特别作用，讲得很好。我们选几

中世纪熔炼硫的情形

处内容丰富文词美丽的来读一读：

一提起地下的火是那么多，念头马上就转到地下的火里含的是什么物质……还有什么东西比硫更容易发火呢？火里还有什么比它更有力的呢？

……

从地底下开出来的可燃性物质当中，哪一种比别种更丰富些呢？

维苏威火山爆发，版画，1834 年

　　因为不但火山喷出的气体里有硫，地底下滚烫沸腾的矿泉里和陆地地底下的通气口里也聚集有大量的硫，而且没有一块矿石，几乎没有一块石块，彼此摩擦之后不产生硫的气味，不显露它们的成分里含硫的……大量的硫在地球中心燃烧成沉重的气体，在深坑里膨胀起来，顶着地球的上层，使它升高，向四下做出不同程度的运动，产生各式各样的地震，而地面抵抗力最小的地方就最先断裂开来，破坏了的地面的碎块有些比较轻的被抛到高空，再落下来掉在附近；其他碎块因为太大太笨重，飞不起来，就变成山。

　　我们看出地球内部的火真多，而维持地下的火的硫也多得很，这样就足够引起地震而使地面发生变化，这种变化是很大的，会带来灾祸但是也有好处，是可怕的但是也带来安慰。

地下深处确实含有大量的硫，硫冷却的时候析出好多种挥发性的化合物，各种金属和硫、砷、氯、溴、碘的化合物。火山喷出物的气味各不相同，譬如意大利南部的喷气孔喷出的窒息性气体，或者像勘察加半岛上火山爆发的时候生成云雾状的二氧化硫气体，我们都可以根据气味辨认出来：硫不但可以生成气体喷出来，它又能溶解在地下水里，又能在地下裂缝里构成矿脉。硫和砷、锑以及其他朋友同伴一齐住在挥发性的热溶液里，在那里生成矿物，人们从远古起就知道从这类矿物里开采锌和铅，银和金。

产于西西里岛的自然硫晶体

硫在地球表面上生成的暗色的、不透明的、闪亮的多金属矿石以及各种辉矿类和黄铁矿类矿石，要受到空气里的氧气和水的作用；硫的化合物受到这些作用，就生成新的化合物，硫被氧化变成二氧化硫。这种气体我们很熟悉，划火柴的时候就有它的气味。它和水生成亚硫酸和硫酸。

　　经过这一类的化学变化，黄铁矿类矿石的巨大的晶体氧化以后析出硫和硫化物，它们破坏了周围的矿层，和比较稳定的元素化合，最后生成石膏或者其他矿物。应当说一说，黄铁矿类矿床和开采天然硫的地方生成的硫酸是有破坏性质的。

　　我想起乌拉尔南部梅德诺戈尔斯克矿坑的情形，那里黄铁矿类矿石氧化的时候析出的硫酸太多了，以致毫无办法预防它的腐蚀作用，所以矿工的工作服很快就烂成一个个大窟窿。

黄铁矿晶体，产自秘鲁

以前我们在卡拉库姆沙漠上工作的时候，不知道硫矿有这点性质；我们选好硫矿石的样品，整整齐齐地包在纸里，没想到到了圣彼得堡，纸包都烂破了，纸包上贴的标签都成了碎片，连装样品的箱子也有些地方被腐蚀。造成这次事故的当然是天然的硫酸，不能不说它是特殊的液态矿物。

卡拉库姆的硫矿石是硫和沙的混合物。化学工程师沃尔科夫（Д. А. Волков）想出了独特的方法来把硫和沙分开。在一只高压锅里装好小块的矿石，加好水，密封起来，另外从一个蒸汽锅里向它通入 5～6 个大气压的蒸汽。这样，高压锅里的温度就升到 130～140℃，硫就熔化而聚集在高压锅底部，而沙和黏土被蒸汽冲着往上升。过一会儿，打开高压锅的放硫口，让硫静静地流进特制的槽里。全部熔炼过程前后才两个小时左右。这样，苏联工程师就很简单地解决了卡拉库姆硫的提纯的问题。

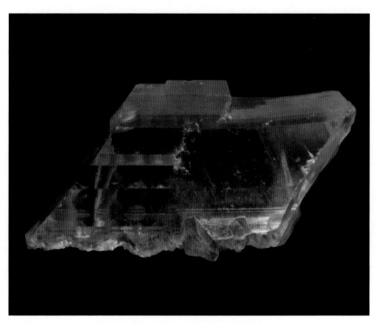

透明石膏晶体，产自湖北

硫能够维持它原来状态的时间很短：它很快就和各种金属化合，火山地区的硫和金属生成的化合物都聚集成明矾石，活火山四周的明矾石往往分散成白色的斑点或散布成条带。

有一些天文学家认为，造成月球上寰形山周围白色光圈和白色光线的正是明矾石。

硫被氧化以后，有很大一部分和钙化合。生成的化合物很难在实验室里溶解，然而它在地底下却相当活跃。这种化合物我们叫作石膏，盐湖里和干涸的海底也有大量的石膏生成很厚的沉积层。

然而硫在地面上的历史并不到此为止。一部分硫酸重新变成气体；许多微生物把硫的化合物还原成硫；硫的化合物的溶液里分解出硫化氢和其他挥发性气体，含有石油的地下水涌出地面的时候，这些挥发性气体也大量地跟出来，充满在湖沼等低地的空气里，许多湖沼和三角港里还生成黑色的淤泥块，我们称为药泥，在克里木和高加索人们很普遍地用它治病。

大部分的硫变成硫化氢，跑进空气里，恢复了它的流动状态。这样就完成了硫在地球的地质史上许多复杂循环当中的一个。

可是人们大大地改变了硫在地球上所走的路线，硫变成了工业上最有价值的东西。全世界开采纯净的硫，每年不过 100 万吨。而每年开采出来可提取硫的硫化铁矿里面含的硫倒有几千万吨。

硫变成了化学工业的基础。要把需要用硫的所有工业技术部门都列举出来也不容易，我只能举出最重要的几个工业技术部门，从这些例子就可以看出，工业上没有硫是不行的。

硫的用途是制造纸、赛璐珞、染料、好多种药物、火柴，提炼和精制汽油、醚、油类也需要它，制造磷肥、明矾和其他矾类、钠碱、玻璃、溴、碘也离不了它。没有它就不容易制造硝酸、盐酸和醋酸；所以从 19 世纪初起硫在工业发达史上起了那么大的作用，那是完全可以理

硫在各种生产上的应用

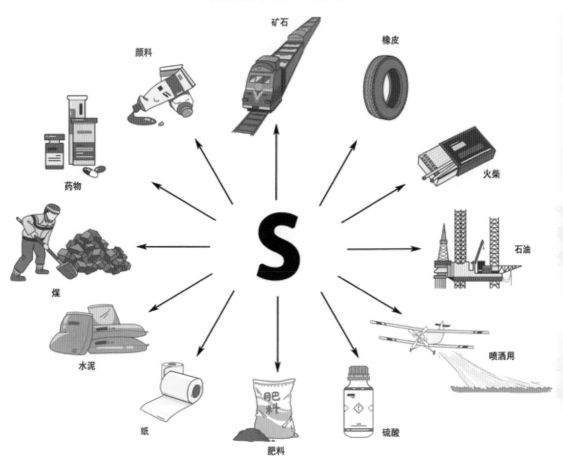

解的。制造炸药需要硫酸，黑色火药中也有硫，所以在火器上也缺少不了硫。

　　硫既然这么重要，所以为硫而斗争是 18 世纪全部历史里的一个主要线索。西西里岛在长时期里是硫的唯一供应地。这个岛是在意大利王国的统治之下的，英国舰队从 18 世纪初起，好几次炮轰西西里岛沿岸，企图侵占这个富源。可是后来瑞典人发明了从黄铁矿提取硫和制造硫酸的方法。于是西班牙丰富的黄铁矿又成了欧洲所有国家关注的目标，这时候英国舰队就又在西班牙沿海出现，想占领这个硫和硫酸的泉源。西西里岛的硫矿被抛在脑后了，大家的注意力都集中在西班牙。

可是，美国的佛罗里达半岛又发现了世界上储藏量最丰富的硫的矿床。

为了疯狂地追求利润，美国在佛罗里达半岛拼命地开采硫，开采的方法乍一听简直是完全不能相信的：把过热的蒸汽压进地下深处，因为硫的熔点低，只有119℃，它就在地底下熔化，然后把熔化的硫压出到地面上来。

这样采硫的第一部机器装置成功了，熔化的硫涌到地面上，凝固成一座座大的山丘。

这个新方法的生产率很高，美国就用这个方法开出了大量的硫。意大利和西班牙的硫矿又都降到次要的地位了。接着在北极圈上出产硫化物矿石的瑞典又产生了一种新的光辉的思想。瑞典有一个工厂在熔炼黄铁矿石的时候，同时提炼出硫来。

金属的硫化物就又成了硫的一种来源，制造硫酸也改用了新的方法。

我讲这一切，为的是让你们明白，一种物质在工业上的利用有的时候随着技术上创造性思想的实现而有了非常复杂的改变。科学史上出现了新的方法；这些方法根本改变了提炼硫的技术，打破了一系列的生产关系。

只有人们替天然原料找寻新的用途的创造性思想，才能使全人类获得天然富源的利益，才能替全世界谋求幸福。

2.5 钙——巩固的象征

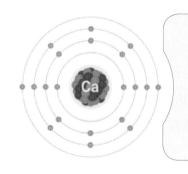

钙 Ca

元素类别：碱土金属

族·周期·区：2·4·s

原子序数：20

电子排布：2, 8, 8, 2

　　有一次我旅行路过新罗西斯克，这个城市附近的大水泥工厂有一批工程技术工作人员要求我在他们的俱乐部里做一次关于石灰岩和泥灰岩的报告，因为这两种物质是制造水泥的重要原料。

　　我只得回答他们，我对于这个题目一点都不清楚。固然我知道，石灰和水泥的基础就是各式各样的石灰岩；我也很明白，好的石灰和水泥有多大的价值；我对他们讲，苏联北部花费怎样的精力来制取这两种建筑上必需的产品。

　　石灰一般是从瓦尔代高地订购来的，那里离现在这个苏联新兴都市1500千米远，而运送水泥所走的路线是从新罗西斯克经过黑海、爱琴海、地中海、大西洋、北冰洋的环状路线；所以我告诉这批工作人员，我很了解石灰在生活上和建筑上突出的重要意义，但是我从来没有研究过石灰岩，所以我对于石灰岩丝毫都不知道。

　　"那么请给我们谈一谈钙吧，"一位工程师说道，他特别强调金属钙是一切石灰岩的基础，"请讲一讲，怎样从地球化学上来看钙，钙的性质怎样，它的命运怎样，它在什么地方聚集，怎样聚集，为什么正是钙会造成大理石的美丽花纹，使石灰岩和泥灰岩显出适用于工程技术上的各种宝贵性质。"

于是我就这个题目给他们讲了一次，就像下面说的给他们讲了钙原子在宇宙里的经历：

你们在水泥工业部门工作，这门工业是制造胶结物质的，是极其重要的建筑工业部门，所以你们对于钙原子的历史特别感兴趣。

化学家和物理学家告诉我们，钙在门捷列夫的元素周期表里占有特别的地位，它的原子序数是 20。这就是说，钙原子中心有一个核，核里面是极小的粒子——质子和中子，核外面有 20 个游离的带负电的小粒子，就是我们所说的电子。

钙的原子量是 40，它属于门捷列夫元素周期表的第二类，也就是在这个表从左起的第二列里。钙在它的化合物里，需要 2 个负电荷来生成稳定的分子。拿化学家的话来说，钙的化合价是 +2。

你们看，方才我说过的 20、40 这两个数目都是能被 4 除尽的。这类数目在地球化学上非常重要。我们在日常生活上也知道，假如我们要让随便一件东西站稳，我们就要用能被 4 除尽的数；例如，桌子有 4 条腿。普通能够站稳的物体，任何建筑物，总是对称的，它们的左一半和右一半正好相等。

和钙原子有关系的数是 2，4，20，40，这也是表明钙原子的性质特别稳定，我们简直还不知道需要摄氏多少亿度的高温才能破坏这个由一个原子核和绕核迅速旋转的 20 个电子所构成的巩固的结构。随着天体物理学家逐渐明了整个宇宙的构造，钙原子在宇宙里起的重大的作用也越来越清楚。

瞧，这是日食时候的日冕。连肉眼都看得见太阳外层巨大的日珥，灼热的、飞快地奔跑着的金属小颗粒被抛掷到几十万千米高；这当中钙起着主要的作用。现在我们的天文学家已经会用完善的方法来判明行星际充满着什么东西。在各个分散的星云当中，整个宇宙的广大空间都贯穿着飞驰的轻元素原子；这当中又是钙和钠起着同样重要的作用。

宇宙间还有些小颗粒，它们服从引力的定律，经历了复杂的路线，朝我们的地球飞过来。它们掉在地球上成了陨石，这里钙又起着重大的作用。

就拿我们的地球来说，在地壳生成的复杂过程当中，在我们的生活方面和工业技术的进展方面，也不容易想出还有什么其他比钙更重要的金属。

还在熔化的物质在地球面上沸腾的时候，重的蒸气逐渐分离而形成

2012 年 8 月 31 日，美国东部时间下午 3 点 46 分，一直在太阳大气层（日冕）中盘旋的太阳物质的长丝爆发到了太空中

大气层的时候，最初的水滴刚刚凝聚而汇合成巨大的海洋的时候，钙和它的朋友镁早就是地球上特别重要的两种金属——镁也像钙那样巩固，也是双号（原子序数是 12）的元素。

那时候的各种岩石，不管是流在地面上的，或者凝结在地下深处的，都是钙和镁起着特别的作用。大洋的底部，特别是太平洋的底部，到现在还铺着玄武岩层，钙原子在玄武岩里占的地位很重要，而我们知道，我们的大陆便是飘在这样的玄武岩层上，这层玄武岩仿佛凝成了特别的、薄薄的一层皮壳，盖在地下深处熔化物的上面。

据地球化学家计算，地壳的成分按重量来说，钙占 3.4%，镁占 2%。地球化学家认为，钙的分布的规律与钙原子本身的奇妙的性质是分不开的，与它所含的电子个数是双数、和它这个完美的结构的出奇的稳定性是分不开的。

地壳刚一长好，钙原子立刻踏上复杂的旅行路程。

在那个远古时代，火山爆发的时候喷出大量的二氧化碳。那时候大气里充满了水蒸气和二氧化碳，变成沉重的云层，包围在地球的四周，破坏地球的表层，把当时地球上炽热的物质卷在原始狂恶的风暴里。这样就开始了钙原子旅行史上最有趣的阶段。

钙和二氧化碳生成稳定的化合物。碳酸钙在二氧化碳过多的地方溶解在水里，被水带走；等后来失去二氧化碳的时候，它又沉淀出来变成白色的结晶粉末。

厚厚的石灰岩地层便是这样生成的。凡是地面上的冲积土堆积成黏土的地方，就生成泥灰岩层。地下灼热的物质激烈地运动着，侵入了石灰岩层，热的蒸汽把石灰岩烧烫达好几千摄氏度，把石灰岩变成雪白的大理石山丘，傲然矗立的山顶和白雪打成一片。

可是也有某些碳的化合物复杂地结合起来，产生了最初的有机物。这类凝胶状的物质有些像黑海的水母，后来变得越来越复杂；它们又

玄武岩柱状节理

逐渐得到了新的性质——活细胞的性质。伟大的进化规律，为生存而斗争，为向前进化而斗争——这一切使这类物质的分子变得更加复杂，使它们的分子发生新的结合，而它们依据有机世界的伟大规律，又出现了新的性质。于是世界上渐渐地有了生命……先是温暖的海洋里的单细胞生物，然后是比较复杂的多细胞生物，这样一步步地进化下去，地球上终于有了最完备的生物体——人。每种生物在它逐渐生长变复杂的过程里，始终在为了使它本身长出稳定结实的体质而进行斗争。柔软脆弱的动物体往往抵抗不住敌人，到处会被敌人毁坏和消灭。动物在它们逐渐进化的历史过程中，越来越需要保护自己。它们的软体要用一层穿不透的皮壳包起来，像盔甲似的，或者身体的内部需要一个架子，就是我们所说的骨骼，好把柔软的身体支在坚硬的骨头上。而生物发展的历史告

卡拉拉采石场，位于意大利，以开采白色或蓝灰色大理石（主要成分为碳酸钙）著称

诉我们，钙在供应坚硬结实的物质方面起了非凡的作用。最初是磷酸钙参加到了贝壳里；在地质史上发现的初期的小贝壳，就是由磷灰石这种矿物质造成的。

　　然而以这种方式来取得钙并不太靠得住：生命本身也需要磷，而地球上并不是到处都有足够的磷可以供给生物去制造坚硬的贝壳；动植物发展的历史指出，如果用不大会溶解的其他化合物——蛋白石、硫酸锶和硫酸钡去制造它们的坚硬的部分，就会有利得多，而特别合适的是碳酸钙。

　　的确，磷也是很需要的，一方面，各种软体动物和虾，还有一些单细胞生物，普遍地用碳酸钙造起美丽的外壳来，而另一方面，地面上动物的骨骼部分却开始用磷酸盐来制造。人或者一些大动物的骨头含的是磷酸钙，这种磷酸钙在本质上和我们开采的磷灰石相当近似。碳酸钙也罢，磷酸钙也罢，起着重要作用的还是钙。唯一的差别是：人的骨头含的是钙的磷酸盐，而贝壳主要是钙的碳酸盐。

哪位自然科学家要是到过海边，譬如说，到过地中海海岸，那么对于他来说，恐怕再也没有比海边更奇异的景象了。

还记得，当我还是青年地质学家的时候，第一次在热那亚附近的内尔维沿岸看见的情形。当时真觉得十分惊奇：美丽的各种各样的贝壳，不同颜色的藻类，有美丽的石灰质外壳的寄居蟹，各种软体动物，成群的苔藓虫，以及各种石灰质的珊瑚。

我的眼睛盯着透明的海水，完全沉浸在这个奇妙的世界里了，同样是碳酸钙，而形状却千变万化，透过蓝色的海水，闪亮着各种光彩。突

海里的贝壳、寄居蟹的外壳、珊瑚的主要成分都是碳酸钙

然一只很大的章鱼打断了这幅景色对我的吸引力，章鱼悄悄地向我们站着的这块石头游过来，我便用棍子去戏弄它们。

钙聚集在海底的贝壳里和其他海洋动物的骨骼里，足有几十万种形式。这些动物死掉以后留下来的稀奇古怪的遗骸堆成碳酸钙的整座整座的坟墓，这就是新的岩层的开端，未来的山脉的开端。

在今天，我们赞美着装饰建筑物的各种颜色的大理石，欣赏着发电站里的用灰色或白色大理石制造的好看的配电盘，或者我们去到莫斯科地铁站，顺着谢马尔金斯克产的像大理石似的黄褐色石灰石台阶走下去——在这些时候我们都不应该忘记，所有这些大块的石灰石就是由微小的活细胞聚集起来的，是通过复杂的化学反应，把分散在海水里的一个个钙原子捕捉在一起，再把它们改造成结实的晶体的骨架和纤维质的，这类含钙的矿物叫作方解石和文石。

但是我们知道，钙原子的旅行并没有到此止步。

水又把钙原子冲散，让它溶解，复杂的水溶液里的钙离子重新在地壳里旅行起来，有的时候就留在水里，形成含钙很多的所谓硬水，有的时候遇到硫化合成石膏，有的时候又结晶成珍奇的钟乳石和石笋，生成复杂而奇幻的石灰岩的山洞。

再往下就到钙原子旅行史上的最后阶段：人捕捉住了钙。人不但使用各种纯净的大理石和石灰石，而且还把它们放在石灰窑里和水泥工厂的大炉子里煅烧，让钙和二氧化碳分开，这样就制得大量的石灰和水泥，没有这两样东西就谈不到我们这水泥工业。

在药物化学、有机化学和无机化学上极其复杂的各种作用当中，也处处有钙在起着巨大的作用，在化学家、技术家和冶金学家的实验室里有钙在决定着作用的过程。然而这些在今天已经不算什么。钙在人的周围很多，人还可以让这种稳定的原子去参加比较细致的化学反应；人在钙的身上费了好几万千瓦的电力；人不但让石灰石里的钙原子脱离开二

溶洞方解石，产自广西

氧化碳，还让钙和氧断绝关系，制得了纯粹的钙，它是有光泽的、闪亮的、柔软而有弹性的金属，在空气里会燃烧，结果表面覆上一层薄膜，成分和石灰一样。

人利用钙原子，就正是利用它特别喜欢和氧化合的性质，利用钙原子和氧原子间联系得特别稳定和紧密的性质。人把钙原子加在熔化的铁里，人不再用各式各样复杂的去氧剂，不再用一些费事的方法来去除对铸铁和钢有害的气体，而是把钙原子放在马丁炉和鼓风炉里，强迫钙原子去担任这项工作。

于是钙原子又重新迁移起来；它的金属颗粒刚闪亮不久，很快又变成复杂的含氧化合物，变成在地球表面上比较稳定的化合物。

这下子你们知道了吧，钙原子的历史真比我们想象的复杂得多；要再找一个元素，在大自然里走的道路比钙更加曲折复杂，在我们地球的诞生史上起的作用比钙还大，同时在工业上比钙更加重要的，实在不容易。

卢雷溶洞中的钟乳石和石笋。此溶洞形成于4亿年前，是美国最大的喀斯特溶洞

不要忘记：钙是宇宙间最活跃的原子之一；钙在世界上生成各种晶体结构的可能性是无限的；人既然会利用这种活动的原子来制造新的而且可能是空前结实的建筑上和工业上用的材料，那么人一定还会得出更多的发现。

然而要有新的发现，还应该多多努力，应该好好研究这种原子的本质。应该做一个有研究的化学家和物理学家，并且精通地质学，才能做一个优秀的地球化学家，并且在地质学上开辟新的道路。应该掌握化学、物理学、地质学和地球化学的全部知识，才能做一个很好的技术家，才能懂得怎样去走上工业上的新的道路，广泛地利用地球上分布极广的元素，向着征服自然的光辉的胜利前进。

2.6 钾——植物生命的基础

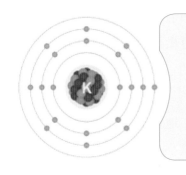

钾 K

元素类别：碱金属

族·周期·区：1·4·s

原子序数：19

电子排布：2，8，8，1

钾是有代表性的碱性元素，在门捷列夫元素周期表的第一类里占着相当低的位置。它是典型的单数元素，因为表示它的特征的一些数字都是单数：原子序数，也就是构成它电子层的那些电子数，是 19，它的原子量是 39。它只能和卤素的一个原子生成稳定的化合物，例如和一个氯原子化合；这就是我们所说的，钾的化合价是 1。钾一方面是单数元素，另一方面它的原子里带电的小粒子又很多，这就决定了它的性质是喜欢不断地旅行，决定了它的离子非常活跃。

钾既然这样活泼，怪不得它在地球上的全部历史正和它的朋友钠的命运一样，是跟其极端活跃性和非常复杂的变化分不开的。钾在坚硬的地壳里生成 100 多种矿物，另外有好几百种矿物也含有少量的钾。钾在地壳里的平均含量差不多是 2.5%。这个数字不算小，这正表示钾、钠和钙都是我们周围地球里的主要元素。

复杂的地质史上关于钾这一部分历史非常有趣。人们已经把钾的历史研究清楚，我们现在可以把钾原子经历的全部路程叙说一遍，叙述它怎样完成了一次复杂的生命循环以后，再重新回到它旅程的第一步。

当地下深处熔化的岩浆凝结的时候，各种元素就依次分离出来，越是活跃的，越是喜欢旅行的，会生成挥发性的气体或者流动的容易熔化的颗粒的，分离出来就越迟，钾就是属于最后分离的一类里的。地下深处最初生成的晶体里并没有钾；我们在绿色橄榄岩那种深成岩里几乎找不到钾，这种深成岩在地球内部构成整整的一个地带。连作为洋底的玄武岩块里，钾的含量也不超过 0.3%。

在熔化的岩浆的复杂的结晶过程当中，地球上比较活跃的原子都集结在它的上层；这里强烈带电的硅和铝的微小离子比较多；这里碱性的钾和钠这一类单数原子也很多，还有不少的容易逸散的含水化合物。这些熔化的岩浆生成的岩石，就是我们所说的花岗岩。花岗岩在地球表面上占的面积很大，它就是飘在玄武岩上的大陆。

花岗岩凝结在地壳的深处，钾在花岗岩里的含量大约是 2%，钾主要

白榴石，产自南京

是含在我们所谓正长石的那种矿物里。我们熟悉的黑云母和白云母里也含有钾；在有些地方钾聚集的还要多，生成一种巨大晶体的白色矿物，叫作白榴石，在意大利含钾很多的熔岩里，白榴石就特别多，人们开采这种白榴石来提取钾和铝。

可见地球上钾原子的摇篮，是花岗岩和火成岩当中的酸性熔岩。

我们知道，花岗岩和酸性熔岩在地球表面上怎样被水、空气以及空气和水里的二氧化碳所破坏，植物的根怎样长到它们里面去，用分泌出的酸腐蚀个别的矿物。

到过圣彼得堡近郊的人，总会发现花岗岩的露头和在巨砾里的花岗岩很容易受到破坏，花岗岩里含的矿物受到风化的作用，岩石失去光泽，在从前曾经有过大块花岗岩的地方只留下纯净的石英沙堆积成沙丘。同时长石也遭受破坏。地面上各种有力的作用因素把长石里的钠原子和钾原子带走，留下了层纹状矿物的独特的骨架，生成了复杂的岩石，叫作黏土。

从这时候起，我们钾和钠这两个朋友就开始了新的旅程。但是它们俩交朋友也就到此为止。因为在花岗岩破坏以后，钾和钠就各奔前程，分道扬镳。钠很容易被水冲走；不论谁，不论用什么方法，也不能把钠的离子截留在淤积的黏土和沉积物里。它被江河冲进大海，在海里变成氯化钠，就是我们所说的食盐，食盐是我们所有化学工业部门的主要原料。

钾走的路却和钠不同。我们从海水里找到的钾很少。在岩石里含的钠原子和钾原子个数差不多，然而每1000个钾原子只有2个能到海里，998个都被吸收在地面的土壤里，淤泥里，海洋盆地、池沼和河里的沉积物里。正因为土壤吸收了钾，土壤才有出奇的效力。

俄国著名的土壤学家科学院院士格德罗伊茨是识破了土壤的地球化学性质的第一人。他发现土壤里有一些颗粒会截留各种金属，特别会截留钾，因此他指出，肥沃的土壤和钾原子大有关系，因为钾原子在土壤里是那样小巧玲珑，所以植物的每个细胞都会吸收它，用它来发展自己的活力。可不是吗，植物吸收了这种玲珑活泼的钾原子以后，就能长出芽来。

研究的结果指出，钾与钠和钙一起，都很容易被植物的根所吸收。

没有钾，植物就不能生活。我们现在还不清楚，为什么植物就非需要钾不可，在植物体里钾到底起什么样的作用，可是实验证明，没有钾，植物便要枯萎死去。

不但植物非需要钾不可，钾在动物体里也是重要的成分。譬如，钾在人的肌肉里就比钠多。脑、肝脏、心脏、肾脏里的钾尤其多。应该指出，有机体在成长发育的过程当中特别需要钾。成人对于钾的需要量就少得多。

钾迁移的循环路线不止一条，有一条循环路线是从土壤开始的。它在土壤里被植物的根所吸收，储存在死掉的植物躯体里，有一部分钾跑进动物的机体里，又回到土壤里变成腐殖土，活细胞再从土壤里吸取它。

大部分的钾走的正是这条路线，但是也有少数的钾原子能走到海洋里，和其他盐类共同构成海水的盐分，固然海水里的钠原子个数是钾原子的 40 倍。

从海水开始了钾原子旅行的第二条循环路线。

当大片的海洋由于地壳运动的作用而干涸起来，从海里分出浅海、湖泊、三角港、海湾等的时候，就会形成像黑海沿岸萨克、耶夫帕托里亚一类的盐湖。夏天一热，湖水蒸发得很厉害，结果盐从水里分离出来，被海浪打到岸上，也有的时候湖底完全干涸了，上面铺满一层盐，看着像一块闪闪发亮的白布。这时候盐生成沉淀有一定的程序：先在湖底结晶出来的是碳酸钙，其次是石膏（硫酸钙），然后是氯化钠，也就是食盐。最后留在湖里的是含盐特别丰富的天然盐水，天然盐水里含的

濒临黑海的西瓦什盐湖，湖中的木桩上是白色的盐类结晶

各种盐类达到百分之好几十，尤其是钾盐和镁盐含得更多。

钾在天然盐水里比钠更加活泼；它表现了巨大原子的性质，继续旅行下去，一直到更毒热的太阳把湖水晒干，一直到盐层的表面析出了白色和红色的钾盐——这样就形成了钾矿床。

有的时候地壳里聚集着大量的钾盐，这正是人们在工业上十分需要的原料。到了这一步以后，就已经不是土壤的神秘力量，不是植物在决定钾走的路线，不是南方的毒热的太阳把它聚集在盐湖的岸上——在工业里已经是人类自己在指挥钾原子走上新的循环路线了。

整整 100 年前，有一位伟大的化学家李比希看到钾和磷在植物体里的功用，所以他常说："田地没有这两种元素就不可能肥沃。"于是他脑子里浮起了当时认为是幻想的一种念头，他认为应该对土壤施肥，应该预先算出植物可以利用的钾、氮、磷的盐类的分量，用人工方法把这些盐类添加在土壤里。

19世纪四五十年代的农业界不相信李比希的这种想法；说他这种思想是在"开玩笑"，再说李比希建议当肥料用的硝石，那时候是用帆船从南美洲运来的，价钱非常贵，谁也不要买。磷肥的来源——磷矿——当时也不知道，李比希建议把骨头碾细当磷肥用，价钱也太贵。而且钾的用法也不知道，只偶尔有人收集点植物灰撒在田地里。农民老早就知道把玉米秆烧成灰，撒在田里，他们没有科学的指导，完全是凭经验和独到的智慧，体会到这种灰对于庄稼的重大关系。

从那时候起过了许多年，肥料的问题成了世界各国最重要的问题之一；土壤能不能肥沃，在很大程度上要看人是不是能把植物从土壤里吸取来的各种物质充分归还给土壤，把人从田地里取走的谷物、蒿草、果实等所含的物质充分归还给土壤。到了今天，钾就成了和平劳动和农业上最需要的元素之一了。

这一点只要提一提某些国家的钾肥用量就可以看出。拿荷兰来说，1940年每公顷用了42吨的氧化钾。这个数字的确是大得很；在美国，每公顷统共才用4吨左右。

据苏联著名的农业化学家说，苏联全国田地的氧化钾用量，每年不能少于100万吨。

因此人类早就面临着这样一个任务：寻找钾盐的巨大矿床，把钾盐开出来，用它制造肥料。

在过去长时期里面，德国垄断了全世界的钾盐工业。德国哈茨山东部山麓的斯塔斯福地方盛产钾盐，就是著名的斯塔斯福盐；几十万列火车从德国北部把钾盐运送到各地。

许多农业国眼睁睁看着这种情形，实在不能容忍，因为农业是这些国家的经济命脉，过了多少年，费了好大气力，北美洲才找到少量的钾矿；法国也有了一些成就，发现莱茵河流域有钾矿；意大利也一直在找寻钾，并且开始利用火成岩里的一些含钾的矿物。但是所有这些钾盐的产量，比起贫瘠的土壤所需要的钾盐量，简直是杯水车薪。

俄罗斯科学家也费了许多年工夫在本国竭力寻找钾盐矿床。个别科学家的猜测没有产生结果；后来有一批青年化学家在科学院院士库尔纳科夫（H. C. Курнаков）指导下进行顽强的工作，才发现了世界上储藏量最丰富的钾盐矿床。那次发现是偶然的，然而科学工作

尼古拉·谢苗诺维奇·库尔纳科夫院士（1860～1941）

上的偶然性还是和长期的准备工作分不开的，所谓"偶然发现"，差不多总是为某种思想而长期斗争的最后一步，是对顽强的、长期的寻求所给的奖赏。

俄国发现钾矿的经过正是这样。库尔纳科夫院士对本国的盐湖研究了好几十年，他的念头始终顽强地朝着一个方向：地底下什么地方能找到古代钾盐盐湖的遗迹。他在化学实验室里研究帕尔姆区古代盐田里盐的成分，发现有些盐含的钾比较多。

他到过一处古代的盐田，注意到一小块的红褐色矿石，看着像是红色的钾盐——产在德国钾盐矿床的光卤石。当时在场的工作人员都不敢确定这小块矿石是从哪里来的，不敢担保它不是德国钾盐标本当中的一块。但是库尔纳科夫院士还是把它捡起来放在口袋里，带回圣彼得堡去分析。分析的结果，大家都惊讶起来，原来这小块东西果然是氯化钾。

这是第一步发现，但是这还差得多——还应该证明这块钾矿石是从

索利卡姆斯克地下深处采来的，证明索利卡姆斯克有很丰富的钾矿，一定要在那里钻探，一定要在 20 世纪 20 年代的困难条件下从地下深处取出盐来分析它的成分。

苏联地质委员会里有一位伟大的地质学家普列奥布拉任斯基（П. И. Преображенский）便来着手进行这项工作。他指出一定要钻凿深井，不久就钻凿到了厚厚的钾盐层，结果在全部地球表面的钾的历史上开创了一个新的纪元。

现在，离开那次历史性的发现已经好多年了，全世界钾盐储藏量的分布图和以前完全不一样了。如果我们用氧化钾的吨数来表示钾盐储藏量，那么大部分的储藏量都在苏联；德国统共才 25 亿吨；西班牙是 3.5 亿吨，法国是 2.85 亿吨；美国和其他国家还要少。而且苏联的钾盐矿床还远没有完全勘探出来。

完全有可能，苏联不久还会发现新的钾矿，把三四亿年前钾原子在古代帕尔姆海里迁移的全貌都揭露出来。

现在我们对于苏联这一段远古的地质史是这样认识的：古代的帕尔姆海包括现在苏联欧洲部分的整个东部地区。这个海是北冰洋往南伸展过来的浅水部分。它有一些海湾就在阿尔汉格尔斯克附近弯向别洛耶湖，还有在诺夫哥罗德附近也有。这个海的东部依乌拉尔山脉做界线，往西南伸出两条长臂到顿涅茨流域和哈尔科夫。它的东南部一直深入现在苏联的南部，进到里海岸畔。有些科学家甚至认为当时的帕尔姆海在最初是和那个巨大的特提斯海连在一起的，所谓特提斯海是在古代的二叠纪时候把地球拦腰围住的一个大洋。等到特提斯海逐渐变浅，沿岸就形成了一个个的湖泊，本来湿润的天气也就变成经常风吹日晒的沙漠天气了。

强烈的热风摧毁了年轻的乌拉尔山脉，山脉整个塌陷下来，倒在原先的帕尔姆海沿岸。帕尔姆海便向南撤退。它北部的湖泊和三角港里沉积了石膏和食盐。而南部的河水里钾盐和镁盐的含量越来越多。在东南部又积聚了天然盐水，这就是现在人们圈起来晒盐的，例如在萨克湖的盐水。就这样逐渐出现了一个个浅水的海和湖，水里饱和着残留下来的钾盐和镁盐。

于是钾盐也开始沉积出来。从索利卡姆斯克开始直到乌拉尔山脉的东南部，就出现了一个个的钾盐矿，掩埋在土壤下面。那里如果往下钻探，到处都会探到食盐的大块晶体，而食盐晶块的上层就是钾盐。

就是这样因为一小块不起眼的红褐色石块，被科学家的机敏的眼睛看到了，拿到实验室分析的结果，竟解决了一个极其重大的问题——钾的问题。从此苏联不但可以在田地里充分施肥来提高作物的收获量，而且有可能来建立新的钾化学工业，来制造化学工业上特别需要的各式各样的钾的化合物。这些钾的化合物就是苛性钾、硝酸钾、过氯酸钾、铬酸钾，是工业上和国民经济上应用得越来越广的一些化合物。除了钾盐，同时也获得大量的副产物镁盐，电解镁盐能制得闪亮的轻金属镁，而一种叫作"琥珀金"的镁的合金还给修筑铁路和制造飞机的历史打开了新的一页。

从前的俄国农业化学家的幻想到今天实现了：现在苏联每年制造的氧化钾吨数，足够施用在苏联全国的田地上，因而提高了作物的收获量。

我们所知道的地球上的和控制在人手里的钾的历史便是这样。

但是这个元素还有一个小小的特点，也不应该忽略过去。有趣的是，钾有一种同位素有放射性，固然放射性是很微弱的，但是那种同位素总是不稳定的，它自己能放出几种射线，然后变成另一种元素的原子，新的原子再聚拢起来生成钙原子。

这种现象在长时期里没有得到证明，后来知道实际上钾-40本身在地球的生命上起着很大的作用，因为在不稳定的钾原子变成钙原子的过程里放出大量的热。据苏联放射学家计算，地球内部由于原子蜕变而放出的全部热量，至少有 20% 是钾盐放出的。可见钾原子的蜕变对于地球热量所起的作用是多么巨大啊！

怪不得生物学家和生理学家想用钾的这点性质来解释植物的生活问题，据他们的想法，植物所以那样出奇地和莫名其妙地爱好钾，就是因为钾原子能够放射，因为钾在细胞的生活和成长上起着某种特别的作用。

科学家为了证实这点而做了无数次实验，但是到今天为止还没有得出确定的结果。很可能，蜕变的钾原子和它的射线在活细胞里起的作用是很大的，它会使细胞和植物本身在成长发育过程当中产生出种种特征来。

钾这个单数的、捉摸不定的元素，在地球化学上所占的篇幅就是这些。这就是钾在地球上循环旅行的历史。

对于每一种化学元素，都可以这样讲出一套它在地球内部、在地球表面、在工业上的旅行历史；可是有不少元素，它们历史上有个别的环节暂时还没有研究清楚；也有几种元素的历史还只能写成零碎的断片：因此在未来的地球化学家前面摆着一项任务——把这些历史写完整，写得首尾一贯。钾的历史还是比较清楚的，这个重要的元素在全部地质年代里的生活，我们是已经看明白了的。

我们不但知道了钾的历史，而且我们掌握着有力的武器去勘探它的矿床，去替它寻找工业上的用途，唯一没有研究清楚的是它在生物体里的作用，这个秘密或许是钾的历史上最有趣也是最重要的一页！

2.7 铁和铁器时代

铁 Fe

元素类别：过渡金属

族·周期·区：8·4·d

原子序数：26

电子排布：2, 8, 14, 2

　　铁不但是我们周围自然界里最重要的元素，而且是文化和工业的基础，它是战争时的武器，又是和平时劳动的工具。翻开门捷列夫的元素周期表，再也找不出来一种元素，对于人类的过去、现在和未来的命运有像铁这么重要的。古罗马有一位矿物学家老普林尼谈到过铁，谈得很好——老普林尼是在公元 79 年在维苏威火山爆发的时候死去的，100 多年前俄国矿物学家谢韦尔金（В. М. Севергин）说老普林尼是被"火山喷出的灰尘窒息死的"。

　　现在我们来读一读谢韦尔金美妙的译文，看看老普林尼怎样写出铁的历史里的鲜明的几页："铁矿工人给人类带来了最优良也是最凶险的工具。有了这种工具，我们才能刨土栽树，耕耘果园，修理葡萄藤，让它每年能抽出新芽来。有了这种工具，我们才能盖房子，砸碎石块，我们生活上像这一类地方都要用到铁。可也就是用这种铁，我们来进行战争和掠夺，而且不但用在就近的短兵相接，还用在远处的进攻，有时候用枪打，有时候用手抛，有时候又用弓射。照我的看法，这是人类智慧的

散潮泥灰

流入方塘

板生鐵

生熟煉鐵爐

此管流出成生鐵

墮子鋼

最恶毒的一种表现。因为这是让铁带着翅膀出去催人快死。所以这是人为的罪过，不能向自然界推诿责任。"

公元前三四千年，人类就开始去掌握这种金属，从那时候起的人类全部历史，都是为铁而斗争的历史。可能是人最初捡到天上掉下来的石头——陨石，就用陨石加工做成制品，就像我们今天看到墨西哥的阿兹特克人、北美洲的印第安人、格陵兰的因纽特人和近东地方的居民所有的那种制品似的。怪不得古代阿拉伯人传说铁产在天上。埃及土人干脆把铁叫作"天石"；阿拉伯人重复埃及人的古代传说，说天上的金雨落在阿拉伯的沙漠上，金子在地面上变成银子，后来又变成黑色的铁——这是对于那些想要占有天上恩赐的部落的惩罚。

铁在长时期里得不到普遍的应用，因为要从矿石里炼出铁来并不容易，而天上掉下来的陨石又很少。

只有在公元后 1000 年那段时期里，人才学会了从铁矿里炼出铁来；于是文化史上的铁器时代便接替了青铜器时代，一直延续到今天。

各民族像找金子似的找铁，他们寻求铁的斗争在复杂的历史生活上始终起着重大的作用；然而不论是中世纪的冶金学家，还是炼金术士，都不能真正地掌握住铁，人真正掌握铁还只是从 19 世纪开始的；这以后铁才逐渐变成工业上最重要的一种金属。随着冶金工业的发达，鼓风炉代替了手工业式的小规模的熔铁炉；兴起了像马格尼托哥尔斯克那样看着叫人兴奋的巨大的冶金工厂，它的生产能力有好几千吨。

铁矿成了每一个国家的主要富源。储藏量几十亿吨的洛林铁矿成了资本家争夺的对象，成了战争的原因。我们知道，在 19 世纪 70 年代，德法两国就曾经为了占有莱茵河流域储藏量几十亿吨的铁矿而进行过战争。

瑞典在北极圈里有著名的基律纳瓦拉铁矿，矿石质地很好，每年的开采量有 1000 万吨，英国和德国在争夺这个铁矿上有过许多插曲。我们知道俄国的铁矿是逐渐发现和开采起来的，开始是在克里沃罗格和乌拉尔，以后又发现了库尔斯克地磁异常区的极其丰富的铁矿。

苏联有许多铁矿，这些铁矿奠定了苏联工业的基础，炼出铁来制造铁轨、桥梁、机车、农业机器和其他和平劳动的工具。

在战争的年代里，把铁做成炮弹和炸弹，一次战役发射出去的铁有时候等于整个铁矿。例如，第一次世界大战当中的凡尔登战役（1916年），结果把整个凡尔登堡垒地带变成了一个新的"钢矿"。

为了钢铁而进行的斗争，逐渐促进现代的冶金工业走上了新的发展道路。

铁和普通的钢常常被新的优质钢代替，在钢里面掺进几千分之一的稀有金属，像铬、镍、钒、钨、铌，制得的合金比普通的钢坚韧。

为了改善铁的性质，为了改变铁所起的化学反应，人们在巨大的鼓风炉里和铸铁车间里还解决了为了多出铁的一个重大问题。要知道，铁会从人手里溜走；它不是金子，金子可以藏在保险箱里和银行里保存起来，它损失的分量是微乎其微的。可是铁在地球表面上，在我们周围的环境里，却不像金子那样老实；我们都知道，铁的表面很容易蒙上一层锈。只要拿一块潮湿的铁放在空气里，它很快就长满锈斑；假如铁皮的房顶不涂油漆，那么一年工夫房顶就会烂成一个个的大窟窿。我们从地底下找出来古代铁制的武器，像枪、箭、盔甲，都变成了红褐色的氢氧化物；这些铁器之所以变质，也是因为离不开自然界化学定律的统一支配：铁受到空气里的氧气作用，就会氧化。于是摆在人们面前有一个非常重大的任务——怎样保护住铁，不让它受氧气的作用。

人不但像我刚才讲过的，在铁里面添加某些物质来改良铁的性质，人还想出办法来让铁蒙上一层锌或锡，把铁做成白铁或马口铁；把机器上的要紧部分镀上铬和镍，把铁涂上各种涂料，用磷酸盐来处理铁。人想了各式各样的方法来防止铁受氧化作用，防止铁受我们周围的湿气和

美国阿勒格尼 - 卢姆钢铁公司的炼钢车间中，白热的钢水从容量为 35 吨的电炉中倾泻而出。美国记者阿尔弗雷德·T. 帕尔默摄于 1941 年

氧气的侵蚀。应该说明，防铁生锈并不是很容易做到的；人现在还在想新的方法，研究怎样来利用锌和镉，寻找有没有锡的其他代用品。自然界里的化学反应是自发的；所以人从地球内部开采出来的铁越多，钢铁工业越发达，就越要注意保护铁不让它生锈。

保护铁——这句话听起来多么奇怪，我们周围的铁不是很多吗？在不久以前举行的国际地质会议上，地质学家计算了世界上铁矿的储藏量，一致指出将来铁会发生恐慌：他们预言，再过 50 ～ 70 年，全世界铁矿就要枯竭，那时候人只有用其他金属来代替铁。他们还说，在建筑、工业和生活上可以用混凝土、黏土和沙来代替铁。时间已经过去不少。按说铁矿枯竭的日子已经逼近了，可是地质学家却不断发现新的铁矿。在苏联，铁矿的储藏量可以完全满足工业上的需要，而且新的铁矿不断发现，现在看不出这种发现什么时候会停止。

铁是宇宙里最重要的元素之一。我们在一切天体上看到铁的光谱线，它在炽热星体的大气里发着光，我们也看见铁原子在太阳表面上飞驰着，铁原子每年还朝着我们的地球掉下来，这就是细微的宇宙尘以及铁陨石。在美国的亚利桑那州，在南非洲，在苏联的中通古斯卡河流域，都掉下过天然的大铁块，这种宇宙里最重要的金属。地球物理学家证实，整个地球中心都是掺杂着镍的铁，而我们的地壳就是铁外面蒙上的一层玻璃似的矿渣，正像鼓风炉炼铸铁的时候流出的矿渣一样。

但是工业上既取不到宇宙里天然的大铁块，也不能从地下深处开出铁来——我们的生活和工作只限于薄薄的一层地面，我们的钢铁工业对于铁矿储藏量的估计也只能到地下几百米为止，因为现代的采矿业还只能开采到这样深的铁矿。

而地球化学家也给我们揭露了铁的历史。他们说，地壳的本身就含有 4.5% 的铁；我们周围的一切金属，只有铝才比铁多。我们知道，铁含在最初凝结的岩浆里，这种岩浆凝结以后就是橄榄岩和玄武岩，它们藏在地下很深的地方，是最重和最初凝成的岩石（硅镁层）。

我们知道花岗岩（硅铝层）里含的铁比较少，花岗岩闪烁着白色、粉红色、绿色，这正表示铁在花岗岩里的含量不多。但是地球表面上由于复杂的化学反应，还是聚集了不少的铁矿石。一部分铁矿石在亚热带生成，那里热带的雨季和晴朗炎热的夏天互相交替着。那里一切能在水里溶解的物质都从岩石里被水冲走，而大量聚集起铁和铝的矿层。

我们知道，北部地区，每年春天涨大水，水里含着有机物质，把各种岩石里含的大量的铁冲到湖沼里；湖沼里有一种特别的铁菌，铁菌作用的结果，铁就成豌豆粒那样大小或者更大的块，沉积下来……所以在湖沼里，在海水深处，在长期的地质年代中就形成了铁矿；毫无疑问，

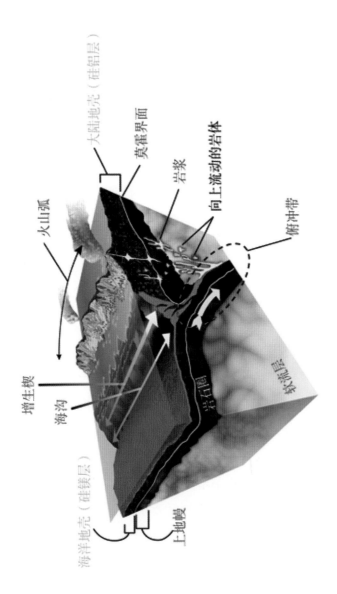

火山弧

增生楔

海沟

海洋地壳（硅镁层）

上地幔

大陆地壳（硅铝层）

莫霍界面

岩浆

向上流动的岩体

俯冲带

岩石圈

软流层

地壳主要由岩石构成。大陆地壳因含有大量的硅和铝，被称为硅铝层（花岗岩型）；富含镁的硅酸盐矿物组成的地壳则被称为硅镁层（玄武岩型），海洋地壳主要是硅镁层（插画作者：K. D. Schroeder，来源：Wikimedia Commons, CC-BY-SA 4.0）

动植物的生活对于铁矿的生成也是时常发生影响的。

刻赤大铁矿便是这样生成的；克里沃罗格和库尔斯克地磁异常区的大铁矿也很可能是这样生成的。

克里沃罗格和库尔斯克的铁矿老早就由古代的海水沉积起来，这时候地下深处的热气还来得及改变它的结构；结果我们在那两处见到的铁矿，不是像刻赤那里的褐铁矿，而是变黑了的矿石——镜铁矿和磁铁矿。

铁的旅行不限于陆地的表面。固然，海水里含铁很少；说海洋里几乎完全没有铁，也不算错。但在特别的、例外的情况下，连海洋里和浅水的海湾里也有铁的沉积物，也有整片的铁矿层，这类铁矿在古代的海洋沉积物里常有发现。而在陆地的表面上——在河川湖沼里，到处都有铁在旅行；因此植物就可能经常找到这种重要的元素，植物如果没有这种元素就会活不下去。

磁铁矿

假如一盆花得不到铁，那你就会看到，花很快就褪掉颜色，失去香味，叶子也会发黄和干枯起来。活细胞仗着生气勃勃的叶绿素才能发挥全部力量，它吸收二氧化碳里的碳而把氧气还给空气，而没有铁就不能有这样重要的叶绿素，因为铁是生成叶绿素的必要条件。

铁就是这样在地球上，在植物里，在生物体里完成它的循环路线，而在人的血液里的红血球是这种金属的旅行的一个最后阶段，如果没有铁，那就没有生命，更别提和平劳动了。

2.8 锶——制造红色烟火的金属

锶 Sr

元素类别：碱土金属

族·周期·区：2·5·s

原子序数：38

电子排布：2,8,18,8,2

谁都看见过美丽的多色烟火或者鲜艳的信号火箭吧：好看的红火花在空中慢慢熄灭，随后变成那么漂亮的绿色烟火！

苏联每逢盛大的节日，一到晚上就有几千条美丽的花火在空中交织燃烧，仿佛有多少个太阳在运行着，火箭呼啸着飞向空中，把黑暗的夜空装点成红、绿、黄、白种种颜色。同样是红色火箭，它还有其他用处，轮船遇险的时候，把它当作求救的信号；飞机在夜里航行，也把它扔下来当作信号；在夜间准备攻击或轰炸的时候，也拿它做军用信号。

很少人知道怎样制造这种美丽的烟火，这种烟火叫作"孟加拉"烟火，这个名称是从印度来的：佛教举行仪式的时候，和尚在阴暗的寺院里突然放出神秘的黄绿色或者血红色烟火，为的是吓唬一下到寺院里来拜佛的善男信女。

大家不见得都知道，这种烟火是用锶和钡两种金属的盐类制造的，锶和钡都属于所谓碱土金属[1]，以前在相当长的时期里不会把锶和钡区分

1.碱土金属是指在元素周期表中同属第2族的六个金属元素：铍（Be）、镁（Mg）、钙（Ca）、锶（Sr）、钡（Ba）、镭（Ra）。其中镭有放射性。——编者注

节日里的烟火

开，后来才看出来这两种金属的盐放在火上烧，一种发出浅黄绿色的光，一种发出鲜红色的光。随后很快又研究出来怎样制造这两种金属的挥发性盐类，把这些盐和氯酸钾、木炭、硫黄混合，把这混合物压成球状、柱状和锥状，就可以从枪口和烟火筒里发射出去。

在锶和钡的长期而复杂的旅行史上，这已经是最后几页了。假如我把锶和钡在地壳里的长途旅行史详细地讲给你们听——从熔化的花岗岩和碱性的岩浆讲起，一直讲到这两种金属在制糖工业、国防工业、冶金工业和烟火工业上的用途为止，——也许你们会感觉枯燥无味。

应该提一下，我在莫斯科大学念书的时候，在伏尔加一份报纸上读过一位喀山的革命科学家写的关于含锶的矿物的精彩故事。他是天才的矿物学家，他讲他自己怎样和朋友们在伏尔加河沿岸采集一种好看的蓝色结晶矿石——天青石。他叙述这种矿石怎样在二叠纪的石灰岩里由分散的原子聚成蓝色的晶体，叙述了这种矿石的性质和用途；这段故事讲得那样生动，所以给我的印象深极了，几十年来我始终没有忘记天青石那种蓝色的矿石；那种矿石之所以叫天青石，就因为它是天蓝色的。

多少年来我总在梦想要找到这样的石块，果然 1938 年我交了好运。我无意中找到了它，又使我回想起那段动人的故事。

那次我在高加索北部的基斯洛沃茨克休养。一场大病刚好，我连上山散步都走不动，可是我很想到悬崖上去看看，想到采石场去。

我们疗养院附近新盖了漂亮的休养所的房子。新房子是用粉红色的火山凝灰岩造的，这种凝灰岩是从亚美尼亚的阿尔蒂克地方运来的，所以就叫作阿尔蒂克凝灰岩。围墙和大门用的是浅黄色的白云石，工人用小槌子仔仔细细地把白云石敲平，并且凿出精美的饰纹。

我喜欢到工地去散步，在那里看半天，看工人怎样巧妙地修凿柔软的白云石，敲去个别比较坚实的部分。一位工人对我说："这种石头里常有硬疙瘩，我们管它叫'石头病'，因为它妨碍我们加工；看，我们就这样把这些硬疙瘩敲下来，把它们往那一扔。"

我走近那堆瘤子——结核，忽然看见一个碎结核里有一块蓝色晶体：啊，这可的的确确是天青石！那么漂亮透明的蓝针，像斯里兰卡产的发亮的蓝宝石，又像在太阳光下闪亮变色的矢车菊。

我拿起工人的槌子，敲碎了那些结核，我简直高兴得说不出话来。我的面前满是珍奇的天青石晶体。它像一整簇蓝色的鬃毛似的填充在结核内部的空隙里。在天青石晶体当中还有白色透明的方解石晶体，而结核本身是石英和灰色的玉髓，像是一个结实的框子把天青石镶嵌在里面。

我向工人仔细打听，这些盖房子的白云石是从什么地方开出来的。他们指给我到采石场的去路。第二天一清早，我们就坐着高加索式的马车，顺着土路到开采白云石的地方去了。我们顺着汹涌的阿利空诺夫卡

天青石，产自马达加斯加

白云石，产自江西抚州

河边走去，绕过"阴谋与爱情城堡"这所漂亮的房子。河谷狭窄起来，变成窄小的峡谷；陡峭的山坡像房檐似的悬立着，那是石灰岩和白云岩；我们不久就从老远看见采石场，堆着一大堆碎石块和碎石片。

起初我们运气不好。我们不惜动手去硬把一些大的结核打碎，一看原来是方解石的晶体和水晶，要不然就是白色和灰色的蛋白石块和半透明的玉髓；但是最后我们终于达到了我们的目的。我们把一块块绛蓝的天青石捡起来，整整齐齐地放在一边，再规规矩矩地包在纸里，然后我们又顺着险峻的坡道滑落下去，再去采集这种珍贵的样品。我们骄傲地把这些天青石样品带到疗养院里，打开纸包，把它们洗干净，但是我们还嫌不够。没过几天，我们又骑着小马出发去寻找蓝色的天青石。

我们屋里堆满了嵌着蓝色天青石的白云石块：尽管疗养院院长不满意地看着我们，我们还是不断地往里搬运新的石块。我们这一举动，引起了邻居和疗养院里别的休养人员的注意。大家都喜欢这种蓝石头；有几个人甚至跟我们到采石场去，他们羡慕我们，他们也运来了很好的样品。

谁都不明白为什么我们要采集这种石头。

有一次在沉闷的秋天晚上，和我一起休养的人来找我，请我给他们讲一讲，这种蓝石头是什么东西，为什么它长在基斯洛沃茨克产的黄色的白云石里，要它做什么用。我们大家聚集在一间舒适的屋子里；我在听众面前摆着天青石样品，想到这些听众里有许多人既不懂化学又不懂矿物学，略微感到不安，我就在这种情况下讲起来：

几千万年以前，上侏罗纪的海浪冲到那时候已经隆起的高加索大山脉。海水忽而后退，忽而又冲洗山麓，冲毁了花岗岩质的断崖，把红色的细沙沉积在沿岸一带——就是现在疗养院附近拿来铺路的那种细沙。

从古代高加索山顶上流下的河水汹涌泛滥，在泛滥地区里和小的海湾里形成了许多大的盐湖。后来海水向北退却，原先这里的沿岸地带，以及湖底、三角港底和浅海底都沉积了黏土和沙，聚集了石膏矿层，有的地方也聚集了岩盐。

比较深的地方沉积了厚层的黄色白云石，这种白云石对于基斯洛沃茨克人是非常熟悉的，到"红石"山上去的著名的石头台阶和苏联煤炭工业部漂亮的疗养院房子就是用这种石头造的。这种白云石现在形成很厚的岩层，它的黄、灰、白三种颜色很匀净。

可是造成这些沉积物的那个海的命运却是多么复杂啊！在它的沿岸曾经密集过许许多多生物。假如我们生在那个时候，就会在它沿岸欣赏到一幅五光十色的生物图画，正和今天我们在地中海沿岸的悬崖上和在科拉半岛温暖的峡湾里看到的叫人惊讶的那幅景色一样。

多种多样的蓝绿色和紫红色的水藻，带着美丽外壳的寄居蟹，种类和颜色极其复杂的蜗牛和贝壳——这一切好像一条五光十色的毯子，覆盖在悬崖上面。在水里，闪现着海胆的红色的棘针，五星形的海盘车的弯曲的腕，以及各种各样的水母。

在沿岸地带，海底的石头上聚居着无数的小放射虫；有几种放射虫透明得和玻璃一样，它们是纯净的蛋白石，有些却是小小的白色球体，大小不超过一毫米，带着一个柄，柄有它本身三倍那么长。它们停在石头上，聚在美丽的苔藓虫上，有时候还附在海胆的棘针上，随着海胆在海底里跑来跑去。

这就是有名的棘针放射虫，它的骨骼是18枚到32枚的针状骨片。以前谁也不知道这种棘针是什么东西造成的，后来才无意中发现，原来这种棘针既不是硅石，也不是蛋白石，而是硫酸锶。那么多的放射虫在复杂的生活过程当中把硫酸锶聚集起来，它们从海水里吸收了硫酸锶，逐渐造成结晶的棘针。

放射虫死了以后，就沉到海底。这样就开始聚集起一种稀有的金属：它从大块的花岗岩里被冲洗出来，从白色的长石里被冲洗出来，大

恩斯特·海克尔绘制的棘针放射虫

家知道高加索产的花岗岩是含有那种长石的，这种金属给冲洗出来以后就落在高加索海沿岸的海水里，再经过放射虫的作用沉积在海底。

假如在那个遥远的地质年代里没有新的事件来破坏古代侏罗纪的海里沉积物的安静，恐怕我们一辈子也想不到上侏罗纪的海里会有那种放射虫存在，化学家也永远想不到要到基斯洛沃茨克采石场的纯净的石灰岩和白云岩里去找锶。

这新的事件就是，高加索的火山活动又重新开始了。熔化的物质一再喷发出来，开始形成了山脉，地面上破裂的地方冒出蒸气，喷出矿泉，高加索的矿水城地区隆起了白垩纪和第三纪的岩层，产生了著名的岩盘，形成了别什套山、铁山、马舒克山等。

地下深处的热气浸透了石灰岩、石膏和其他盐类的沉积物，地下的矿水形成整片的地下海和地下河，有的已经冷了下来，有的还被地下的热气烤热着；一些矿水穿过古代沉积的白云岩和石灰岩的裂缝，让岩石变成水溶液，再让它们结晶出来变成好看而坚硬的白云岩，人们就用这种白云岩来造房子。

经过复杂的化学变化，分散的细小锶原子，棘针放射虫的遗骸，溶解到水里，然后在侏罗纪的白云岩空隙里重新沉淀出来，长成了美丽的蓝色天青石晶体。

就是这样在成千上万年里逐渐形成了我们的天青石晶洞，现在如果地面的冷水透过它那里，它的晶体就会褪色变成不透明，它的闪亮的晶面会变得模糊不清，于是锶原子又开始在地面上旅行起来，去寻找新的、更稳定的化合物。

我现在给你们描述的是基斯洛沃茨克天青石的历史，其实在苏联许多地区都有这种情形。凡是地壳史上有大海消失变成浅海和盐湖的地方，有球形的棘针放射虫死在那里，它们躯体上的棘针在千百万年里聚集起来，就成了硫酸锶的晶体。

美国俄亥俄州北部南巴斯岛上的天青石晶洞。岛上的岩石主要为白云岩，空隙间沉淀出了大量形态美丽且形体巨大的天青石晶体，被誉为世界上最大的天青石晶洞。现已停止开采，仅提供参观展示

　　有整整一圈的天青石围绕着苏联中亚的山脉，雅库特共和国里的天青石晶体是在古代志留纪的海里生成的，生成的经过和上面讲过的情形一样，但是天青石的最大矿床还是在二叠纪的海里，那时候伏尔加河沿岸和北德维纳河流域的石灰岩里都沉积了大量的天青石。

　　我不再给你们讲地壳里的天青石晶体以后经历的变化。我们知道，有许多天青石重新在水里溶解，锶原子落进土壤，被水冲走，一直溶解到无边无际的海洋里去，然后又在盐湖和沿海三角港里聚集起来，再让放射虫吸收去长出棘针，再过几百万年，又生成新的天青石晶体。

　　在这样经常的化学变化的过程当中，在复杂的自然现象的链条当中，矿物学家和地球化学家还只抓住一些零星的断片和个别的环节。科

学家一定要具备有经验的眼光、精密的分析能力和深刻的科学思想，才能看透宇宙间每一种原子的复杂的旅行路线。他要把零星的断片写成完整的篇页，把个别的篇页汇成地球化学的大书，让这样的大书原原本本地告诉我们，原子在自然界里怎样旅行，它们在旅途上和谁搭伴，它们在什么地方变成稳定天青石晶洞的晶体，以后就安定下来或者是仍然不得安定，它们分散的原子在什么地方不停地变换着旅伴，有时候重新跑到溶液里，有时候又分散在无边无际的大自然里。

做一个地球化学家，就应该懂得原子的这一切复杂的途径。

他随便拿一个小小的晶体来，就应该会从头到尾交代清楚这个晶体生成的经过。那么我们现在也说得出来锶原子的最初历史吗？

锶原子在宇宙史上是在什么地方生成的呢，是怎样生成的呢？

为什么锶的光谱线在有些星体上特别闪亮夺目呢？锶的光谱线在太阳光线里起什么作用？它是从哪里来的呢？锶怎么会聚集在地壳表面上？怎么会集合在熔化的花岗岩浆里？怎么又和钙一起聚集在白色的长石晶体里呢？

这一切问题摆在地球化学家面前，现在还没有得到解答。地球化学家说明这些问题，不可能像我方才解释基斯洛沃茨克附近的天青石蓝色晶体的历史那样清楚。同样，地球化学家对于锶原子历史的最后几页也是写不出来的。

过去在长时期里，人们对于锶从来没有注意过。有时候要造红色烟火才想到用它，但是也用不了多少，所以从地底下开出来的锶盐还是不多。后来有一位化学家替锶在制糖业上找到了恰当的用途：他发现锶和糖能够生成特别的化合物，叫作糖化锶，利用锶可以从糖蜜里分出糖来，这个方法很成功。于是各国普遍地用起锶来，德国和英国锶的开采达到了很大的规模。可是后来另外一位化学家发现，制糖业上还可以用比较便宜的钙来代替锶。用锶精制糖的方法不再需要了，从此大家又把锶丢在脑后，锶矿也停工了，只有某些地方从其他矿物的废料里提出锶盐用来制造红色烟火。

可是 1914 ～ 1918 年，第一次世界大战爆发了。信号弹的用量突然增加起来。为了高空照明，为了航空测量，都非用到会透过烟雾的红色烟火不可；探照灯上的炭棒也需要稀土族和锶的盐类浸渍过。

于是锶又找到了新的用途。

后来冶金学家研究出来怎样提取金属的锶。锶和钙、钡两种金属一样，可以用来清除钢铁里有害的气体和杂质。

于是黑色冶金工业上就用起锶来。化学家、冶金技术家和生产部门又重新注意到锶：现在，当我讲天青石这种蓝色矿石的故事的时候，地球化学家又在努力寻找天青石的矿床，研究锶怎样聚集在中亚的山洞里，大工厂也在制取锶的盐类，想办法把锶的盐类从矿水里提取出来——一句话，锶又成了工业上和农业上需要应用的元素了。至于锶以后的命运怎样，我们还不敢说。锶的历史的第一页和最后几页，我们地球化学家暂时还都不知道……

我对疗养院听众讲的关于天青石的故事就此结束。

一向认为谁都用不着的这种蓝色晶体，现在得到了听众的另眼相待，一下子成了参加苏联社会主义建设的一分子。大家这才同情我们赶大清早到采石场去的那种举动，就连疗养院的主治医师，他起初埋怨我们把屋子装满了石块，说这是破坏了疗养院神圣的制度，这回也不再唠叨了。

于是我决定写一篇关于天青石的故事。这篇故事收在我写的《岩石回忆录》那本小册子里。

你们谁要是不嫌烦的话，我劝你们也去读一篇那篇短故事，这样能帮助你们记住这种蓝色的天青石到底是怎样美妙的矿石。

2.9 锡——制造罐头的金属

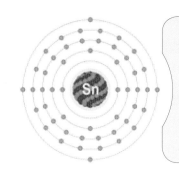

锡 Sn

元素类别：贫金属

族·周期·区：14·5·p

原子序数：50

电子排布：2,8,18,18,4

锡是很平凡的金属，好像一点也不出名。尽管我们常用，然而我们在日常生活上很少提到它。

这种金属替人类服务，却并不用它自己的名字。青铜、马口铁、焊镴、巴氏合金、活字合金、炮铜、镴箔、"意大利粉"、漂亮的搪瓷、颜料等——这些物品多种多样，都很有用，然而许多人根本不知道，这些物品的最重要成分就是锡。

这种金属的性质很奇妙，非常特别；有几点性质到现在还不明白是什么缘故，在地球化学上还没有得到详尽的解释。

锡的来源是从地底下升上来的花岗岩岩浆，这种岩浆里含有大量的硅石，就是一般所说的"酸性"岩浆。然而并不是一切酸性岩浆里都有锡，所以我们到今天还不知道，锡跟花岗岩的关系受着什么规律的约束，为什么有些花岗岩里有锡，而另一些看来是一模一样的花岗岩里却没有锡。

还有一个有趣的问题：锡是重金属，但是别看它重，它却不像其他

锡石与白云石，产于中国绵阳平武雪宝顶，重量 1128 克。这样大的锡石晶体非常罕见

许多种重金属那样沉在岩浆的底部，而是浮在岩浆的面上，所以它总是留在花岗岩体的最上层，这是什么道理呢？

道理是这样的：岩浆里熔解着多种蒸气和气体，这些气态物质很容易逸散，当中起着很大作用的是卤素——氯和氟。我们根据实验知道，锡跟这两种气体甚至在室温下也能化合。在岩浆里，锡跟氯和氟生成了极容易挥发的化合物——锡的氟化物和氯化物。正是因为当时锡是在气体状态的化合物里，所以它能够跟硅、钠、锂、铍、硼等元素的挥发性化合物一起向上冲出一条路，一直跑到在凝固着的花岗岩体的上层，甚至会跑出花岗岩的范围，钻到花岗岩上面其他岩石的裂缝里去。

到了花岗岩的上面以后，由于物理化学条件有了改变，锡的氟化物和氯化物便跟水蒸气进行反应。于是锡就离开了把它带上来的氟和氯而跟水里的氧化合在一起，这样的生成物已经不是气态的物质，而是有光泽的固态矿物——锡石，这就是工业上提炼锡的主要矿石。在生成锡石的同时，有时候还生成许多其他重要的矿物，例如黄玉、烟晶、绿柱石、萤石、电气石、黑钨矿、辉钼矿等。

花岗岩岩浆里挥发性的卤素化合物可以生成很大的锡石矿床，但在不久以前我们知道，这并不是锡石矿床的唯一成因。这些挥发性化合物升到花岗岩的面上以后再过一段时期，也就是在最后一部分花岗岩岩浆凝固的时候，也可以生成锡石。在那个时候，岩浆里的水蒸气都变成了液态的水，把好多种金属的化合物——主要是硫化物——都从岩浆发源地带了出来，带到很远的地方去。这种作用过程里面有许多点我们到现在还不十分清楚。但是我们知道，岩浆里的锡也可以像这样随着硫一同出来。值得注意的是，这里硫的作用也只是把锡携带出来；锡一出来，就像先前抛开了卤素那样把硫抛掉，却跟氧进行化合，这样生成的仍然是它自己最喜欢生成的那种矿物——锡石。

我们知道，还有好多种矿物也都含锡。但是所有这些矿物都非常少见，有几种更是特别稀少，所以它们在工业上的价值是根本谈不到的。过去也罢，现在也罢，锡石始终是提炼锡的唯一的矿石，它的成分是SnO_2，纯净的锡石里面大约含锡 78.5%。

锡石大多是黑色的或黄褐色的矿物。如果是黑色的，是因为它含有铁和锰等杂质。偶尔也有蜜黄色或红色的锡石，至于无色的就十分稀罕。通常锡石的晶体非常小，由于锡石的硬度大，化学性质稳定，比重也大，所以它在花岗岩风化的时候不会破坏，也不分散，而是跟其他重的矿物一起聚集在花岗岩破坏的地方——在河床里或海岸上，有时候还生成含量丰富的冲积矿床。

因此锡石或者是从它的"原生矿床"里，或者是在它的"次生矿床"——冲积矿床里开采出来的。

锡石不论用哪种方法开采出来以后，首先要进行选矿，也就是去掉

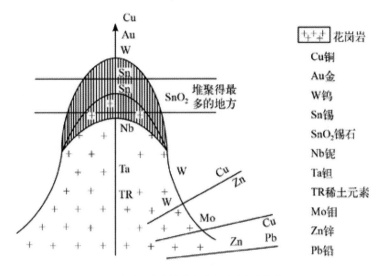

锡和它的同伴在花岗岩体上层的分布简图

它所含的各种杂质，然后就可以进行熔炼。这就是利用燃料里的碳使锡还原出来。锡石里的氧跟碳化合变成二氧化碳跑掉，剩下的就是金属锡。

从锡石里提炼出来的纯净的锡是柔软的银白色（比银的光泽稍稍暗些）金属，有延展性。锡可以展成极薄的薄片，这一点是很特别的，锡的熔点是231℃。

锡还有许多独特的性质。大家知道锡会"喊叫"，就是说把它弯曲的时候会发出特有的响声。另外还有一个奇怪的性质，它对寒冷的感觉非常灵敏，这个特点是决不能不注意的。锡一受冷就会"生病"。这时候它就由银白色逐渐变成灰色，体积逐渐增大，同时开始散碎，而且常常碎成粉末。锡的这种病很严重，就是所谓"锡疫"。好多种很有艺术价值和历史价值的锡器，都因为得了这种瘟疫而损毁掉。有病的锡还会把这种病传染给没有病的锡。幸而锡疫是可以治疗的。就是把有病的锡再熔化一次，然后使它缓慢地冷却。如果这步操作（主要是冷却过程）做得十分仔细，那么锡就能恢复原状，恢复它原来的性质。

在远古时代，正是锡有力地推动了人类文化的发展。人在很久以前就认识了锡。人利用锡比利用铁早得多：在公元前五六千年的时候人还不会熔炼铁，然而已经会熔炼锡了。

纯净的锡是柔软而又不结实的金属，不适宜制造用品。但是在铜里面掺上 10% 的锡，便制成一种金黄色的合金——"青铜"，它的性质非常好：比纯净的钢硬，极容易浇铸、煅打和加工。假如我们把锡的硬度定为 5，那么铜的硬度就是 30，而铜跟少量的锡熔成的合金——青铜——的硬度是 100 ～ 150。青铜的这些性质使人类有过一个时期普遍地应用它，考古学家甚至特别划出了一个历史时代，叫作青铜时代，那时候所用的劳动工具、武器、生活用品和装饰品主要都是用青铜制造的。当时人们是怎样发现这种了不起的合金的，这一点我们现在还不知道。可以假定，当时人们一再地熔化混有锡的铜矿石（我们现在也可以找到铜和锡的这种"复合"的矿石），最后终于注意到了铜和锡的混熔的结果，这样就懂得了这种合金的用途。

考古学家发掘古代人住过的地方，时常在各种古物里面发现青铜制品——日用品、铜币和铜像，这些铜器埋在地底下都没有损坏。如果要鉴定这些铜器是当地制造的还是从别处转来的，那就要进行化学分析，才能得到可靠的结果。

古代提纯金属的方法很不完备，利用现代精密的分析方法，可以把古代金属里所含的好多种微量的杂质——元素——一一检查出来。知道了它里面含的杂质，有时候就可以推想出来，古代人是在什么样的矿里开采出铜和锡来制这件器皿的。假如历史学家或考古学家能够证明，某一件青铜器就是在它出土的地方制得的，那么地质学家和地球化学家就应该立刻在这个地区勘探锡矿。这样就很可能重新找到早已被人遗忘了的锡矿。

即使到了后来——在青铜时代以后的铁器时代，青铜也并没有丧失

后母戊大方鼎，商代帝王祖庚或祖甲为了祭祀其母亲所铸，是中国已发现的最大、最重的青铜器，出土于河南安阳，现存于中国国家博物馆

它的价值。人们用它来制造艺术品，开始用它来铸造硬币、钟和大炮。

锡跟铅、锑等金属也都能生成性质优良的合金。

合金是现代技术上的奇迹，是起着"魔术"变化的世界。两种或者更多的金属熔化在一起的时候，这些金属的原子就改变配搭的方式而产生种种"奇迹"，苏联科学家已经研究并且解释了这些现象。由于合金内部的分子结构有了改变，合金的性质就和它所含的任何一种金属的性质都不同。例如，由柔软的金属熔成的合金的硬度，常常是大得想不到的。

锡跟铅的合金叫作巴氏合金，在巨大的、精密的仪器和机床里面，如果有钢轴转动得非常快，为了防止它出毛病，就要用到巴氏合金。所以这种合金又叫作"减摩合金"，因为它非常不容易磨损（拿术语来说，就是摩擦系数很低）。它在技术上的意义是极大的：它可以大大地延长贵重机器的使用寿命。

锡可以"焊接"其他金属，这个性质也很宝贵；我们技术上应用的所谓"焊镴"——锡跟铅和锑的合金，就是利用锡的这个性质的。

锡在印刷业上的用途或许还不是每个人都知道的。锡是所谓"活字合金"里的主要成分，利用活字合金可以浇成铅字，浇成"铅版"。

白色的氧化锡粉末常常叫作"意大利粉"，用它来摩擦白色的和多色的漂亮的大理石，就能把大理石的表面磨得像镜面一样亮，这是用任何其他物质所办不到的。

锡的多种多样的化合物都广泛地用在化学工业和橡胶工业上，用在印花布工业上，用在毛和丝的染色上，还用来制造搪瓷、釉药、有色玻璃、金箔和银箔；至于锡在军事工业上的异常重大的意义，那更不必说了。

最早发现的锡的矿床是在亚洲，在欧洲的不列颠群岛南部也有发现，那时候甚至把这些岛叫作"锡石群岛"。很难说，锡石这种矿物是因为这些岛而得名的呢，还是这些岛是因为锡石而命名的呢？锡石这个名字由来已久，古希腊诗人荷马早在他写的诗《伊利亚特》里用过这个名字代表锡。值得注意的是，英国的康沃尔半岛的锡石是跟黄铜矿产在一起的，所以这种矿石一熔炼就能得到青铜。

现在锡的主要产地是马来半岛，这里锡的产量差不多占全世界的50%。

在马来半岛，已知的锡矿有200多处，有的是含在花岗岩里的，有的是含量很丰富的冲积矿床。开采冲积矿床的方法是利用水力；巨大的

第一次世界大战期间（1914～1918年），美国莫森特与伊文思公司的费城工厂为美国军方生产巴氏合金和其他类型的合金。这张照片上的工人正在将熔化的合金金属材料注入模具中。来源：美国国家档案馆

水力冲洗机向锡砂喷射强烈的水柱。混杂着各种矿物的泥浆流向特别的沟渠，当地的工人就站在沟渠里用力搅拌这些泥浆。这种繁重的劳动主要是由童工来做的。沟渠的出口处有一道门槛，由于锡石的比重大，它流到这里就会被门槛截住，然后不时地把沉积的锡石铲出去运走。显然，这种开采方法非常原始，是在残酷地剥削着工人的劳动。

这样开采到的锡石的含量是60%～70%，接着就运到工厂里去炼锡。

为了锡，一些国家相互间一直在进行着激烈的斗争。在第二次世界大战期间，日本把亚洲大陆上和岛屿上的锡矿以及属于英商的新加坡炼锡工厂抢到手里，为的是满足日本自己军事工业上的需要，而且也为了

帮助当时迫切需要锡的希特勒德国。日本这样做的另一个目的，是使美国和英国完全丧失这种重要的战略金属的来源。

请打开世界地图看看：含锡的花岗岩和跟这种花岗岩分不开的锡矿，以及钨矿和铋矿，在太平洋沿岸分布成一个条形地带，这条带子从南到北通过勿里洞岛、邦加岛、新克浦岛、马来半岛、泰国、中国南部。

这个条形地带里有储藏量丰富的锡矿以及和锡矿石在一起的其他化合物，但是为什么会形成这一类的条形地带呢？地球化学正在努力寻找这个问题的答案。

除了马来半岛，南美洲玻利维亚的锡石储藏量也非常丰富。玻利维亚的锡矿分布在科迪勒拉山脉里。澳大利亚的塔斯马尼亚岛和非洲的刚果也都有锡矿，但是储藏量都不太多。现在全世界每年产锡量差不多有20万吨，其中40% ~ 50% 都用来制造马口铁片。

随着罐头工业的发展，马口铁片的需要量也急剧地增加起来了。千百万千克的肉、鱼、蔬菜和水果都装在用马口铁片造的罐头里面，读者们，你们想过马口铁片的重要性，想过这种罐头的作用吗？马口铁片是什么东西呢？它是涂上了薄层锡的铁片，这层锡的厚度只有百分之一毫米左右。铁片涂上了锡制成罐头，就能防止铁生锈。纯净的锡不会溶解在罐头里的汁液里面，因而对于人的健康是几乎没有损害的。铁涂上任何别的金属都不如涂锡好，铁涂了锡，性质最稳定。

现在可以说，锡已经度过了它的"青铜时代"，变成了制罐头用的金属了！

1898 年出版的《阿尔伯特·西格内内瑞杂货百科全书》中的一张铜版画，描绘了 19 世纪时的罐头工厂的生产场景

2.10 碘——到处都有的元素

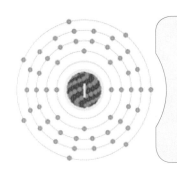

碘 I

元素类别：卤素

族·周期·区：17·5·p

原子序数：53

电子排布：2,8,18,18,7

大家都很熟悉碘这种东西，我们手指头受了伤，就涂上一些碘。碘是大家都知道的药剂，可是碘究竟是什么东西，它在自然界里的命运怎样，对于这些问题，我们所知道的是多么贫乏啊！

很难找出另外一种元素有比碘更不可捉摸、更充满矛盾的了。我们对于它知道得那样少，对于它旅行史上最主要的环节又是那样不了解，直到现在我们还弄不清为什么用碘可以治伤，以及地球上的碘是从哪里来的。

应该提一提，俄国伟大的化学家门捷列夫早已碰到了碘的讨厌的特性。门捷列夫按照原子数递增的顺序来排列全部元素，然而碘和碲却破坏了这个规律：碲的原子量比碘大，可是碲排在碘的前面。这种排法到现在还是保持原状。

当时几乎就只有碘和碲这两个元素破坏了门捷列夫周期律的严整性。固然，现在我们已经说得出这样排法的理由，可是多少年来，始终认为这是一个莫名其妙的例外；并且有人屡次批评门捷列夫的辉煌的理

固体碘是有金属光泽的灰色晶体

论，说他对于元素的排列是瞧着怎么方便就怎么排。

碘是固体；它生成有真正金属光泽的灰色晶体。它像是金属，闪着紫色的光，可是如果我们把金属似的碘的晶体放在玻璃瓶里，那么很快就能看出瓶的上部有紫色的蒸气：碘不经过液态，很容易升华。

这就是你们亲眼看得到的第一个矛盾，而跟着还有第二个矛盾呢。碘的蒸气是暗紫色的，可是碘本身却是金属形状的灰色晶体。而碘的盐类一般又是无色的，看着和普通的食盐一样；只有少数几种碘的盐类稍带黄色。

碘还有另外一个谜。碘是特别稀有的元素：据苏联地球化学家估计，碘在地壳里的含量才占地壳重量的千万分之一二；可是地球上没有一处没有它。我们甚至还可以明白地说：如果用最精密的方法来分析的话，那么我们周围的世界里，绝没有哪个地方最后不能发现一些碘原子的。

一切东西都含碘；不论坚硬的土块和岩石，甚至最纯净的透明的水晶或是冰洲石，都含有相当多的碘原子。海水里含有大量的碘，土壤和流水里含得也不少，动植物和人体里含得更多。我们从空气里吸取碘，空气是饱含着碘的蒸气的；我们又通过饮食把碘摄入身体里。我们没有碘就不能活。于是问题也就很清楚了：为什么到处都有碘，这么大量的碘是从哪里来的，它最初的来源是什么；这种稀有元素是从地下多深的地方跑出来和我们接触的呢？

可是连最精密的分析和观察都没有发现它的神秘的来源，因为不论在火成岩的深处，还是在流动着的熔化的岩浆里，我们都没有见到过一种碘的矿物。地球化学家这样描述地球上碘的来源：远在地质史前的时代，当地球刚包上一层坚硬外壳的时候，各种挥发性物质的蒸气形成浓密的云层，包围着当时灼热的地球。这时候碘就和氯一起从地下深处熔化的岩浆里分离出来，而从热的水蒸气最初凝结下来的水流就把这些碘和氯抓了过去，最初的海洋就是这样从地球的大气里得到碘而把它储存起来的。

碘的来源究竟是不是这样，现在我们还不敢肯定，而且连碘在地球表面上的分布状况还完全是一个谜。碘在北极地区和高山上比较少，在低洼的地方和靠近海岸的岩石里比较多，在沙漠地方还要多些，而在南非洲的大沙漠和南美洲的阿塔卡玛沙漠所产的各种盐里，我们更能发现含碘的真正矿物。

碘还能溶解在空气里；根据精密的分析，知道碘在空气里的分布是有严格一定的规律的：它的含量是随着高度而变的。碘在莫斯科、喀山的高度上，比在帕米尔和阿尔泰4000米以上的高山上不知要多出多少倍。

同时，我们不但知道地球上有碘。我们在那从渺茫的宇宙空间落到

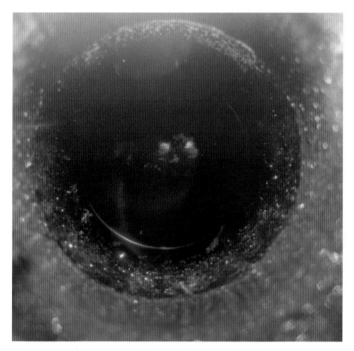

烧杯中的碘加热后升华，形成了碘蒸气

地球上来的陨石里也发现了它。科学家早就应用新的方法来研究太阳和星体的大气里的碘，可是目前还没有成功。

海水里碘的含量实在不少：每一升海水含碘 2 毫克，这已经是相当可观的了。海水在靠岸的地方，在三角港里，在靠海的湖泊里渐渐浓缩起来，于是就在那里积存下盐，铺在平坦的岸上像一层白色的毯子。黑海沿岸克里木地方和在中亚的许多湖泊里，都有这样堆积起来的盐，都已经经过苏联科学家详细的研究。然而那些盐里没有碘，碘不知道消失到哪里去了。的确，是有那么一部分碘还留在底里，留在淤泥里，可是大部分都已挥发跑到空气里去，只有一小部分保存在残余的盐水里面。凡是聚集着钾盐和溴盐的地方，几乎是找不到碘盐的。

但是有时候在盐湖和海的沿岸生长着许多植物，密密丛丛地长满了

碘的循环

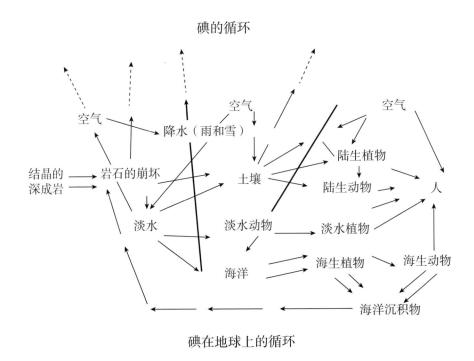

碘在地球上的循环

各种水藻，这些藻类覆盖在沿岸的石头上。由于某些莫名其妙的生物化学的作用，这些水藻体里却聚集着碘；每一吨水藻里含的这种奇异的元素碘有几千克。在一些海绵体里，碘的含量更多，多达 8% ~ 10%。

苏联的研究家对于太平洋沿岸研究得特别透彻。主要是在秋天，浪涛把 30 多万吨的海带打到沿岸广大的地面上来。这么多的褐色海藻含有几十万千克的碘。人们把这些海带捞起来以后，留一部分当作食物，而把另一部分小心地燃烧，从里面提出碘和钾碱来。

但是说到这里，碘在地壳里的历史还没有说完。含有石油的地下水里也含有碘。巴库附近有成湖的这种废水，苏联现在就从那种废水里提出碘来。

有些火山也会从它的谜似的地下深处喷出碘来。

在地质史上这个元素的命运既然是那么多种多样，所以要替这个自然界里永远漂泊不定的原子画出一幅完整而连续的生活图和流浪图，确实难得很。

而碘一旦落在人的手里，又产生了一个新的谜：我们用碘治伤、止血、杀菌、防止伤口感染，可是碘却又特别毒，碘的蒸气刺激黏膜。过多的碘滴或碘的晶体，都会把人毒死。然而最奇怪的是，要是缺少碘，对于人的健康更加有害。人体，也可能有许多动物，都一定要含有一定量的碘。我们知道，在缺乏碘的某些地方，人们会患一种特别的病，叫作甲状腺肿。高山地区的居民常患这种病。我们又知道，高加索中部和帕米尔一带高山的有些村落，这种病也流行得很厉害。这种病在阿尔卑斯山地也很著名。

近来美国科学家知道美国有些地区也在流行着甲状腺肿。如果画一张甲状腺肿流行地区的分布图，再画一张水里面含碘的百分率图，那么这两张图是彼此符合一致的。

人体对于碘特别敏感，空气里和水里一缺少碘，马上就影响到人的健康。甲状腺肿的治法是服用碘盐。

碘参加工业的活动也很有趣，碘在工业上的用途已经越来越普遍，越来越多种多样了。一方面，发现了碘和有机物的化合物，这种化合物能够形成不让 X 射线透过的装甲，把这种化合物注射到人体组织里，就能把组织内部特别清晰地照下相来。

我们知道，近年来还把碘用在完全另外一方面。赛璐珞里加了碘，就会有特别的价值，这里所用的是一种特别的碘盐，是针状的细小晶体。赛璐珞里掺进了这种晶体，就会阻止光波从各方面透过。这样就生成所谓偏振光。苏联许多年来造了一些特别的、非常贵重的偏振光显微镜，而现在由于出现了这种新的起偏振片，已经造出了非常优良的放大镜，完全可以代替显微镜用。这种放大镜在野外勘探的时候很有用。把两三片起偏振片配好来看东西，能把各种东西的色彩看得非常清楚；我曾经这样来看过太阳光照着的装饰用的壁毯或者电影的银幕，把两片起偏振片一转动，真是好看极了，太阳光谱的全部颜色都很快地在改变。如果把起偏振片装在汽车的玻璃窗上，你在夜里照明的大街上行驶，就不会被迎面开来的汽车灯光迷住眼睛，因为隔着起偏振片看不出光辉夺目的任何光，而只看见一辆汽车的前面有两个发光的小点罢了。

飞机飞在黑暗的城市上空，用降落伞投下含镁的照明弹，靠着照明弹的光，就能从飞机上用起偏振片来看清楚地面上的一切动作。

你们看，这个元素的用途是多么多种多样，而且多么广泛，关于它的命运、它的旅行的路线，又有多少摸不着头脑的问题和矛盾。还需要深入研究，才能弄清楚它的全部性质，才能了解这个在我们周围世界里到处都有、无孔不入的元素的本性。

这个元素的发现史也很有趣。它是在 1811 年由一位法国药剂师库图瓦在植物灰里发现的，库图瓦本来开着一个小工厂，用植物灰制造硝酸钾。这个元素的发现并没有引起当时科学界什么特别的注意，直到 100 年以后，这个发现才得到应有的评价。

2.11 氟——腐蚀一切的元素

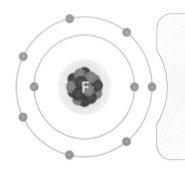

氟 F

元素类别：卤素
族·周期·区：17·2·p
原子序数：9
电子排布：2,7

在我计划编写这本书的时候，我决定要有一章专讲氟和它的奇妙的性质；可是临到该写这一章的时候，我却又不得不停下笔来。我从来没有研究过氟和它的化合物，对于美丽的氟和矿物以及它在工业上的用途，也从来没有发生过兴趣，所以编写这一章也就困难了。

我只得去翻看我自己过去写的短文：我在谈论地球上各种化学元素的短文当中，找到了不少材料，这一章就是根据这些材料编写的。

达尔文在自传里说过科学家应该怎样工作。他说，科学家不必把一切都记住，每一项有趣的观察以及在书上遇见的每一件珍奇的知识，都应该分别记在小纸片上，至于每一本涉及他所研究的问题的书，都应该在摘录以后分别放到书架上去。

达尔文反对科学家有一个包罗万象的大书库。他给自己提出在最近几年里要解决的许多问题，并且一心一意地去求得解答。他为了每一个问题曾经几十次收集材料，每一个问题的材料占用了他的书柜的一格或两格。

查尔斯·罗伯特·达尔文。朱莉娅·玛格丽特·卡梅伦摄于 1868 年

过了几年，有时候要过十年，他才这样积累了有关每一个科学问题的大批事实材料。他把这些材料和书籍汇集起来，按照一定的顺序编写成他的著作里相当的章节，这些名著就是现代生物科学的基础。

按照这种方法来编写大部头的书籍和写作专题论文是非常方便的，我早在20年前就开始模仿达尔文的良好的先例，决定也那样给我自己的著作准备好材料和书籍。我和我的大书库分了手，把它交给科拉半岛的希比内研究站，我这里只剩下不多的书，都是和我在最近几年里要解决的问题有关系的。

这些问题里有一个大问题，就是写一部地球上全部化学元素的历史，把随便哪一种金属元素的原子在宇宙间的旅途里经历的复杂道路指示给地质学家、矿物学家和化学家，说明这种元素的性质以及它在地球上和落在人手里以后的动态。

于是，当我该写这一章氟的时候，我就在书夹子里找到五段关于"氟"的记载。现在就把它大致照原来的样子写出来给你们看。

第一段

我早就想去看看外贝加尔著名的矿床，有人从那里给我带来奇妙的黄玉的晶体，黄玉是一种美丽珍贵的氟矿石，也给我带来萤石的各种颜色的晶体以及不同色彩的晶簇，萤石是工业上需要的一种原料。

我们终于下了开往满洲里的火车。

有一辆马车停在车站上，马车顺着外贝加尔南部的草原跑去，美丽的鼠曲草像一条密织的白毯子铺在绝妙的大草原上。我们走上了向山顶逐渐高上去的斜坡，越往前走，我们面前展开的那幅图画也就越引人入胜。蓝色的、浅黄色的和浅蓝色的黄玉都是从这里的一个个花岗岩露头里开采出来的；我们看见伟晶花岗岩的空洞——"晶洞"——里有美丽的萤石八面体晶体，那是氟和金属钙的化合物。而特别使我们感到惊奇的，是在一个小山谷里有一个产量极其丰富的这种矿物的矿床。

这里没有由冷却了的花岗岩的灼热水溶液里沉淀出来的单个晶体，而都是大量聚集的、有各种各样色彩的萤石，有粉红色的，有紫色的，有白色的，它们在西伯利亚东部的阳光下闪烁发光。

矿工把这种贵重的矿石开采出来，经过西伯利亚全境，运到乌拉尔、莫斯科和圣彼得堡的冶金工厂去。我在这里仿佛看见了气体怎样从古代地下深处熔化的花岗岩里喷出来。当中的挥发性的氟化合物就聚集成了萤石。这种萤石的形成反映出大块花岗岩在地球深处缓慢冷却过程当中的一个阶段，那种花岗岩的周围就是它喷出的蒸气和气体。

说到这里我想起了这种萤石的历史上的另外一幅图画。我记得旧矿物学上讲过萤石的色调怎样幽美，说用它可以制造一种贵重的花瓶，叫作萤石瓶。

黄玉，产自巴基斯坦

我又想到，英国有整整一部门萤石加工工业，在博物馆里我们能看到精美的萤石制品。

最后我又想起莫斯科近郊的一件事来。

当我年轻的时候在莫斯科市第一国民大学担任矿物学讲师的时候，有一次我给学生提出这样一个课题：大家集体鉴定莫斯科市周围的矿物。那些矿物里就有一种引人注意的紫色石块。那石块是在140多年前（1810年），在莫斯科省韦列亚县的拉托夫山谷找到的，所以叫作拉托夫石。

这种矿物在石灰岩里生成一堆堆紫色的美丽矿层。在伏尔加河支流——奥苏加河和瓦祖泽河沿岸一带，有整片的这种矿物，是暗紫色的

与重晶石伴生的紫色萤石，主要成分为氟化钙，产自西班牙

立方晶体。我们热情地把这种紫石块拿来研究，原来它是纯净的氟化钙，也就是我现在讲的萤石。这种美丽的紫石块是那样多，它在石灰岩里生成的矿层又是那样整齐，所以很难说它是从灼热的熔化的花岗岩喷出的气体产生的，就像外贝加尔产的黄玉和西伯利亚东部产的萤石那样。

这种萤石的沉积层和莫斯科一带的基础——古代的花岗岩隔离着 2000 米以上，因此伏尔加河支流沿岸之所以会聚集起这种美丽的萤石，我们一定要找出另外的化学作用的因素。苏联青年依靠卡尔宾斯基（А. П. Карпинский）院士的帮助，弄清了这种岩石的来源，原来这里的拉托夫萤石和古代莫斯科海的海底沉积物有连带关系，这些萤石聚集的

亚历山大·彼特罗维奇·卡尔宾斯基院士（1847 ~ 1936）

时候是有生物参加作用的，有些海生的贝类，特别是石灰质的贝壳里，在它们的细胞里含有结晶的氟化钙。这里所描写的这一幅古代的图画清楚地指出，氟在自然界里移动的路线是多么特别，多么复杂。

第二段

这是出席丹麦首都哥本哈根国际地质学会议的一篇简短日记。

大会闭幕以后，我们访问了哥本哈根附近著名的冰晶石工厂。那些雪白的冰晶石和冰块一样，是从格陵兰沿岸冰天雪地的山顶上运来的。奇怪得很，这种石头的外观像冰，而它的唯一产地又刚好是格陵兰西岸的冰天雪地的北极地带，正是十分相合。当地大规模地把冰晶石开采出来，然后用船装送到哥本哈根。先把冰晶石送到专门的工厂去，从这种矿石里提出其他矿物，特别是铅、锌、铁的矿石，最后剩下的是和雪一样洁白的粉末，在炼铝的时候用作熔剂。

格陵兰的冰晶石矿。这种矿物是铝和钠的氟化物，在炼金属铝的时候要用到它

把这种白粉末当作宝贝似的装在特别的箱子里，送到化学工厂，让它在工厂里等待着新的命运：把它和铝的矿石一起放在电炉里熔化，炼出来的熔化的金属闪着银光，流进事先准备好的大槽。这种金属就是铝，现代制铝的一切方法都少不了冰晶石。

现在没有别的方法来炼铝，铝这种金属不论在和平工业和军事工业上都是必需的，现在全世界每年铝的产量差不多是200万吨。

巨大的发电装置让大河和瀑布的潜在的能量发出电来，然后用冰晶石来熔化氧化铝，制出纯粹的金属铝来。固然，现在用人造的氟化铝和氟化钠的复盐，而不用天然的冰晶石了。然而它还是冰晶石，只是不是天然的而是化学工厂里人造的罢了。

第三段

在塔吉克斯坦景色奇丽的湖畔矗立着一些险峻的峭壁，峭壁上发现了纯净透明的萤石片。这种萤石竟透明到这样的程度，可以用它来制造显微镜的镜头和一些精密的仪器。透明的萤石实在是太需要了，所以特别派了勘探队到这个湖边的悬崖上去[1]。我们读到这个勘探队的报告里讲到的在致密的石灰岩里开采透明白色的萤石所遇到的非凡的困难，真觉得十分感动。

经过长期的劳动以后，已经凿出了一条小路通向湖边悬崖上的萤石矿床。可是要把一块块贵重的矿石往下运，运到湖边的村子里去，却还要困难得多。采这种矿石的塔吉克人用双手一个人一个人地传递，把这种珍贵的石块运下来以后，用软草包好，装在箱里，再驮着运到撒马尔罕[2]。苏联光学仪器工厂就这样取得了异常洁净的萤石，所以能造出精确而纯净的透镜，造出全世界最好的光学仪器。

---

1. 塔吉克人把萤石叫作"白石头"。这个矿床是在1928年由一个叫作那札尔 – 阿利的小牧童发现的。
2. 光学上用的萤石是一种特别娇嫩的矿物：它不但会震碎和碰碎，就连温度激烈改变也会破碎。即使水的温度和空气的温度相差只有几度，如果把它从空气里放进水里，它也会产生裂纹，这就失去它在光学上的宝贵性质。

第四段

在捷克某疗养地休养的时候，我们受到了邀请去参观这个城市附近的一座玻璃工厂，这座工厂是按照最新的技术机械化起来的。我们看了制造大块镜玻璃的车间。它的规模之大真是惊人。巨大的窗玻璃片像整条的带子似的熔制出来。有的车间制造高级质地的精制玻璃，用稀土族的盐类和铀的盐类来染成各种颜色。最有趣的是雕刻美术画的车间。用

捷克莫泽玻璃公司生产波西米亚风格的玻璃花瓶，瓶身上的花纹以稀土元素染色的彩色玻璃制成。现存于伦敦维多利亚与阿尔伯特博物馆

最纯的玻璃制成花瓶，涂上一层薄薄的石蜡，富有经验的雕刻家用刀具在石蜡上画出复杂的图画。有的地方用小刀把石蜡层刮去，有的地方刻成细线，于是我们看到了一幅在森林里猎鹿的图画。然后照着这个模型复制。用特别的仪器描出图画的轮廓，这间大房子里放着的几十个涂好石蜡的花瓶上都画上了同样的画。所有花瓶都逐渐显出同样的轮廓，出现了森林和狗追鹿的图画。然后把这些花瓶放进特制的炉子，炉子用铅衬里，把有毒的氟化物的蒸气通进炉里。氢氟酸就侵蚀了玻璃上没有涂蜡的地方，有的地方侵蚀得深些，有的地方浅些，受侵蚀的表面成了毛玻璃。再把花瓶放在热酒精里，有时候放在水里，或者就单单加热，把石蜡熔掉；这样，由于氟的蒸气的侵蚀，就出现了很细致很好看的图画。最后只要用特别的快速旋转的刻刀把画面上有的地方修理一下，有的地方刻深一点，大功就告成了。

第五段

最后，在我关于氟和它的矿物的记载当中，我找到了大学化学讲义里的一段摘录。

"氟是气态元素，有难闻的麻醉臭味，化学性质特别活泼。它几乎能和一切元素化合，同时发生爆炸或产生大量的热，它甚至能和金化合。怪不得制取它特别困难。虽然舍勒在 1771 年就发现了氟，但是纯态的氟是 1886 年才制得的。"

自然界只有氢氟酸的盐类是大家熟悉的，主要是氟化钙，那是一种色彩美丽的矿物，叫作萤石，它很容易使金属矿石熔化。

但是氟在自然界里还广泛地分布在另外一些化合物里面，例如磷灰石里含的氟就达 3%。

在地球化学史上，氟是由熔化的花岗岩里喷出的挥发性的物质生成的，但是也有少量的氟是海洋的沉积物，是由有机物聚集成的氟化物。

亨利·莫瓦桑（Henri Moissan, 1852～1907），法国无机化学家，因于1886年首次通过电解法制备单质氟而获得1906年诺贝尔化学奖。图为莫瓦桑正在实验室制造钻石

　　块状的萤石可以制造光学玻璃，光学玻璃和普通玻璃不同，能透过紫外线；有美丽色彩的萤石可以做装饰品。

　　但是萤石的主要用途是使金属的矿物容易熔化，同时也用它来制取氢氟酸，氢氟酸有特别强的溶解能力，能够侵蚀玻璃，甚至侵蚀水晶。

　　冰晶石是氟化钠和氟化铝的复盐，用电解法制铝就要用冰晶石。氟在植物和别的生物的生活上起的作用很大，氟是生命必需的物质，但是氟的含量过多也很有害，会引起许多种疾病。

　　海水所含的氟非常重要，海水里的氟有一部分是由生物的作用（贝壳、骨骼、牙齿）聚集起来的，另一部分却含在复杂的碳酸盐特别是磷酸盐（纤核磷灰石）里。每一升海水里含氟一毫克。牡蛎壳里含的氟是海水里含的 20 倍。

近年来，科学家根据门捷列夫的周期表分析了氟化物的性质，发现了氟的新奇的用途，就是：可以用它制造一种特别的物质，叫作四氟化碳，四氟化碳没有毒，和空气混合也不爆炸，性质稳定，从固体变成气体的时候能吸收大量的热。正因为这样，所以可以用在特别的冷藏库里。现在可以只用四氟化碳造成很大的冷藏装置，来贮藏各种食品。

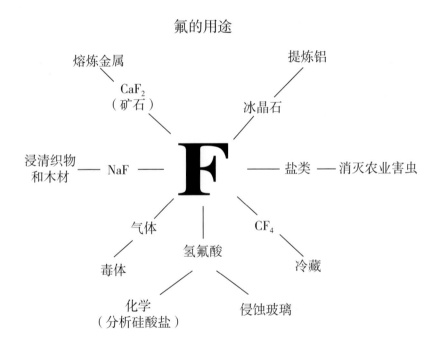

氟的用途

结语

这就是我在书夹子里找到的五段记载的内容，用我自己的话说了一遍。这一章仿佛已经把自然界里这个奇妙的元素差不多全讲完了，其实这个元素的前途比这里说的要广大得多。将来许多最复杂的气体都会和氟有关系。再也没有比氟的化合物更可怕的毒物了，同时也再没有比氟的化合物更好的防腐剂了，它能够保持低温，甚至可以达到 -100℃，这样我们就能够在小柜子里保存食品，而且费不了多少钱。

氟这个元素还研究得极不透彻。它的复杂的化合物有很特别的性质，关于这方面还有许多可以研究的，至于将来它在国民经济上的用途广泛到什么程度，以及将来它在工业上的命运如何，这些我们现在就很难说了。

2.12 铝——20 世纪的金属

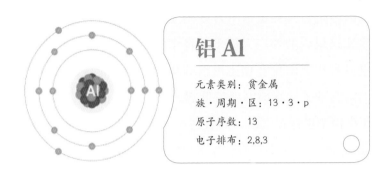

铝 Al

元素类别：贫金属

族·周期·区：13·3·p

原子序数：13

电子排布：2,8,3

铝是最有趣的化学元素之一。它之所以有趣，不只是因为它在短短几十年里，飞快地在我们的日常生活上、在技术上、在国民经济的一些最重要部门里起了非常重大的作用，不只是因为这种轻金属跟镁在一起可以用来制造强大的飞机。而更有趣的是在于它的性质，特别是在于它在地球化学上所起的作用。铝这种金属，虽然文明的人类直到不久以前才认识它，然而它却是最重要而又分布最广的化学元素之一。

我们大家都很清楚，在不同的时期里由于岩块的风化和破坏而生成的黏土和沙的下面，有一层包着整个地球的岩石地层，也就是一般常说的地壳。

这层岩石非常厚，它的厚度不会比几百千米小，而根据最近的推测，可能还比这个要厚得多。从这一层再深下去，就逐渐转到另一个地层，那就是含铁和其他金属的矿层，再下去，到最后就是地球中心，那儿显然是一个铁核。

包着地球外表的岩石在地面上生成巨大的凸出部分，就是大陆或洲。在这些凸出的大陆上又隆起更凸出的褶皱，就是长条的山脉。

　　构成大陆和山脉的基础的这层地壳，是由铝硅酸盐和硅酸盐构成的。顾名思义，就能知道铝硅酸盐的成分是硅、铝和氧。这就是为什么这层地壳常叫作"硅铝层"。

　　硅铝层的主要成分是花岗岩，按重量来说，含氧大约 50%，硅 25%，铝 10%。可见，铝在地球上的分布量，在全部化学元素里占第三位，在全部金属元素里占第一位。铝在地球上比铁还多。

　　铝、硅和氧是构成地壳的最重要的元素，这三种元素在这层岩石里生成了多种多样的矿物。这些矿物里的原子都排列得很有规则：一个四面体，或是一个硅原子在中央，或是一个铝原子在中央，四个氧原子规规矩矩地分布在四个角上。

　　可见，除了硅氧四面体以外还有铝氧四面体。而且铝在这些四面体里起着双重的作用：或者像别的金属似的，分布在各个硅氧四面体的当中来把这些四面体连接起来；或者在有几个四面体里就占着硅的位置。

　　下面就是硅和铝的四面体互相配搭的图形，配搭的结果生成了含在地壳里的多种多样的重要矿物，这些矿物总称铝硅酸盐。

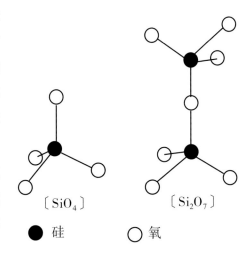

〔SiO_4〕　　　　　　〔Si_2O_7〕

● 硅　　　　○ 氧

乍一看，铝、硅和氧的原子排列成的这个复杂的图形像是精细的花边，或者毯子的花纹。一定要用 X 射线才能确定出来这些图形，X 射线仿佛给矿物的内部结构照了相。

　　请回想一下，我们小的时候觉得石头多么单调乏味，可是现在我们

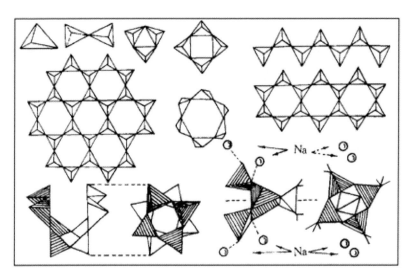

硅氧四面体的不同配搭方法：单个的四面体，两个连成沙漏状的、环状的、链状的、带状的四面体，由六环齿轮状四面体连成的平网。下排是长石和钠沸石（属于沸石群的矿物）的骨架结构的投影

钻进石头的深处去看看它的结构，这幅图画又是多么繁复。

有些铝硅酸盐分布得非常广。这只要提一下长石这类矿物就够了，地壳里有一半以上就是长石。花岗岩、片麻岩和另一些岩石里都有长石，这些岩石像石头造的甲胄似的披在整个地球的外面，还在地面上隆起成高大的山脉。

由于长石在几千年里不断地进行风化，结果地面上堆积了大量的黏土，黏土含铝 15% ～ 20%。地面上没有一处没有黏土，而铝又是在黏土里发现的，所以有过一个时期甚至把铝叫作"黏土素"。的确，用这个名称来称呼铝很不习惯，所以后来把这个名称改变了一下——把氧化铝叫作矾土。

黏土的成分非常复杂，从它里面提出铝来相当困难，幸而自然界里含铝的物质不止黏土一种。矾土里就有大量的铝，矾土是铝和氧生成的天然化合物。这种化合物在自然界里有多种多样的状态。

自然界里有一种无水的氧化铝（Al_2O_3），这种矿物叫作刚玉，它非常坚硬，有时候还非常漂亮。各种矾土的透明度都不相同，这是因为它们除了含铝和氧以外还混有极微量的染色物质——铬、铁、钛，这类有色的矾土都是头等漂亮的宝石。同样是矾土，里面掺上了微不足道的一点杂质，就能使矾土的颜色变得丰富多彩。这些就是闪着鲜艳色调的红宝石和蓝宝石，人们自古以来就迷恋着这两种宝石。关于这些宝石还产生了多少神话啊！古代人已经会使用不太纯净的、不透明的、褐色的、灰色的、浅蓝色的和浅红色的刚玉晶体，按硬度来说，刚玉只比金刚石低一些。

　　利用刚玉可以加工各种坚硬的材料，包括制造刀具、武器、机床和机器用的各种闪亮的钢。

　　刚玉的小晶体里混入了磁铁矿和其他矿物，就生成大家都很熟悉的"金刚砂"；读者们，我想你们都不止一次地用金刚砂去磨过铅笔刀吧！

　　当然，从刚玉里提取金属铝也很方便，但是刚玉本身的价值太高，在自然界的产量又很少。

　　从远古时代起，早在人类刚开始有文化的那个时候，从石器时代一直到现在，人们始终在普遍地使用花岗石、玄武石、斑石、黏土以及由铝硅酸盐生成的其他岩石，利用它们来兴建整座城市、建筑房子、制造艺术品和器皿、烧制陶瓷器。

　　但是几千年来，人从来没有想到过铝这种金属的一些宝贵而奇异的性质，从来

红宝石，刚玉的一种，呈红色是因为其中含有微量的铬元素（Cr）。照片中的标本产自越南

没有想到过藏在这些石头里的这种金属。

铝在自然界里从来没有一个地方生成金属状态的，它总是和其他元素生成多种化合物，这些化合物在性质上和外表上跟金属铝完全不同。

天才的人们进行了顽强的劳动，才得到了这种奇异的金属，才使这种金属有了生气。

最初是在 125 年前左右，有人提炼出来了少量的有银色光泽的金属铝。当时谁也没有想到，它在人类生活上会起什么作用，何况它的制法又非常困难。可是到了 19 世纪初，许多科学家都用电解法制铝成功，他们在高温下电解熔化的铝的化合物，结果铝就在阴极上析出来，被掩在一层渣滓下面。这样提炼出来的铝是纯净的银色金属，所以当时叫它"黏土里提出来的银"。

后来工厂也用了这种制铝的方法，于是铝的用途就飞快地扩大起来。铝的颜色跟银的一样，但是铝的性质实在是奇怪得很。

现在已经不是从黏土里来提取纯净的氧化铝。自然界为我们提供了一种合用的铝矿石，是含水的氧化铝（矾土的水化物），它生成了一水硬铝石和三水铝石这两种矿物。这两种矿物常常跟铁的氧化物和二氧化硅混在一起，并且生成黏土状的或石头似的矿层——铝土矿，这种矿主要含在沿海的沉积物里。

铝土矿含有极多量的氧化铝（50% ～ 70%），是工业上制铝用的主要的矿石。苏联化学家研究并且掌握了一种新方法来把希比内山所产的矿物——霞石（$Na_2Al_2Si_2O_8$）变成氧化铝。蓝晶石页岩含有 50% ～ 60% 的氧化铝，白榴石和钠明矾石也都含氧化铝，现在科学家正在试着从这些矿物里提出氧化铝来。但是到目前为止，除了霞石以外，这些矿物还没有一种能代替铝土矿的。

金属铝的提炼要经过两步独立的过程。第一步是先把铝土矿进行相当复杂的处理，从里面提取出来纯净的无水氧化铝——矾土。第二步是

铝土矿标本，其中含有 50%～60% 的矾土，产自山东淄博

霞石，产自俄罗斯

把氧化铝放在特制的电解槽里进行电解，这种电解槽里放着石墨板。

把矾土粉末跟冰晶石粉末混合好以后就放在电解槽里。一通入很强的电流，槽里就产生高温（大约 1000℃）；冰晶石就熔化，矾土也就溶解在冰晶石里面，接着，矾土受到电流的作用就分解成铝和氧。通电的时候，槽的底部就是阴极，熔化的铝就在阴极上面聚集起来。槽底有一个特制的可以开关的出口，可以让铝流出去流到模型里去，液态的铝在模型里就凝固成银色光泽的铝块。

在 100 年前要制取这种白色的轻金属是一件非常困难的事情，所以那时候一磅铝值 40 个金卢布。现在由于利用巨大的水力来发电，铝也就可以大量地制取了。

铝的一些性质谁都知道得很清楚。它是一种非常轻的金属，重量几乎只有铁的 1/3。铝的延展性极大，而且相当结实：可以抽成丝，又可以压成极薄的片。铝的化学性质也很奇特。一方面，它仿佛不怕氧化；这一点我们看了锅、罐等铝制的器皿就能知道。但是另一方面，铝跟氧的亲合性又非常大。这种像是自相矛盾的性质，俄国伟大的化学家门捷列夫早就指出过。问题是在于，银色光泽的铝刚一提炼出来，就立刻在空气里蒙上一层没有光泽的氧化铝的薄膜，这层薄膜能防止铝继续受到氧化。并不是每一种金属都有这种自卫能力的。例如谁都知道，铁的氧化物铁锈，就丝毫不能防止铁受到进一步的破坏：因为这层氧化物太松脆，很容易让空气和水透过去。反过来，包着铝的这层氧化物薄膜却非常致密有弹性，是铝的可靠的保护层。

铝一受热就跟氧气激烈化合而变成氧化铝，同时放出大量的热。在技术上就利用铝的此种性质来从其他金属的氧化物里提炼金属，方法就是把金属铝的粉末和那种金属氧化物混在一起。这种方法叫作铝热法，金属铝在这种作用过程当中从其他金属的氧化物里夺取氧而使这些金属还原出来。

例如，假定你把氧化铁的粉末跟铝粉混在一起，再用镁条来点燃这种混合物，你就会亲眼看见氧化铁和铝发生激烈反应，产生大量的热，这时候的温度会高达3000℃。在这样的高温下铝还原出来的铁就熔成液态，而生成的氧化铝就像渣滓似的漂在铁的表面上。人们就利用铝的这种活泼的性质来制取某一些难熔的而在技术上很有价值的金属。

钛、钒、铬、锰和另一些金属就是用这种方法来提炼的。由于在使用铝热法的过程当中温度升得很高，所以氧化铁和铝的混合物——所谓铝热剂——就可以用来焊接钢铁。你们大概都见过怎样焊接电车的铁轨吧。铝热剂一燃烧，熔化了的铁就流到两段铁轨接头的地方，而把它们焊接在一起。

像铝这样在很短的时期里面就很快地飞黄腾达起来的元素，实在不多！

铝很快地走进了汽车工业、机器制造业和其他工业部门，在许多地方代替了钢铁的用途。军舰制造业由于用铝而发生了一个很大的变革，譬如用铝就可以制造"袖珍战舰"（这种战舰只有轻巡洋舰那样大，但是有大型战舰的威力）。

人已经学会了从天然产的矿物里大规模地提取这种"银"的方法。"黏土里提出来的银"使人能够彻底征服天空。

制造坚固的飞艇、机身、机翼或者全金属飞机，铝或者含铝的轻合金是最合用不过了。

铝在这门新的工业里得到了非常广泛的使用，我们眼看着这门工业在飞快地成长起来。

我们看看天空里的飞机就会想起来，不算发动机，飞机的重量有69%是铝和铝的合金，就连飞机的发动机里，铝和镁这两种极轻的金属也占到25%。

铝在重工业上的需求量非常大，有些火车车皮几乎完全用铝来制

俄罗斯伊尔库茨克州谢列霍夫铝厂生产的铝线

造，铝在机器制造业特别是航空工业上用得非常多，同时为了制造铝丝和电气工业上的零件，每年也要使用几十万吨的铝。

但是所有这些还不能完全说明这种金属的用途。

铝的用途我们还可以说出几种：探照灯上的反射镜，炮弹和机关枪子弹带上重要的零件，照明弹、燃烧弹里所用的铝粉和氧化铁的混合物。我们还可以想想人造结晶矾土（电刚玉，刚铝石）的巨大意义，现代这种物质就是用上面说过的那种铝土矿来制造的，它们用作研磨料，主要是用在金属加工上。

纯净的氧化铝掺上一点染色物质以后让它结晶，我们就得到非常漂亮的红宝石和蓝宝石，这种人造的宝石无论在硬度上和美观上都不在天然产的以下。这种宝石不怕磨损，所以它们的主要用途是在精密仪器里用作支承重要部分的"钻"，例如用在钟表、天平、电表、电流计等仪器里面。

我们把很细的铝粉涂在铁的表面上，就能得到一种特别的不会生锈的铝铁片。细的铝粉还可以用来制造好看的石印油墨。在不久以前，木版画这种民间艺术的作家还很重视铝粉。木版画上涂了油，然后用柔软的蛹似的东西把铝粉撒在板面上。这样，板面上就形成了华丽的、有银色光泽的底子，然后艺术家可以在这个底子上画出花花绿绿的复杂花纹来。

为什么我们说铝是 20 世纪的金属呢？

因为铝有优异的性质，它的用途在逐年加大，它的储藏量又是无穷尽的，所以我们有十足的理由认为，现在人类使用铝的情形正像过去人类使用铁的情形一样。

2.13 铍——未来的金属

铍 Be

元素类别：碱土金属

族·周期·区：2·2·s

原子序数：4

电子排布：2,2

历史学家说，罗马皇帝尼禄喜欢隔着一大块绿色的祖母绿晶体来看角斗士们在圆场里角斗。

尼禄下令放火焚烧罗马，火起的时候，他隔着祖母绿看着腾空的烈焰，看见火焰的红色跟祖母绿的绿色打成了一片，像许多凶恶的黑舌头，竟觉得十分高兴。

古希腊和古罗马的艺术家还不知道有金刚石的时候，如果他们想在石头上雕刻一个人面的像来做永久纪念，并表示自己对这个人的尊敬，他们就会从非洲的努比亚沙漠带来纯净的祖母绿。

印度人从古以来对于金黄色的金绿宝石跟祖母绿同样看重，这种金绿宝石产在印度洋斯里兰卡岛的沙地里，他们也同样看重浅黄绿色的、蛇色的绿柱石，以及浅蓝绿色的、海水的颜色那样的海蓝宝石。后来发现了一种非常稀罕的矿物，叫作蓝柱石，珠宝商叫它娇柔的"蓝水"，还发现了火红色的硅铍石，这种宝石在阳光下几分钟就会褪色。

所有这些宝石由于它们的色彩美丽、光辉夺目、色调纯净，所以早

祖母绿，绿柱石的一种，产自哥伦比亚

就引起了人们的注意；好多化学家想研究清楚它们的化学成分，但是谁也没有得到什么新的发现，反而错认为这些宝石都是普通矾土的化合物。

2000 年前，埃及女王克利奥帕特拉就叫人在干旱的努比亚沙漠弯曲难走的地道里、在这些有名的矿坑里挖掘绿柱石和祖母绿。

骆驼商队把从地下深处开采出来的绿石头运到红海岸边，再从海路运走，于是这些宝石就落到印度王公、伊朗皇帝以及土耳其帝国统治者的宫殿里去了。

美洲被发现以后，欧洲人发现南美洲产的暗绿色的祖母绿颗粒大，色调美丽，在 16 世纪便把它运到了欧洲。

秘鲁和哥伦比亚大量出产绿柱石，印第安人把这些宝石开采出来运到祭坛去供奉女神，他们用一颗像鸵鸟蛋那样大的绿柱石晶体来代表女神的圣像，但是，西班牙人跟印第安人进行了残酷的斗争以后，就把所有这些财富都抢去了。

西班牙人又劫掠了哥伦比亚当地居民的寺院。但是当地的宝石矿床

硅铍石，产自缅甸

蓝柱石，产自津巴布韦。照片中的标本于 1960 年出产，色泽饱满均匀。原为康乃馨
财团继承人玛丽安·斯图尔特的著名藏品

是在哥伦比亚难以到达的山地里面，所以外来的侵略者在一个很长的时期里始终没有找到，后来又经过了一段长期的斗争，西班牙人才找到宝石的矿坑，才把这些矿坑抢到手里。

到 18 世纪末，所有这些矿坑里的宝石都开采完了。

就在 18 世纪，火热的巴西沙地开始开采颜色动人的海蓝宝石。顾名思义，这种宝石是有"海水的颜色"的，它真是名不虚传，因为它的颜色千变万化，正像苏联南部海水的颜色那样雄伟壮丽、气象万千；谁要是在黑海沿岸住过或者看见过画家艾瓦佐夫斯基的著名的油画，他就会十分清楚这种景色。

1831 年，乌拉尔的一个农民马克辛·科热夫尼科夫有一天在树林里收集枯树，他掘起了一棵树的树根，结果在树根下面的地里发现了俄国的第一颗祖母绿。

世界上各处祖母绿的矿坑都开采了 100 多年。浅色的绿柱石都整车地从地里运出去，但是只有鲜蓝色的才拿来琢磨，剩下的都扔掉不要。

……这就是这种绿色宝石过去的历史，人们在公元前几百年已经讲到了它。

这就是一种未来的金属的历史的开端，这种金属叫作铍。

在 1798 年以前，谁也想不到这些美丽鲜艳的宝石里含有一种未知的有价值的金属。

在法国革命历"六年雨月 [1]26 日"（就是 1798 年 2 月 15 日），法国科学院举行了盛大的会议，法国化学家沃克兰发表了惊人的消息，他说，一向被认为是矾土的许多矿物，实际上里面含有一种以前没有发现的新元素，他给这种元素起的名字叫"鋊"，这个名字的希腊文意思是"甜味"，因为他尝过，这种元素的盐类是甜的。

1.法国革命历的雨月是从 1 月 20 ～ 22 日到 2 月 18 ～ 20 日。——译者注

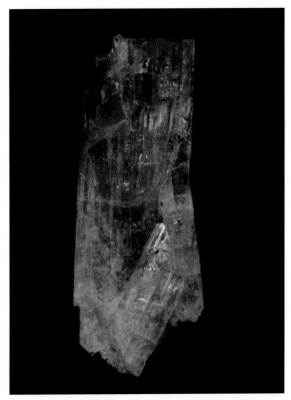

海蓝宝石，产自纳米比亚

这个消息很快就传到了其他化学家的耳朵里，他们做了许多次的分析，终于证实了沃克兰的话，但是这种新的金属在矿物里的含量不多，通常一种矿物里只含有 4% ～ 5%。化学家又详细地研究了铍在地壳里的分布量，这才明白它是一种非常稀有的金属。它在地壳里的含量不超过0.0004%，不过还比铅或钴多一倍，如果和它的伙伴——经常纠缠在一起的金属铝相比，它只是铝的二万分之一。

可是我们的化学家和冶金学家已经掌握了这种金属；最近 15 年来，我们的面前展开了一幅崭新的图画；现在我们把铍叫作未来的最伟大的金属，这决不是没有道理的。

实际上，这种银白色金属的比重比轻得出名的铝还小一半。铍的比重只等于水的 1.85 倍，而你知道，铁的比重是水的 8 倍，铂的比重是水的 21 倍。

铍和铜、镁可以制成很好的合金，而且也非常轻。

固然，铍的广泛用途还不知道，有些国家还把铍的用途当作军事秘密，可是现在我们已经知道得很清楚，铍的合金在各国飞机制造业上的用途已经越来越大，在制造优良的汽车发动机的火花塞的时候，要在瓷里添进去一点绿柱石的粉末，金属铍的薄片很容易透过 X 射线，而铍的合金特别轻，特别坚固。还有，含铍的青铜制成的发条是特别合用的。

实际上，铍是最奇异的元素之一，它在理论上和实际上的意义都是非常巨大的。

苏联有可能而且一定要向掌握这种金属的道路上前进。

含有红碧玺的伟晶岩，产自巴西

我们已经懂得寻找铍的方法，我们知道，铍含在花岗岩块里面，聚集在熔化的花岗岩所含的最后一部分气态物质里面，跟其他挥发性气体和稀有金属一起聚集在地下深处最后凝固的那部分花岗岩里面。

这部分花岗岩就是我们所说的伟晶花岗岩，铍在这里的矿脉里生成了非常漂亮的、闪烁发亮的宝石。

我们发现铍还和其他矿石聚在一起；我们已经知道到哪里去寻找铍，因为我们已经明白了这种轻金属的动态，已经认清了它的全部特征和性质。

铍矿的勘探工作正在开展，勘探的规模一年比一年大。

铍在地壳里移动的路线还提醒了我们它在工业上的用途。技术家正在研究从矿石里提炼出铍的方法，冶金学家正在研究怎样用铍来制造超轻合金，以便把这种合金应用在飞机制造业上。

为了征服天空，为了使飞机和飞艇飞行得很成功，就非有轻金属不可；所以我们今天就能预言，将来铍一定会来帮助铝和镁这两种现代航空业上所用的金属。

一到那个时候，我们的飞机就可以达到每小时飞行好几千千米的速度了。

为争取铍的这个前途而努力！

地球化学家们，你们要寻找新的铍矿。

化学家们，你们要学会怎样把这种轻的金属跟它的伙伴铝分离开来。

技术家们，你们要炼出最轻的合金来，这种合金放在水里不会沉，像钢那样硬，像橡皮那样有弹性，像铂那样结实，像宝石那样永恒不变……

这几句话在今天听着也许觉得是神话。但是，我们已经亲眼看到有多少神话变成了事实，变成了我们的"家常便饭"啊！不要忘记，我们的无线电和有声电影在 20 年前的人们看来也是幻想里的神话啊！

2.14 钒——汽车的基础

钒 V

元素类别：过渡金属
族·周期·区：5·4·d
原子序数：23
电子排布：2,8,11,2

　　福特说道："假如没有钒，也就没有汽车。"福特就是因为用钒钢制造汽车轴成功才走运的。

　　萨莫伊洛夫（Я. В. Самойлов）说："没有钒的话，还有几种动物都生存不了。"——萨莫伊洛夫是莫斯科著名的矿物学家，他发现有些海参类动物的血里含钒达到10%。

　　有些地球化学家认为，"如果没有钒，也就不会有石油"。地球化学家认为钒对于石油的生成起了特别的作用。

　　这种奇异的金属在很长时期里没有人知道，为了制取它还争吵过好几十年。

　　"很古很古的时候，遥远的北方有一位女神，叫作凡娜迪丝，她非常漂亮，谁都爱她。有一天不知道谁来敲她的门。女神正很舒适地坐在安乐椅上，她想：'让他再敲一回吧。'可是门不再敲了，那个人离开她门口走了。女神觉得很有意思，她想：'这个客人到底是谁呀？这样有礼貌，可又这样犹疑不决。'她打开小窗，往街上看了一眼。原来是一个叫作沃勒的人，他匆忙地离开她的门口走开了。

"过了几天，她又听见有人敲门，可是这次敲得很紧，一直敲到她起来开门为止。一看是一个美男子站在她的面前，是塞弗斯特姆。他们两人很快就发生恋爱，生了一个儿子，叫作凡娜吉——这就是钒，是瑞典物理学家兼化学家塞弗斯特姆在 1831 年发现的一种新金属。"

瑞典化学家贝采利乌斯在某次写信的时候，一开头就这样叙述钒和发现钒的经过。可是贝采利乌斯忘记说了，早有一个卓越的人物敲过女神凡娜迪丝的门，那就是安德烈·曼纽尔·德·里奥。他是旧时西班牙最杰出的人物之一，他热烈保卫墨西哥的自由，是为墨西哥的前途而斗争的战士，又是出色的化学家和矿物学家，是矿山工程师和矿坑测量师，他融会了当时先进科学家的光辉理论。还在 1801 年，他研究墨西哥的褐色铅矿石，就发现铅矿石里似乎含有一种新的金属。因为这种金属的化合物颜色很多，所以他把它叫作颜色齐全的金属，后来又改叫作红色的金属。

但是德·里奥没能证实他自己的发现。他把标本送给几个化学家去研究，他们都错认为含在矿物里的是铬，化学家沃勒也犯了同样的错误，所以他没有把握来敲开女神凡娜迪丝的大门。

大家在长时期里始终怀疑，多少人想证明这种金属的独立存在，可是都失败了，这个问题直到落在年轻的瑞典化学家塞弗斯特姆的手里才得到解决。那时候瑞典各地正在建造鼓风炉。当时看到一种奇怪的情形，有些矿山的矿石熔出的铁很脆，而另一些矿山的矿石却熔出质地优良而柔韧的铁。这位年轻的化学家检查了这些矿石的化学成分，很快就从瑞典塔贝尔山的磁铁矿里提取出一种特别的黑色粉末。

他在贝采利乌斯的指导下继续研究，证明了那种矿石里含有新元

素，就是德·里奥所说的那种元素——含在墨西哥产的褐色铅矿石里的
那种金属。

塞弗斯特姆成功以后，沃勒怎么办呢？他在给这个年轻的瑞典化学
家的信里写道："我真是糊涂透顶，睁眼看着褐色铅矿石里的新元素，却
让它跑了；贝采利乌斯说得对，他看我那样懦弱，没能坚决地敲开女神
凡娜迪丝的大门，他哪能不嘲笑和挖苦我两句呢。"

现在这个出奇的钒成了工业上最重要的金属之一。可是它在真正被
人们掌握之前已经过了多少年啊！要知道，起初每千克钒值 5 万金卢
布，而现在只值 10 卢布。1907 年一共才提炼出 3 吨钒，因为谁也用不着
它，可是今天世界上有多少国家在拼命抢夺钒矿！钒的性质多么优异，

各国多么需要它啊！ 1910 年开出的钒就已经有 150 吨，那时候南美洲又发现了钒矿，1926 年开采的钒达到 2000 吨；现在每年的开采量在 5000吨以上。

钒是制造汽车、铁甲、能打穿 40 厘米厚的优质钢板的穿甲炮弹等极重要的金属；钒是制造钢质飞机的金属，某些精巧的化学工业、制造硫酸、制造多种鲜艳的染料，也要用到这种金属。

钒的主要的优点是什么呢？它掺在钢里，能增加钢的弹性，减少钢的脆性，使钢受到碰击和振动不至于再结晶；汽车和发动机不正需要这样性质的轴吗？因为轴总是在不断振动的。

而钒的盐类也有突出的优点，在颜色方面有绿的、红的、黑的、黄的，有像青铜似的金黄色的，有像墨水似的黑色的。可以用它的盐类制造颜色鲜艳的整套颜料，这种颜料可以用来给瓷器上色，可以用在照相纸上，也可以用来制造特别的墨水。钒盐也能用来治病……

我们不打算把这种金属的出色的用途全部罗列出来；可是有一点应该提一提。钒是制造硫酸的帮手，而硫酸是全部化学工业的神经。制造硫酸的时候，钒非常"狡猾"：它只促进化学反应，正像化学家所说的起催化作用，它本身还是那个老样子，不参加反应。的确，有些物质会使钒中毒，破坏它的催化作用，但是这也有补救的办法。此外，金属钒以及钒的一些盐类，在制造某些极复杂的有机化合物的时候非有它们存在不可，它们在这里起的作用很神秘。

可是钒既然是那样奇妙的金属，为什么我们关于它知道得那样少呢？为什么你们许多人竟从来没有听说过它呢？它在全世界上每年的总共开采量确实是少得很，大约是 5000 吨。要知道，这个数目是铁的年产量的二万分之一，只是金的年产量的 5 倍。

显然，要发现它的矿床和开采它不是那么简单，要解答这个问题，我们就得问地质学家和地球化学家。下面就是他们讲的这个奇异的金属

这张老照片摄于 20 世纪初，其中一家四口乘坐的轿车，正是 1910 年产的福特 T 型车，该车使用了部分钒合金部件

在地壳里的动态。

地球上的钒决不是那样稀少。据苏联的地球化学家估计，在人能够开采得到的那部分地壳里平均含钒 0.02%，这个数目决不算少，因为铅在地壳里的含量不过是这个数目的十五分之一，而银还只有这个数目的两千分之一。所以实际上，地壳里所有的钒等于锌和镍，而锌和镍的开采量不是每年有几十万吨吗？

不但在地球上，在我们能够开采得到的地壳里有钒，在铁集中的地方，大概也含有相当大量的钒。这一点是落到地球表面的陨石告诉我们的。钒在含铁的陨石里的分量，差不多是在地壳里的 2 ～ 3 倍。天文学家在太阳光谱里也看见有鲜明光辉的钒原子的光谱线，而地球化学家却正是为了这件事情很伤脑筋。到处都有许多钒，宇宙里没有一处不分布着这个单数的金属，可是钒聚集在一起的地方却不多，可以把钒轻而易举地开采出来用到工业上去的地方却不多。实际上，差不多所有铁矿里都有钒，凡是含钒达到百分之零点几的地方，工业上就着手开采它。只要能从几千吨铁里提取到这个贵重的金属，已经很不错了。

如果化学家发现某种矿石含钒百分之一，报纸就要登出来说，发现了储藏量丰富的钒矿。很清楚，有一种说不出的内在的化学力量在不断地分散着钒的原子。我们科学的任务就是要研究清楚究竟什么力量能把这种分散的钒原子聚集在一起，怎样才能打消它们旅行、分散和迁移的意图。这样的力量在自然界里确实是存在的；所以现在我们研究钒的矿床，就该读一读下面几段文字，讲到能够把钒原子聚集在一起的一些作用。

首先，钒是沙漠的金属，它很怕水，水很容易溶解它，把它的原子顺着地面冲散开；它还怕苏联中纬度和北纬度地带的酸性土壤。只有南纬度地带才适合它安居，那里的空气里有许多氧气，并且有硫化物的矿脉在崩坏着。在罗得西亚的灼热的沙底下，在它的故乡——太阳底下的墨西哥，在龙舌兰和仙人掌丛里，它形成黄褐色像铁帽子似的东西，形成褐色的小山，像兵士的钢盔盖在硫矿的露头上。

我们发现古代科罗拉多沙漠里也有钒的化合物，在乌拉尔地区二叠纪的沙漠里也看见过它，这个沙漠的东部圈在伟大的乌拉里达山脉里。凡是太阳晒得灼热的地方，凡是沙里都能生成钒的盐类，把分散的钒原子聚集起来形成有工业意义的矿床。尽管这样，钒的储藏量还是非常少；它的原子竭力想从人的手里溜出去；可是有一个更大的力量，能够抓住钒而不让它失散，那就是活物质的细胞，那就是有机体，那种有机体的血球不是由铁构成，而是由钒和铜构成的。

有些海生动物的躯体里有钒聚集，特别是海胆类、海鞘类和海参类；它们成群地浮在海湾里和海岸边，占好几千平方米的面积。很难说，它们是从哪里收集来的钒原子，因为海水本身里从来没有发现过钒。显然，这些动物有某种特别的化学性质，能够从食物的碎屑、淤泥和海藻的残骸等里面提出钒来。没有一种化学试剂的作用能像生物体那样灵敏和单纯，生物能够把几百万分之一克的钒逐渐地积累在躯体里，等它们死了以后就留下来大量遗产，使得人们可以从那里得到金属钒来供工业上应用。

但是不管生命的力量多大，真正的钒矿还是很少，钒的含量都是微乎其微的，从地沥青、沥青和石油里提取它又很困难。钒在地面上聚集的路线实在神秘；我们的科学家还应该做很多工作，才能解开它聚集的谜，才能把它的历史连贯起来，把钒在地球上生活的各个环节连接成一个完整的链条。

海参，血液里含有钒

所以我们不但要知道这个金属以往的命运，还要知道到哪儿去找它，怎样能找到它，要把深刻的理论上的结论变成工业上的伟大胜利。这样汽车轴里才能得到合用的金属，铁甲舰和坦克的装甲钢里才能提高含钒的百分率。工厂里依靠钒催化剂促进了非常细致的化学反应，就能制得千百种极复杂的新的有机化合物，这些有机物有的可以吃，有的在经济上和文化上十分有用。

这就是地球化学家关于钒矿的问题给我们的答复。我们对于这个答复不能认为满意；我们还要要求他们坚持地工作下去，去掌握住这个金属来供应国家的需要。

2.15 金——金属之王

金 Au

元素类别：过渡金属

族·周期·区：11·6·d

原子序数：79

电子排布：2,8,18,32,18,1

人很早就知道有金，很可能是因为看见河沙里有闪亮发黄的颗粒才注意的。

我们翻阅人类在发展的复杂道路上使用黄金的历史，就会找出许多值得注意的、有教育意义的事情。从人类文明的摇篮时期起一直到帝国主义战争为止，许多次战争，侵占整个大陆，各民族之间的累世的斗争，犯罪和流血——这一切都和金有连带关系。

在斯堪的纳维亚古事记的传说里，金子起着很大的作用。尼伯龙根族的斗争就是为把世界从金子的魔力和统治里解放出来的斗争。用莱茵河的沉金打的戒指，象征着罪恶的开端。齐格弗里德为了使世界摆脱金子的统治，为了打倒天国诸神，甚至牺牲了自己的生命[1]。

---

1. 这里讲的传说见德国歌剧家瓦格纳写的《尼伯龙根的指环》这部歌剧。尼伯龙根族是神话里的古代民族，相传这个民族灭亡的时候把金子和一切宝藏都沉在莱茵河底。《尼伯龙根的指环》这部歌剧就是用莱茵河的沉金打的戒指做线索，歌剧里描写的一切罪恶都是由这个戒指引起的。齐格弗里德是歌剧里的主角，天国诸神代表黑暗世界的统治者，歌剧里描写了齐格弗里德为了拯救世界不受金子的统治而打倒天国诸神，后来被爱金子的统治者所暗杀。——译者注

英雄齐格弗里德用自己铸成的宝剑刺死了化为恶龙的巨人法夫纳。选自英国画家亚瑟·拉克姆为《尼伯龙根的指环》剧本绘制的插图

古希腊的叙事诗里有一段传说，记载阿尔戈船上的勇士到科尔基斯去找金羊毛的故事。

他们来到黑海沿岸现在的格鲁吉亚地方采集羊毛，这里的羊皮上盖着一层金砂，他们从龙的手里把羊皮夺过来。

在古希腊的神话和古埃及的文献里，能找到地中海上为争夺黄金而引起战争的记载。所罗门王建造著名的耶路撒冷圣殿的时候，为了得到大量黄金，曾经好几次出征俄斐古国；历史学家为了考证这个国家究竟在哪里，费了不少力气也没有研究出来，忽而说它在尼罗河发源地，忽而又说是在埃塞俄比亚。有些学者认为，"俄斐"这个词就是"财富"和

古希腊神话中夺取金羊毛的故事

"黄金"的意思。

以前流传着蚂蚁采金的传说。各种各样的研究家解释过这个传说，却各有各的说法。

这个传说的根据是这样一个故事，说印度有一族人住在沙漠里，那里有一种蚂蚁，有狐狸大小。这种蚂蚁从地下深处搬出大量的金子和沙，当地居民时常骑着骆驼来取黄金。希罗多德证实了这件事情；斯特累波在公元前 25 年的著作里也有类似的记载。普林尼的看法略有不同，但是无论如何，欧洲的作家也好，阿拉伯的作家也好，他们还在中世纪就没有一次说出这个故事的真实情况。直到现在为止，对于这个传说还没有真正的解释；最可能的解释是说梵文里"蚂蚁"和"金粒"这两个词完全同音。显然是因为"金粒"和"蚂蚁"同音，所以才产生了这个传说。

俄罗斯南部西蒂亚时代的古物里有精美的金制品。那是不知名的西蒂亚珠宝工人的精心杰作，他们最喜欢雕刻狂奔着的野兽。现在这些东西都保存在圣彼得堡冬宫里的埃尔米塔日博物馆里，和有名的西伯利亚古物当中同样精致的金制品陈列在一起。

金在古代人的概念里占着很重要的地位。炼金术士用太阳的记号来代表金。那时候在斯拉夫文、德文、芬兰文里，金这个字的字根都有 Γ，З，О，Л 四个字母，在印度文和伊朗文里，这个字的字根有 А，У，Р 三个字母，因此拉丁文的金字是"Aurum"，这就是现在金的化学符号 Au 的来源。

语言学专家做了许多研究，为的是弄清楚金的名称和确定这个字的字根。他们研究的目的是想找出根源，研究清楚古代世界上什么地方有金。有趣的是，埃及象形文字里金这个字就像一块头巾、一个口袋或是一个木槽，这显然使人想到淘沙取金的方法。

金有不同的色泽和品质。埃及的金的来源是沙，古埃及有许多记载都详细地说明这些金沙的位置。埃及西北部有许多地方产金，在红海沿

古代的淘金方法详解，选自16世纪出版的荷兰图书《论矿冶》第六分册《冶炼金属》，格奥尔格－阿格里科拉绘制

岸，在尼罗河流域古代花岗岩崩毁下来的沙里，特别是在柯塞尔地区也有金。古代文献里标着许多产金的地点。阿拉伯沙漠和努比亚沙漠都有古代产金的矿坑。公元前两三千年的时候就已经有许多金矿了。

在比较后期的记载里，许多著作家对于金矿都有很好的叙述。有些文献还提到金和闪亮的白色岩石在一起，那显然是石英矿脉了，有些古代的著作家不认识石英矿脉，错叫它大理石一类的东西。那时候已经知道金子的价值和开采方法等。

15世纪发现了美洲，这在金的历史上是新的一页。西班牙人从美洲运来大量黄金，都是用武力掠夺来的，于是金潮泛滥了欧洲。

18 世纪初期（1719 年起），巴西的沙地发现丰富的沙金。到处都开始了"黄金热潮"，别的国家也勘探起金矿来。18 世纪中叶，俄国叶卡捷琳堡附近的石英矿里初次发现了金的晶体。100 年以后，1848 年，美国有一个重大发现：在遥远的西方——落基山脉再往西，几乎到了太平洋沿岸，有一个约翰·苏特在当时还没有开发的加利福尼亚发现了金矿，然而后来苏特竟因为贫穷死去了。

探金家都奔往加利福尼亚去，成群结队地套着牛车到西方去寻求新的幸运。不到 50 年以后，阿拉斯加半岛的克朗代克也发现了金矿，这块地方是帝俄政府用便宜得出奇的价格卖给美国的。我们从杰克·伦敦的

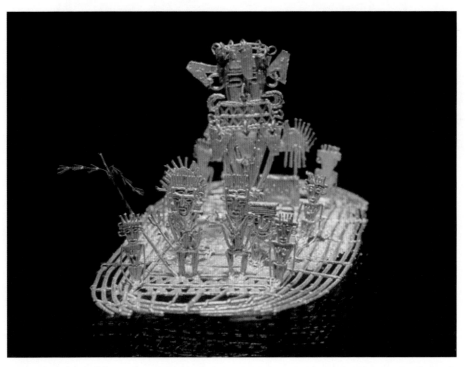

南美土著民族穆伊斯卡人用黄金制成的工艺品，记录了这个民族古老的祭祀传统。祭司全身涂上金粉，乘坐筏子到圣湖瓜塔维塔湖中央，将祭品黄金和祖母绿宝石献给为他们带来光明和温暖的太阳神。现存于哥伦比亚首都波哥大的黄金博物馆

小说里知道，人们在克朗代克为了寻找黄金费了多大力气。现在还保存着一些"黑蛇"的照片，人们越过雪山的山顶和北极的空旷的山地开拓出道路，在那些道路上是不断的人流，他们肩上担着或用小雪橇拉着各自的用具，满怀着从山上带回黄金来的希望。

1887 年在南非的约翰内斯堡第一次发现了沙金。虽然这个富源是布尔人[1]发现的，但是它并没有给他们带来幸福。经过了长年的流血战争以后，英国人终于占领了这块地方，并且几乎完全杀光了爱好自由的布尔人。现在约翰内斯堡的产金量占全世界产金量的一半还多。此外澳大利亚也产金。

俄国得到黄金的历史非常特别。1745 年，有一个农民叫马尔科夫，发现乌拉尔的叶卡捷琳堡附近沿着别廖佐夫卡河一带有金矿。1814 年，采矿工长布鲁斯尼岑初次在乌拉尔发现了沙金，他给沙金安排了工业上的用途。所以乌拉尔是俄国金工业的摇篮。19 世纪后半期，西伯利亚的勒拿河也发现沙金，这个消息立刻传了出去。那是一个惊人的富源，各地冒险家就都往那里跑。有些人设立了路标和发卖说明书，有些人在艰苦的西伯利亚大密林里淘金，发了大财回家，也有一部分人淘到了黄金，可是就在当地挥霍掉了，而大多数人都因为天气不好又患坏血病而死去了。

20 世纪 20 年代初期，在著名的阿尔丹河一带又发现了更大的富源。

我有一次遇见一位淘金工人，他从发现阿尔丹河金矿的头几年起就在那里工作。他告诉我从前阿尔丹的情形，他说白军里有许多冒险家蜂拥到金矿去，这些人抛弃了一切，为的是到阿尔丹河上游去淘金发财。他说有一个牧师抛下了所有的信徒，千辛万苦地跑到阿尔丹河上游，乘着筏子一直深入到不容易到达的地方，在那里淘到了 25 普特黄金。他又讲到后来怎样在阿尔丹地方建立了苏维埃政权，从此金矿也就成了苏联

---

1. 迁移往南非洲的荷兰人。——译者注

铸造货币的车间。以后又发现了许多其他储藏量丰富的金矿。

人类寻找黄金的历史就是这样逐渐展开的。现在已经开采出来的黄金在 5 万吨以上，差不多有一半存在银行里，银行存储的金子价值超过 100 亿金卢布。技术上的成就使金的产量越来越多，不但含金量多的富矿可以开采，连含金量不多的贫矿也可以开采了。

采金的方法起初是用简单的手工业方式，用勺子和盆冲洗，后来改用"美国槽"[1]冲洗，加利福尼亚金矿发现以后，这种"美国槽"就在全世界通用了。

后来改用水力法淘金，就是用强力的水柱冲洗，然后让细小的金屑溶解在氰化物的溶液里；最后又研究出从坚硬的岩石里取金的方法，在大的选矿厂里就应用这种最完善的方法从岩石里取得金子。

人们千方百计地积存黄金，把它锁起来，存在国家银行的牢固的保险库里，而运输黄金的船都用军舰护送。现在用黄金做成货币来流通也已经取消了，因为它太容易磨损了。

人类在过去几千年来的文化生活和经济生活上采得的金，还不到地壳里含金量的百万分之一。可是人们为什么把金当作偶像来供奉，把它看成主要的财富呢？毫无疑问，金有许多优良的特性。金是"贵金属"，就是说它的表面不起变化，能够保持光泽，不溶解在普通的化学药剂里。只有游离态的卤素，譬如氯气，或是由三份盐酸和一份硝酸混合而成的王水，还有少数有毒而不常见的氰酸盐，才能溶解金。

金的比重特别大。它和铂族金属都是地壳上最重的元素，它的比重大到 19.3，要它熔化还不算难，只要热到比 1000℃ 再高一点的温度就可以，可是它很不容易气化。要使金沸腾，得加热到 2600℃。金非常柔软，容易锻打，它的硬度不比最软的矿物的硬度高，用指甲能在纯金上

---

1. "美国槽"是一种窄长的木槽，一头有一道槛会截住金子。

"我们发财啦！" 1889 年，美国南达科他州淘金营地洛克维勒的三位淘金者用最原始的方法冲洗金沙，水流带走较轻的杂质，较重的金沙则留在盆底。摄影师约翰·格拉比尔，原片现藏于美国国会图书馆

19 世纪美国西北金矿开采热时期，人们常用水力开采，用冲洗机冲洗金沙。水力采金法至今仍在使用，这张照片展示的就是现代的矿物冲洗机

划出痕迹来。

化学家能够非常精确地测出金来。在十亿个其他金属的原子里只要有一个金原子，化学家都能够在实验室里找到它（也就是测定到 1×10^{-10} 克）。这样微量的物质在现代的技术条件下是不能用任何天平称量出来的。

金在地壳里的含量不算少，可是它是分散着的；现在据化学家计算，地壳里金的平均含量大约是地壳的百亿分之五。要知道，银不是比金贱得多吗？可是地壳里银的含量才比金多一倍！金在自然界里随处都有，这件事情很值得注意。太阳周围灼热的蒸气里有金，陨石里也有金（当然比地球上的少），海水里也有金。据最近的精确实验，海水里含金十亿分之五，也就是每一立方千米的海水含金五吨。

金藏在花岗岩里，聚集在熔化的花岗岩岩浆的最后一部分里，钻进灼热的石英矿脉里，在那里和硫化物，特别是和铁、砷、锌、铅、银的硫化物，在比较低的温度下——大约 150℃～200℃——一齐结晶出来。这样就生成大堆的金。等到花岗岩和石英矿脉一崩坏，金就变成沙金，因为它很坚固，比重又大，所以它聚集在沙的下层。在地层里循环的水溶液对于金几乎是不起什么化学作用的。

地质学家和地球化学家费了许多时间和精力才研究清楚金在地球表面上的命运。精确的研究告诉我们，它在地球上是漂泊不定的。

金不但由于机械作用被磨成极细极细的颗粒，然后被河流大量冲走，金还能部分地溶解在水里，特别是南方河流里含氯很多的水里，以后金重新结晶，或是跑进植物机体里，或是落到土壤里去。我们根据实验知道，树根会把金吸收到木质纤维里。几年以前科学家证明，玉米粒里含有相当大量的金。有几种煤的灰里含金更多，一吨煤灰里含的金能多达一克。

可见得金在被人提取出来以前，在地壳里经历过非常复杂的道路。尽管人类为了开采黄金而费了 2000 年以上的思考，尽管有些炼金厂的规

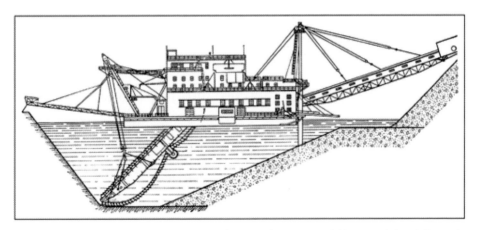

现代开采金矿使用电动的矿砂机。这种机器能在水下工作，还可以用来挖泥、开采沙子和钻石，采掘的深度达到 25 米

模非常宏大，可是我们对于这种金属的历史，对于它的全部历史是并不完全清楚的。我们对于分散着的黄金的命运知道得太少，我们只知道黄金的旅行史上的个别环节，还不能把这些环节连成完整的一个链条。巨大的山脉和花岗岩的断崖受水侵蚀，金随着水流进海洋，后来又怎么样呢？帕尔姆海在乌拉尔沿岸堆积了丰富的盐、石灰石和沥青的沉积物，可是海里的金消失在什么地方呢？

地球化学家和地质学家，还有许许多多工作在等着你们呢。苏联西伯利亚产金地区的面积有好几百万平方千米，那里正是你们的大胆的科学思想的用武之地！

可是将来金再也不会存在银行里，再也不会被经纪人和资本家拿到交易所去做投机生意，将来它有新的用途，它广泛地应用在苏联的科学研究上，应用在工业的精制品方面，应用在电工和无线电技术方面——任何部门，凡是需要导电度大、能够抵抗一切化学作用而本身不起变化的金属，就要用到金。所以金一定会从仓库和保险柜里转到工厂和实验室里去，当作稳定不变的金属使用！

2.16 稀有的分散元素

地壳是由好几十种化学元素组成的。里面只有 15 种是比较普通和常见的：差不多每一种岩石里都能找到这几种元素，其余的元素就都比较少见了。

这些比较稀少的元素，有的大量地聚集在一起，在矿层里生成矿石；有的像金、铂等在地壳里的含量非常少，而且形成极小的、勉强看得出来的天然的金属小粒，只有极少的地方生成比较大的天然金属块。

但是不论它们多么稀少，它们还是独立的矿物，哪怕颗粒很小，小到连肉眼都看不见，它们还是生成自己的矿物。可是也有一部分化学元素，它们不但在地壳里的含量少，而且不生成自己的矿物。这些元素的化合物溶解在另外一些比较普通的矿物里，就好像盐或糖溶解在水里的时候，我们从外表上看不出来它是纯水还是水里溶解着什么东西。

矿物也就是这样，并不是总能够从外表看出来它里面溶解着哪些杂质的。如果说水只要尝尝它的味道就能说出它是淡的、咸的或是甜的，那么想把矿物进行化学分析就要复杂得多，而如果想把隐藏在其他矿物里的那些元素提取出来，那就更复杂了。

这些化学元素经历了复杂而漫长的旅程，它们通过熔化的岩浆，通过水溶液，在岩石里或矿脉里生成坚硬的矿物，生成最稳定的化合物。在这段很长的旅途上，它们起过各式各样的变化。只有彼此特别亲近的元素，才能一起通过这条道路。

任何两种元素，它们的化学性质越接近，就越难找到一种化学反应来把它们俩分开。还有些稀有元素，它们并不生成纯态的矿物，它们有时候溶解、分散在其他元素的许多种矿物里；所以我们把它们叫作分散元素。

褐色透明的闪锌矿，产自湖南常宁

　　这究竟是些什么元素呢？在日常生活中，甚至在学校的化学课本里我们都没有听说过，可是随着工业技术的发达，这些元素也就越来越进入我们生活的范围里来了。

　　这些元素是：镓、铟、铊、镉、锗、硒、碲、铼、铷、铯、镭、钪、铪。这里提到的元素都是最有代表性的，如果愿意的话，当然还可以多举一些。

让我们想一想，自然界里什么地方有这些稀有的分散元素呢？它们是怎样分散着的呢？人们怎样从其他矿物里发现了它们？它们又有什么用处呢？

现在我们面前有一块黄褐色的矿物，它的断口常常十分平滑光亮。这种矿物相当重，看上去不像矿石，可又确实是矿石。这种矿物叫作闪锌矿。

闪锌矿的成分很简单：每一个锌原子配搭一个硫原子。但这只是主要成分。说闪锌矿的成分简单，只是看上去是这样罢了。如果我们这块样品是黄褐色的，同是这种矿石的别块样品就可能是褐色的、暗褐色的、黑褐色的，甚至是纯黑色的，而且纯黑色的闪锌矿已经有真正的金属光泽。

这到底是怎么回事呢？

原来闪锌矿之所以发暗，是因为里面溶有硫化铁的杂质：不含铁的闪锌矿几乎没有颜色，或者是黄绿色和淡黄色。含铁越多，它的颜色就越深。这就是说，这种矿物的颜色是它含铁量的可靠标志。用 X 射线研究闪锌矿的内部结构，就能知道锌原子和硫原子的排列状态，每个锌原子都被四个硫原子包围着，而每个硫原子也被四个锌原子包围着。

如果个别锌原子的地方换成了铁原子，闪锌矿的颜色就深起来，同时铁原子也排列得十分均匀：或是每 100 个锌原子有 1 个铁原子，或者每 50 个、30 个、20 个、10 个……这位好客的主人——锌——遇见铁就问："你是不是把我的屋子占得太多了？"虽然铁在自然界里比锌多得多，可是它在闪锌矿里只能占到一定的限度，科学家把这种特性叫作有限的可混性。

关于这个例子可以再举一个有趣的比喻，譬如有一个空的狐狸穴，不论老鼠或是熊都不能利用它来藏身——熊到冬天需要一个比较宽的洞；只有大小和狐狸差不多的野兽才能利用这个狐狸穴；闪锌矿的情形

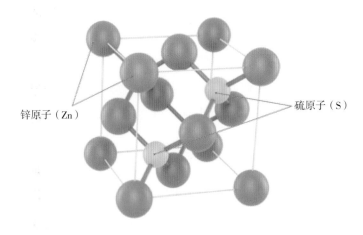

锌原子（Zn）　　　　　　　　　　　硫原子（S）

闪锌矿晶体结构

也是这样，只有和锌原子差不多大小的其他元素的原子才能占据锌原子的地位。

闪锌矿里还含有镉、镓、铟、铊、锗……锌显然是一个非常好客的主人。不但锌这样，硫也是这样，不过程度上不及锌，它对于硒和碲这两个稀有的分散元素也是很殷勤的。

你们看，闪锌矿的成分比我们乍一看的时候复杂得多。黝铜矿、黄铜矿和许多其他矿物也大致是这种情形。

但是地球化学家又发现另外几条补充的规律：原来含铁丰富的黑色闪锌矿里几乎都不含镉，可是含铟很多，有的时候含锗也很多；还有镓主要含在浅褐色的闪锌矿里，镉主要含在蜜黄色的闪锌矿里。

暗黑色的几种闪锌矿里含硒和碲比较多。你们知道，化学元素彼此间的交情并不一样，所以不同的条件和不同的邻居决定着什么样的"旅客"可以在锌的地方借住……

要找到稀有的分散元素，这件事情并不简单，要用特别的方法。哪怕它们的含量极少极少，也值得把它们找出来，因为它们的价值很大。

除了用普通化学分析的最完备的方法和最灵敏的反应以外，还可以用光谱分析和 X 射线的化学分析。

平常不必经过复杂的化学分析就能很容易地说出某种矿物里含有什么其他元素多少分量。闪锌矿里铟的含量只要到 0.1%，它就已经不算是锌的矿石而算是铟的矿石了，因为铟的含量虽然不高，可是这一点铟的价值却比所有的锌都大……

稀有的分散元素为什么值得这样注意呢？它们为什么这样重要呢？它们的价值为什么那样高呢？主要是因为它们有独特的用途，这些元素本身或者用它们的化合物制得的产品，都有这种特点。

例如，氧化钍一加热就发出闪亮夺目的光辉，所以煤气灯罩要用它。

用铷和铯制造的镜子很容易放出电子，是制造光电管必不可少的材料。

前面讲过，闪锌矿里含有几种稀有金属，那么我们来总结一下，什么地方用得上这些金属和它们的化合物呢，怎样用法呢？

镉——浅灰色的金属，比较柔软，容易熔化，熔点是 321℃。用一份镉、一份锡、两份铅、四份铋（这四种金属的熔点都在 200℃以上）就能制得著名的伍德合金。这种合金的熔点只有 70℃。

你们想想吧！假如用这种合金来造茶匙，用它取糖放进盛着滚烫的热茶的杯子里去搅，它就在滚烫的热茶里熔化了……在杯底上茶的下面有一层熔化的金属！如果把这四种金属按照另一种比例配合，就能制得利波维兹合金，它的熔点只有 55℃！要知道，用手去摸这种熔化的合金甚至不会觉得烫。

许多工业部门都要用到容易熔化的金属。有一种金属，只要拿在手里就会熔化，而且这是一种纯金属，并不是合金。那就是镓，也是一种稀有的分散元素，它和另外几种分散元素都含在闪锌矿里（除闪锌矿以外，云母、黏土和另一些矿物也含镓）。

镓的熔点只有 30℃，它是仅次于汞（汞的熔点是 -39℃）的最容易熔化的金属，所以它可以很胜任地代替汞的工作。大家都知道，汞的蒸气有毒，然而镓没有毒。镓也和汞一样，可以用来制造温度计。用汞造的温度计平常只能测量从 -40℃ ～ 360℃，到 360℃汞已经沸腾了。而用镓造的温度计却能从 30℃测量到玻璃变软的温度，就是 700℃ ～ 900℃，如果温度计的玻璃管是用石英玻璃造的，就能一直测量到 1500℃，因为镓要到 2300℃才沸腾。

如果用特制的耐火玻璃来做这种温度计的玻璃管，那就可以测量火焰的温度，或者测量许多种金属在熔化状态下的温度。

顺便说一说，镓还有一个有趣的特性：正像水比冰重，冰能漂在水面上的情形一样，固体的金属镓也比熔化了的镓轻，所以固态的镓能漂在液态的镓上。

铋、石蜡、铸铁也有这种少见的特性。其余一切物质都和镓相反：固体沉在它自己的液体底下。

现在回过来说镉。这种金属除了制造有价值的容易熔化的合金以外，电车方面也需要它。

你们看见过老式电车弓子吗？它时刻不停地和电线摩擦，造成了多么深的一条沟！同时电线和电车弓子老是磨在一起，也就磨坏了。

可是电线只要添上 1% 的镉，就可以大大减低它磨损的速度。电车方面还用镉制造信号灯用的有色玻璃。玻璃里加进硫化镉，就显美丽的黄色；加入硒化镉，就显红色。

按用途来说，铟也很重要，不在镉以下。

大家知道，海水里有盐，含铜的合金受海水的作用以后，损坏得很快很厉害。可又不那么容易找出化学性质更稳定的物质来做它的代用品，来代替它制造潜水艇和水上飞机。后来发现，只要这种合金里有极少量的铟，就会大大提高它的稳定性，能够抵抗海水的化学作用。

银里添进去金属铟，能使银的光泽显著增加，也就是加强了银的反射能力。制造探照灯的反射镜的时候就利用这点性质：反射镜里有了铟，就会显著加强探照灯的光。

稀有分散元素硒有几点完全想不到的特性，它是硫的近亲，含硫的矿石里常常含有少量的硒。

硒的导电度能随着对它照射的光线的强度不同而显著改变。电报传真和无线电传真就是利用硒的这种性质。根据这种性质还造出了许多种自动控制器，来记录输送带上输送过去的零件是明亮的还是暗黑的。最后，只有用硒才能精确地测量出光线照明的程度。

硒的另一个重要用途是制造纯净无色的玻璃。普通玻璃是用石英沙、石灰和碱或硫酸钠造的。沙越纯越好，特别是不要含铁，因为铁会使玻璃发浅绿色，譬如制造瓶子的玻璃就是那样。

玻璃里只要有极微量的一点铁，就会显出绿的色彩。窗玻璃需要纯净无色的玻璃；眼镜要用质地更好的玻璃，光学仪器像显微镜和望远镜更要用一点挑不出毛病的玻璃。如果在熔化的玻璃里加进去一点亚硒酸钠，硒就和铁化合而从熔化的玻璃里析出，这样就制得很好的无色玻璃。

制造专门的光学仪器，制造看得很远很清楚的望远镜，制造很好的照相机，都需要有另外一些特性的玻璃。要使玻璃有这些特性，只要加少量的二氧化锗就行。

锗也是一种稀有的分散元素，它像硒那样，在几种闪锌矿里含有微量。有几种煤里也有锗。

以上介绍的是几种稀有的分散元素在矿物和矿石里的动态。现在我们认识了这些不平凡的金属的几点特性和它们的独特用途。

我们知道了它们在应用上是多么重要，也就明白为什么地球化学家非常注意研究稀有的分散元素了。

第3编
自然界里的原子史

3.1 陨石——宇宙使者

没有月亮的黑夜。晚霞射出来的最后一点回光已经消失尽了。天穹大得没有尽头，星星在这个天穹里燃亮起来，它们闪烁不定，放出各种颜色的光。村子里的各种声音也渐渐地静下去了。周围的一切仿佛都冻结在寂静的黑夜里面，只有树上的细枝摇荡着叶子，发着勉强听得到的一点响声……

突然一道颤动的亮光照明了周围的一切。一个火球飞快地划破了夜空，向四下散射出来许多火星，火球经过的地方留下了微微发亮的、烟雾般的痕迹。火球不等飞到地平线上就熄灭了，火球的熄灭跟它出现的情形一样，也是一刹那间的事情，接着一切就又都落在昏黑的夜里。但是，没有几分钟的工夫，天空发出了断断续续的响声，听着像是爆炸，又像重炮轰击的声音。然后是一声轰响和劈裂声，随后是隆隆的声音，连续响了半天才沉寂下去。

青年读者们，我相信你们里面一定有人看见过上面描述的现象。然而这是怎么回事呢？火球是什么东西，是从哪里来的呢？

在行星际空间里，除了水星、金星、地球、火星、木星、土星、天王星、海王星这八个大的行星[1]以外，绕着太阳旋转的还有许多小的行星，就叫作小行星。现在已经知道的小行星有 1500 个以上，其中最大的一个叫作谷神星，直径 770 千米，最小的一个叫作阿多尼斯，直径只有1000 米。毫无疑问，另外还有许多更小的小行星。这些小行星的直径小得只有几米甚至几厘米。实际上与其说它们是行星，不如说是石头的碎屑和小颗粒，它们有些小得可以放在手掌上。这还算什么行星呢？我们

---

1. 这些行星是按照它们跟太阳距离的远近（从近到远）来列举的。

2011 年 4 月 24 日下午 6 点 20 分左右，南澳大利亚弗林德斯山脉上空出现了一颗壮观的火流星，移动速度非常快，突然爆发之后，裂成了十多片，每一片都拖着大大的浓烟尾巴

即使用最好的望远镜也看不见它们。它们就叫作流星体，它们没有一个是有规则的球状，而是一些碎屑。

比较大的小行星，大部分都在火星轨道和木星轨道之间各自顺着一定的轨道围绕太阳旋转。这些小行星在这里合起来形成所谓小行星"带"。至于比较小的小行星，也就是流星体，它们的大部分轨道都在小行星带以外。它们的轨道跟大行星的轨道交叉着，也跟我们地球的轨道交叉着，地球和流星体在各自的轨道上绕着太阳旋转的时候，可能在同一个时间转到这些轨道的交点上。这时候流星体就会飞到地球的大气圈里来，我们就会看见天空里出现一个火球，这火球叫作火流星。

流星体在飞进大气圈的时候，可能迎着地球在行星际空间转动。在这种情况下，流星体的飞行速度可能非常高，可能达到每秒钟 70 千米或者更多。而如果流星体和地球朝着相同的方向转动，也就是说，流星体

"追逐"着地球或者被地球"追逐"着，那么流星体飞行的初速度大约是每秒 11 千米。这样的最低速度在我们看来也已经是很高了；它比炮弹或者枪弹飞射出去的速度高好几倍。

由于流星体的速度非常高——达到了所谓宇宙速度，所以它飞进大气圈以后就遇到了极大的空气阻力。我们知道，离地面 100 ～ 120 千米高的地方的大气是非常稀薄的，然而即使在这个地方，由于流星体的飞行速度极高，它所遇到的阻力还是极大，它的表面能够热到几千摄氏度，而且开始发光。同时，流星体周围的空气也热得发红。就在这个时候，我们看到天空里出现一个飞奔着的火球——火流星。所谓火球就是流星体外围的那层红热的气体壳。空气迎着流星体流动，就会使流星体表面上不断熔化着的物质剥落下去，使这些物质散落开来变成微小的点滴。然后，这些点滴凝成了球状的固体，在流星飞过的地方形成烟雾般的痕迹。

在离地面 50 ～ 60 千米高的上空，大气已经稠密到足够传播声波；流星体到了这里，它的周围就产生所谓冲击波。冲击波是在流星体前面的一层稠密的空气。冲击波到了地面就发生撞击，发出种种响声，这些响声通常在火流星消失以后几分钟可以听到。

流星体继续朝着越来越稠密的下层大气一直钻下去，而离地面越近，空气的阻力也就增大得越快。流星体的飞行因此受到了阻碍，它在离地面 10 ～ 20 千米的高空就失去原来的宇宙速度。流星体仿佛被空气"束缚住"了。流星体在飞行路上的这一段叫作"滞留区"。一到这里，流星体就不再发热，不再受到破坏了。如果这时候它还没有完全给毁掉，那么它表面上熔化了的薄层很快就会冷却，接着就凝成硬壳。流星体周围红热的气体壳也消失了。这时候在天空里飞行的火流星也不见了。而流星体的残体，表面上有一层熔化过的壳，过了滞留区以后就受到地心引力的作用，差不多竖直地掉到地面上来。这样掉下来的流星体块就叫作陨石。

　　最亮的火流星即使在白天烈日下也能看到。火流星飞过的地方留下来的烟雾般的条带的痕迹可以看得特别清楚。这种痕迹往往可以保留好几分钟，甚至一个多小时。

　　火流星的痕迹本来是直的，但是在大气上层强烈气流的作用下，会逐渐变得弯曲。这种痕迹就像神话里所说的巨龙，它先在天空里伸展

1768 年，奥地利毛尔基兴发生一起陨石坠落事件。这张
1769 年出版的铜版画表现了当时的情形

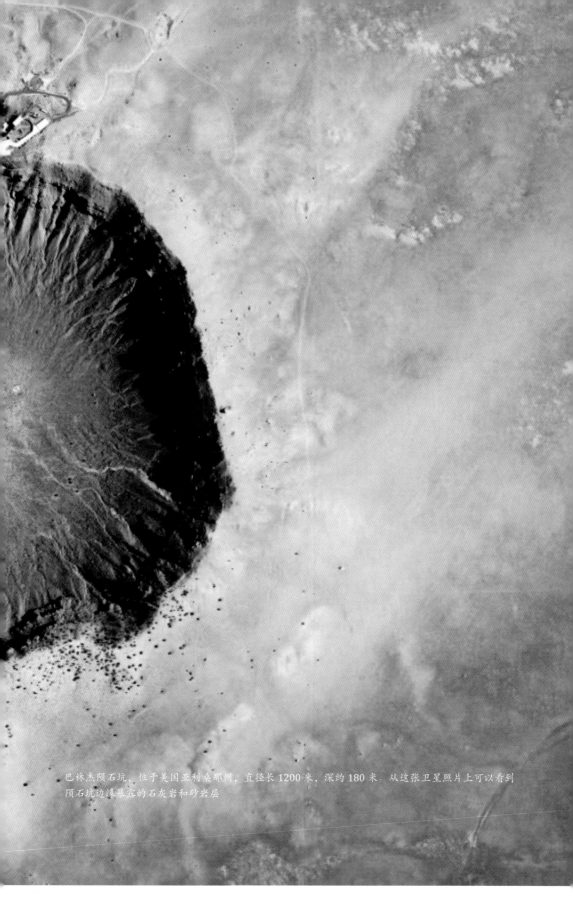

巴林杰陨石坑，位于美国亚利桑那州，直径长 1200 米，深约 180 米。从这张卫星照片上可以看到陨石坑边缘暴露的石灰岩和砂岩层

着，以后分成几段，最后消失不见了。

民间传说的关于火龙的飞行和关于山龙的神话，正是从火流星和它留下的痕迹产生出来的。

明亮的火流星出现得非常少。但是流星，或者所谓陨星，我们的读者里面恐怕有许多人都看见过。

重不到一克的极小的流星体，在从行星际空间飞进大气圈的时候，就形成流星。这些流星体的颗粒到了大气圈里就完全被毁掉了，它们是落不到地面上来的。

陨石是宇宙使者，它是从行星际空间到我们的地面上来的，现在我们就来详细地认识一下陨石吧。

莫斯科的苏联科学院矿物博物馆里陈列着苏联国内最大的一套陨石，也是全世界最好的一套陨石。这些陨石里面有好多种是很少见的，或者是有某一些特性的。

这个博物馆里有一间光线充足的大厅，里面有许多陈列橱都摆着奇异的石头标本，这些石头当中有许多种都是本书讲到的。这些石头有各种各样的颜色，而且有些色泽非常鲜艳，叫人看了觉得非常惊讶。但是，除了这些引人注目的石头以外，另有几个特别的陈列橱里摆着一些单调的灰色的、褐色的和黑色的石头，又有几块局部生了锈的铁。这些不好看的陈列品是什么东西呢？你知道，这就是陨石。它们在行星际空间旅行了百十亿年，最后落到了地球，就停住不动了。

陨石是我们可以拿来放在我们的实验室里直接用现代复杂的分析方法和仪器来进行研究的唯一的地球以外的物质。我们可以把陨石拿在手里，可以分析它们的化学成分和矿物成分，研究它们的复杂结构和物理性质。它们就这样告诉我们宇宙和天体演化史上许多奇妙的篇章。它们会告诉我们在地球的范围以外发生着的许多有趣的和奇怪的现象。到现在为止还有许多隐藏在陨石里的事情没有发现，陨石的某些重要的特征也还没有得到最后肯定的解释。但是，由于我们不断地对陨石进行深入的研究，我们对陨石的认识正在一年比一年扩大，对陨石的知识正在一年比一年充实。

现在研究陨石的科学家的首要任务，就是阐明陨石的生成条件和它生成以后的情况。

陨石有铁陨石、石陨石和铁石陨石三种。铁陨石的成分是铁和镍的合金。在掉下来的陨石里面，铁陨石比石陨石少得多。平均每掉下来 16 块石陨石才掉下来一块铁陨石。铁石陨石掉下来的更少。

看，这是一块形状不规则的黑色碎块。这块石陨石叫作"库兹涅佐沃"[1]，是在 1932 年 5 月 26 日掉在西伯利亚西部的。它的重量是 2.5 千克多一点，表面上到处都有一层熔化过的黑壳。黑壳的面上只有一小块地方已经剥落，可以在这里看到陨石内部的灰色物质。

单看外表，这块石陨石跟地球上的各种石头没有什么两样。但是仔细看看它的断面，就会看到无数细小的闪亮的东西分散在陨石内部的物质里面。这些东西是含镍的铁（铁和镍的合金）。这种合金当中又夹杂着一种类似青铜色那样黄色的东西在闪亮着，这是叫作陨硫铁的矿物，是铁和硫的化合物。除了陨硫铁以外，还含着颜色比较浅的另一种矿物，是铁和磷的化合物，叫作磷铁镍矿。

看了这块石陨石的断面就能知道，它表面上熔化过的这层壳非常薄，厚度不超过十分之一毫米。引人注意的是，这块石陨石的表面上有许多特别的坑洼：有圆的，有椭圆的，都像手指印那样。流星体用宇宙速度在大气圈里飞行的时候，一阵阵炽热的气流对陨石发生了作用，结果陨石的表面上就出现了坑洼。熔化过的壳和坑洼都是陨石的主要特征。

看，这是另一块石陨石。它有一半已经被砸掉了，从它的断面上可

---

1. 每一块陨石都是用离它掉下来的地方最近的那个居民点的名字命名的。

以看出来，它的内部的物质也是黑的，跟它表面上熔化过的壳一样。它的名字是"老博里斯金"，是一种所谓炭球陨石，是 1930 年 4 月 20 日掉在契卡洛夫省的。

这块陨石的旁边是另一块石陨石：里里（断面）外外（熔化过的壳）几乎全是白的。这块白的陨石叫作"老彼沙诺"，是 1933 年 10 月 2 日掉在库尔干省的。

在这块白陨石掉下来的地方一共发现了十多块陨石，这些陨石块的总重量大约是 3.5 千克。这块白陨石有另一个特点，就是很脆。甚至用手指轻轻一压，也很容易把它压碎。奇怪的是，当初它用宇宙速度在地球的大气圈里飞行的时候，它竟能克服大气圈里那么大的阻力而没有散碎成粉末。道理是这样的：它的滞留区是在地面上方很高的地方，那里的大气层非常稀薄，所以它掉下来还是完整的。

我们已经认识了陨石的各种类型，看到了它们的典型的特征以及它们的内部物质在色泽上的差别。

我们继续看陨石标本。往下的一个陈列橱里摆着成堆的陨石，大小都不一样，形状也都不规则。

这个陈列橱上面写着："陨石雨"。

原来，流星体用宇宙速度在地球的大气层里飞行的时候几乎总要分裂成块，这些碎块就朝着几十平方千米面积的地面散落下来。滞留区里空气的阻力增长得特别快，通常流星体是在将要进入滞留区的时候分裂的：由于流星体的形状不规则，空气的压力又极大，结果，气压在对流星体的面发生作用的时候就不能平均地分布在这个面上，所以这个面就裂开了。

地面上有过真正的石头雨，雨后拣到了几千块的小陨石。

最大的一次陨石雨是在 1912 年 7 月 19 日，落在美国一个叫戈耳勃鲁克的小地方附近。陨石雨过以后，在 4 平方千米的面积上一共拣到了

14000块陨石，总重量达218千克。

我们在陈列橱里看见了"五一村"陨石雨的石块。这是苏联下过的最大的陨石雨之一。这次陨石雨是1933年12月26日下在当时的伊凡诺夫省的，这次在将近20平方千米的面积上一共拣到了97块陨石，总重量大约是50千克。

这次陨石雨下过以后，当地学校的学生都积极地参加了搜集陨石块的工作。由于这次陨石雨是在冬天下的，所以有几块陨石穿透了雪层而

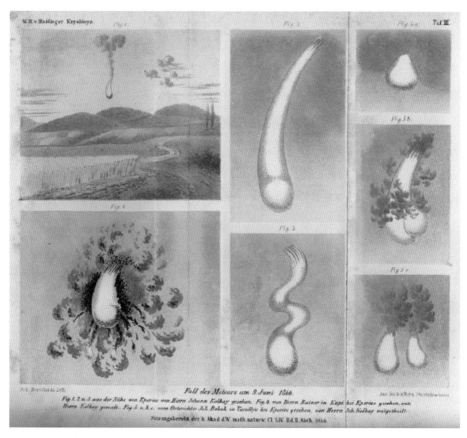

这张石版画由奥地利矿物学家威廉·海丁格绘制，表现的是1866年6月9日坠落的陨石雨。落到地面上的陨石总重约500千克，最大的一块撞击到地面，碎成了三块，重约279千克。画作现收藏在维也纳自然历史博物馆中

掉在冻结了的地面上。这种情况使得陨石块的搜集工作比较容易进行，因为第二年春天雪刚一融尽，地面上的陨石块就都露出来了。

在博物馆里，"五一村"陨石雨的陨石块旁边有另外一堆陨石块——"若夫将涅夫庄"陨石雨的陨石块，是1938年10月9日掉落的。这些陨石块都比较大，最大的三块分别重达32千克、21千克和19千克，这次拣到的13块石头总重量达107千克。

还有一次陨石雨——"普尔土斯克"陨石雨也很有趣，它是1868年1月30日在波兰下的。这一次陨石雨后一共拣到了3000块陨石。

看，有一个陈列橱里并放着两块很有趣的陨石：一块特别大，另一块特别小。大的一块重102.5千克，小的一块只有核桃那样大，一共才7克。这两块陨石是1937年9月13日在鞑靼斯坦共和国同时掉下来的，它们掉下的地点相距大约27千米。除了这两块陨石以外，当地还另外拣到了15块陨石，总重量大约是200千克。

现在我们看底下一个陈列橱。摆在这里的陨石的形状都是典型的。最常见的陨石都是碎块状的。但是这里有一块陨石像炮弹头。这是一块石陨石，叫作"卡拉科尔"，是早在1840年5月9日掉在当时的塞米巴拉丁斯克省的。它的重量大约是2.8千克。它用宇宙速度飞行的时候，头部受到地球大气圈的作用而磨削成圆锥形，这种圆锥形叫作定向形。它穿过大气圈朝地面上掉下来的时候并没有分裂。

这块石陨石的旁边还有一块陨石，叫作"列彼耶夫庄"，也是圆锥形的，然而是铁质的。这块铁陨石在1932年8月8日掉在阿斯特拉罕省，重量在12千克以上。

上面的一块陨石很值得我们关注。它本身的形状像一个巨大的晶体。这是一块石陨石，叫作"提摩希纳"，大约重49千克，是1807年3月25日在当时的斯摩棱斯克省掉下来的。这块陨石之所以成了这种形状，是因为当初完整的那个流星体用宇宙速度在大气圈里飞行的时候裂成了几块。

根据科学家的研究，正像糖块能够劈裂的情形一样，石陨石也会顺着它的一层层平滑的面分裂开来。这是它的内部结构的性质和矿物成分的性质使它这样的。我们知道，属于石陨石一类的另外许多块陨石，包括陨石雨的一些陨石块，它们的某些表面都是平滑的。

我们看见有许多特别大的陨石块放在几个特制的台子上面。最大的一块几乎重达两吨（1745 千克）。这是在锡霍特山脉（老爷岭）一次铁陨石雨当中掉下来的最大的一块。这块陨石很引人注意，因为它表面的结构非常有趣。它的表面积很大，面上椭圆形的坑洼非常清楚，这些坑洼都朝着面上的中心部分辐射出去。我们看了这些坑洼，就能知道这块铁陨石当初用宇宙速度在大气圈里飞行的时候，一阵阵炽热的气流是怎样流过它周围的。

这块铁陨石的旁边还有三块大的铁陨石，也都是那次锡霍特山脉（老爷岭）铁陨石雨当中掉下来的，这三块的重量分别是 500 千克、450 千克和 350 千克。

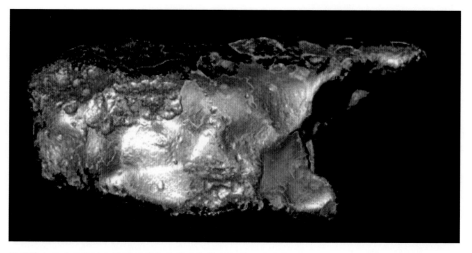

锡霍特山脉（老爷岭）铁陨石雨当中掉下来的巨大陨石的碎块

还有一块奇异的铁陨石，叫作"鲍古斯拉夫卡"，是 1916 年 10 月 18 日掉在沿海边区的。它已经碎成了两块，两个碎块的重量分别是 199 千克和 57 千克。这块铁陨石是在飞进空气的时候裂开的。

看，这又是一块最大的石陨石，叫作"卡申"，重 127 千克，是 1918 年 2 月 27 日掉在当时的特维尔省的。

我们再看一个陈列橱就可以把陨石看完了。这个橱里摆着劈成了两

铁陨石"鲍古斯拉夫卡"，1916 年 10 月 18 日掉在俄国的远东地方；它掉下来以后碎成了两块，两个碎块的重量是 199 千克和 57 千克

半的两个陨石碎块，最初完整的那块陨石重 600 千克以上。这两个碎块
断裂的面都已经磨光，可以在面上看到这块陨石内部的奇异的结构。我
们看这块陨石像是铁质的海绵，海绵的空隙里充满着一种浅黄绿色的、
像玻璃那样透明的物质，这是一种矿物，叫作橄榄石。这块陨石叫作
"巴拉斯铁"，是俄国搜集到的第一块陨石。这块陨石属于铁石陨石类
（橄榄陨铁）。

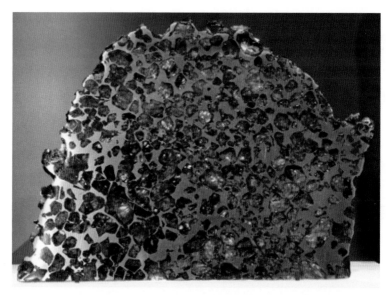

安大略皇家博物馆中收藏的一片经过切割和抛光的橄榄
陨铁，黄绿色的橄榄石晶体被包裹在铁镍基体内

这块陨石是 1749 年铁工米德维捷夫在西伯利亚找到的。1772 年，它
被运到了圣彼得堡的科学院，交给了巴拉斯（П. С. Паллас）院士。著名
的科学家、科学院通信院士赫拉德尼（Э. Ф. Хладный）便对它进行了研
究。1794 年，他在里加出版了一本专门的著作，叙述了他研究的结果。
他在这本书里初次证明了这块铁是从地球以外飞来的，也就是说，这块

铁是一块陨石,他还证明了陨石掉在地球上的可能性。

但是赫拉德尼的结论受到了傲慢的西欧科学家的批评和嘲笑。这些科学家认为地球上不可能有陨石掉下来,他们认为,亲眼看见陨石掉下来的人所讲的话都是捏造的。可是在赫拉德尼发表了他的结论以后差不多过了十年,1803 年 4 月 26 日,法国的累格耳城附近就下了一场很大的石陨石雨,陨石雨后拣到了将近 3000 块陨石。当地许多居民都亲眼看到了下这场陨石雨的经过。从此以后,巴黎的科学家连同西欧的其他科学家除了承认有陨石之外,就再也没话可说了。

从上面说的可以看出,俄国是研究陨石的科学——陨石学的诞生地。

上面谈到的苏联科学院收藏的大陨石块,还不是世界上最大的。

世界上最大的陨石是一块铁陨石,叫作"戈巴",是 1920 年在非洲的西部发现的。它的重量将近 60 吨,形状是扁方体,大小是 3 米 ×3 米 ×1 米。这块陨石到现在还在它发现的那个地方没有动,在那里受着大气的破坏作用。

世界上最大的"戈巴"陨石

还有三块大的铁陨石，它们的重量是 33.5 吨、27 吨和 15 吨。石陨石当中最大的一块大约重一吨，是 1948 年在美国发现的。

现在我们来认识一下陨石的内部结构。

我们看见有一个陈列橱里专门摆着特别选出来的陨石标本。看，这块铁的表面已经磨光，它有镜面的光泽。它的旁边是另一块铁，这块铁的表面是磨光以后用弱的酸溶液腐蚀过的。我们发现这个表面是一种奇异的图案，许多条带错综在一起，带的周围有闪亮的薄的边缘。这个图案是因为酸对这个表面的腐蚀作用进行得不均匀而形成的。

道理是这样：铁陨石本身的成分不是均匀地分布着的。铁陨石的内部分散着许多薄片和小条，宽度从十分之几毫米到 2 毫米或 2 毫米多。这些小条的成分除铁以外还掺杂着少量的镍，镍的含量不超过 13%。因此，这些小条的表面磨光以后可以受到酸的腐蚀作用而变得粗糙，并且失掉光泽。而小条周围狭窄而又闪亮的边缘却跟小条不同，铁里掺杂的镍比较多，镍的含量在 25% 以上。所以它们的化学性质非常稳定，不会受到酸溶液的腐蚀作用；铁陨石磨光了的表面用酸腐蚀以后，它们还是像在腐蚀以前那样有闪亮的光泽。用酸腐蚀铁陨石断面而生成的这种图案，叫作魏德曼花纹，这是用首先发现这种图案的那位科学家的名字来命名的。

凡是经过腐蚀而呈现魏德曼花纹的铁陨石，都叫作八面陨铁，因为生成这种图案的小条都是沿着有几何图形的面分布的，而这些图形都有八个面，叫作八面体。

并不是所有铁陨石的磨光了的表面经过腐蚀以后都能生成魏德曼花纹。有些铁陨石的表面在腐蚀以后就会出现许多细小的平行线，叫作纽曼线，这也是用发现这些平行线的那位科学家的名字来命名的。

凡是呈现纽曼线的铁陨石，里面镍的含量极少，只有 5% ～ 6%。这类铁陨石是单晶体，也就是说，它们都是等轴晶系里的一种单一的晶

俄罗斯1967年6月发现的陨石不含橄榄石部分的断面，经过腐蚀后，呈现出魏德曼花纹

体，有六个面，叫作六面体。因此，呈现纽曼线的铁陨石就叫作六面陨铁。

还有一类铁陨石叫作中镍铁陨石，这个名称在原文里的意思是"失常"。这类铁陨石里镍的含量极多（在13%以上），把它们的表面磨光以后经过腐蚀，它们的面上是不呈现一定的图形的。

石陨石的内部结构也非常有趣。

看，这是一块石陨石的碎片，连肉眼都能看清楚它的断面上有许多十分规则的球粒，像弹丸似的。有些石陨石放在显微镜下一看，可以看到它们的断面上布满了这样的球粒，球粒非常小，只有十分之几毫米，甚至更小。这样的球粒叫作陨石球粒，含有球粒的陨石叫作球粒陨石。

90%的石陨石都是球粒陨石，所以球粒陨石是石陨石当中最常见的一种。陨石球粒只能在陨石里形成。地球上的各种岩石完全不含这种球粒，因此，如果在一块不认识的石头上发现了这种球粒，就可以有把握地断定这块石头是石陨石。科学家已经得到了结论说，陨石球粒是陨石里熔化了的物质迅速凝成的点滴，是在陨石生成的时候生成的。

除了球粒陨石以外，还有一些石陨石——固然这类陨石少得很——完全不含球粒，这些石陨石叫作无球粒陨石。在这些石陨石的断面上，可以看到各种矿物的有棱角的碎片，这些碎片都跟石陨石本身所含的大量的小粒物质结合在一起。拿结构来说，这类陨石跟地球上的各种岩石是极其相似的。还有几类石陨石也各有特性，但是它们比无球粒陨石更少见，我们就不讲了。

现在我们来看看陨石含有哪些成分。下面是各类陨石的平均化学成分表。

各类陨石平均化学成分

化学元素的名称	平均化学成分		
	铁陨石	铁石陨石	石陨石
铁	90.85	49.50	15.6
镍	8.50	5.00	1.10
钴	0.60	0.25	0.08
铜	0.02	—	0.01
磷	0.17	—	0.10
硫	0.04	—	1.82
碳	0.13	—	0.16
氧	—	21.30	41.00
镁	—	14.20	14.30
钙	—	—	1.80
硅	—	9.75	21.00
钠	—	—	0.80
钾	—	—	0.07
铝	—	—	1.56
锰	—	—	0.16
铬	—	—	0.40

从表面看得出来，这些元素都是我们已经知道了的，没有一种是我们不知道的新元素。陨石是从遥远的宇宙空间到我们这里来的，除了地球上我们已经知道的各种化学元素以外，难道陨石里面真的再也没有新的、比较出奇的元素吗？难道在行星际空间的任何一个遥远的角落里面，都没有一种根本不像地球上所有的新物质吗？

实际上的确是这样：100多年以来，许许多多科学家把各种各样的陨石进行了极其精密的、详细的化学分析，结果证明，在陨石里没有一种化学元素是地球上所没有的。而且地球上所有的化学元素在陨石里也几乎都可以找到，尽管大多数元素在陨石里的含量微乎其微，只有用极其精密的光谱分析法才能检测出来。

苏联杰出的矿物学家和地球化学家费尔斯曼[1]把物理学上和化学上的最新成就跟天文学上的资料结合起来而奠定了宇宙化学的基础——宇宙化学是研究宇宙里的化学变化的一门科学。这位科学家详细地研究了天外飞来的陨石的成分，提出了原子在宇宙里旅行的思想，最后光辉地证实了宇宙间物质的统一性：陨石也罢，我们的地球也罢，太阳系里的所有天体都是由相同的一些化学元素组成的。这就是说，这些天体的来源相同，它们在起源问题上是相互有关的。

近年来科学家又得到了一个重要的证据，证明这些天体的来源是相同的。

科学家研究了地球上的和陨石里的许多化学元素同位素的成分。结果他们发现：陨石里的也罢，地球上的也罢，所有这些元素同位素的成分都是一模一样的。

看了上面的各类陨石平均化学成分表就能知道，石陨石含得最多的是这样几种元素：氧（41.0%），铁（15.6%），硅（21.0%），镁

---

1. 费尔斯曼就是本书著者，这一篇"陨石——宇宙使者"不是费尔斯曼自己写的而是克里诺夫写的，见本书原序。——译者注

（14.3%），硫（1.82%），钙（1.8%），镍（1.1%），铝（1.56%）。

石陨石里的氧跟另一些元素化合而生成了多种矿物（硅酸盐）和氧化物。至于铁，一部分也是跟其他元素化合的，而另一部分是金属态的，金属态的铁闪着星星点点的光亮分散在整个石陨石里，这种情形可以从石陨石的断面上看出来。

表里的数字是各类陨石的平均化学成分。

化学元素在个别陨石里的含量可能跟表里的平均成分出入很大。

贵金属在陨石里的含量是极少极少的。例如，1吨陨石平均只含银和金各5克，含铂20克。

陨石不断地朝地球上掉下来。根据科学家的计算，掉在整个地球上的陨石每年至少有1000块。然而掉下来的陨石能够找到的却非常少——一年只不过找到4～5块。

所有其余没有找到的陨石，有掉在海洋里的，有掉在两极地方和沙漠里的，有掉在山地和森林地带里的，总的说来，这些陨石掉下的地方离居民点太远，所以还没有被找到。这些陨石受到大气的作用而被逐渐破坏掉，就跟土壤掺杂在一起。

陨石里的原子跟地球上的原子混了起来。它们先从土壤里走进植物体里；动物吃了植物，这些原子就走进动物体里；人再吃了植物和动物，这些原子就又走进人体里了。

可见，不但我们地球本身跟它周围的宇宙里的其他部分有密切关系，地球上的生物界跟这些部分也是有密切关系的。

科学家曾经计算过每年地球重量由于掉下来的陨石增加了多少。计算的结果是，地面上每昼夜都要掉下来5～6吨的陨石物质。

这样说来，每年地球重量增加的就将近2000吨。这个数目当然不算什么，即使由于流星体飞行以及破坏的时候在大气圈里形成的宇宙尘埃沉降下来使地球重量增加得更多一些，但是这也算不了什么。韦尔纳茨基院士认为，地球的重量是丝毫也不会增加的。他说，陨石和宇宙尘埃掉在地球上而使地球得到物质，但是地球也把另外一些物质颗粒，一些原子，主要是气态原子，以及细小的尘埃放出到太阳系里去。物质在地球上一来一去，结果就达到了动态平衡状态。这样，韦尔纳茨基院士就得到结论说，我们所要研究的问题"并不是个别的陨石、火流星和宇宙尘埃偶尔朝地球掉下来的问题，而是巨大的行星的作用，是我们的地球跟宇宙空间的物质交换"。在这个过程里包含着我们的地球跟它周围的空间、跟行星际空间之间的不可避免的相互作用。

虽然到现在为止科学家对陨石进行的化学分析结果并没有找到新的物质，而只是从这些分析的结果得到了极其重要的结论，这就是地球和其他天体的物质统一性，但是拿矿物成分来说，却也看出陨石的一些特点。

陨石里所含的主要几种矿物，在地球上的岩石里也是含得很多的。这些矿物是橄榄石和无水的硅酸盐：顽辉石、古铜辉石、紫苏辉石、透辉石和普通辉石；还有属于长石一类的矿物。

但是在陨石里面还没有找到过很多的风化以后所生成的矿物，也没有找到过一种有机化合物。

陨石还有一个特征，它们所含的矿物里面没有含水的硅酸盐，就是含有化合水的矿物。科学家作了不懈的努力，想从陨石里找出这类矿物来，但是他们找了多少年还是没有找到。直到最近，苏联科学家才在陨石里发现了绿泥石一类的矿物，这正是含水的硅酸盐。然而含这类矿物的陨石少得很，只有所谓炭质球粒陨石这一类稀有的石陨石里面才含有这类矿物。

根据研究表明，绿泥石里的化合水占炭质球粒陨石全部重量的8.7%。

这个发现有很重大的意义，可以帮助我们解决一个主要问题——阐明陨石生成的条件。

科学家还在陨石里面发现了地球上所没有的一些矿物，这个发现的意义也很重大。尽管这些矿物在陨石里的含量非常少，但是这个发现还是能够证明陨石生成的条件是跟地壳生成的条件不同的。陨石学家的重要任务之一正是要阐明这些条件。科学家又发现了陨石的变质作用，这个发现的意义尤其巨大，在这个作用过程当中，不但陨石的结构起了变化，连它的矿物成分也起了变化。陨石从它生成的时候起在行星际空间飞行，许多次接近太阳，在这段时间里它们受着阳光的照射而变得很热，这就是陨石发生变质作用的原因。科学家详细地研究了陨石的变质作用，特别是近年来这种研究有了很大的发展，结果我们就看到了陨石的历史，看到了它们在行星际空间的游历史。

陨石里还含有放射性的化学元素。有一种是放射性钾，它在石陨石里的含量不算少。钾放射蜕变生成氩。因此，根据陨石里氩和钾的含量的比，就能测定陨石的年龄，也就是计算陨石从它生成（凝固）的时候起已经经过了多长的时间。

苏联科学家近年来已经根据氩和钾测定了陨石的年龄。这样测得的陨石的年龄是 6 亿～ 40 亿年。

陨石是从哪里掉到地球上来的，现在我们已经知道了。但是，陨石是在什么时候生成的以及怎样生成的，这个重要的问题还没有得到解决，现在研究陨石的科学家正在这方面下功夫研究。

大多数苏联科学家都认为，陨石和小行星都是一个或几个巨大天体——行星——的碎块，这些天体是在很久很久以前分裂的。但是这在眼前还只是一种假设，一种所谓资用假说，要确凿地证实这个假说，还需要继续对陨石作全面的研究。毫无疑问，关于陨石的成因、它们在行星系生成的过程当中所起的作用以及它们将来的演变这些问题，最后是一定会得到解决的。

斯大林在他关于辩证唯物主义和历史唯物主义的著作里教导我们说："……世界上没有不可认识之物，而只有现在尚未认识，但将来却会由科学和实践力量揭示和认识之物。"

3.2 地下深处的原子

儒勒·凡尔纳、乔治·桑和科学院院士奥希鲁切夫（В. А. Обручев）写过一些有趣的小说，描写怎样到地球中心去旅行、怎样到达人很难达到的地下深处的世界。在另外一些幻想小说里，作家描写了向渺茫的高空的飞行。这些幻想小说，从 17 世纪起一直到齐奥尔科夫斯基（К. З. Циолковский）仔细考虑过的"飞到月球"，把我们带到了遥远的、莫测高深的世界。

读了这些令人神往的故事，看出了人的求知欲是多么强，人们过去和现在都不甘心光住在地球表面的一层薄膜上，人的眼界及得到的总共才不过是地壳的 20～25 千米深的一层，人对这一点是决不满意的。

过去认为大气的上层是上不去的，那里是静悄悄的、冷清清的，地球上的分子也不在那里起化学作用；但是勇敢的俄罗斯平流层飞行家费多谢延科（Ф едосеенко）、瓦先科（В асенко）和乌瑟斯金（У сыскин）却冒着生命的危险，终于打开了征服高空史的第一页。

平流层气球和火箭的飞行大大地扩展了我们对于高空的认识，那里物质的分量非常稀少，每一立方米里物质粒子的数目只有地面上空气里的几百万分之一。

高空是最先引人注意的领域，而在这方面的成就是非常实际的：技术已经有了很大的收获，科学家对于我们还不能达到的这个遥远世界已经知道得很多，比对于踏在我们脚底下的那个世界——地球深处的世界所知道的要多得多。

我们对于地下深处的认识却差得多。人们之所以对地下深处发生兴趣，主要是因为人们想开出石油和金子来。人们钻凿油井，开掘矿坑，要深入地底下去，可是现在最深的油井不到 5 千米，最深的金矿矿坑还不到 3 千米。而这些已经算是辉煌的胜利了。

人们既然努力追求金子和石油，以后当然还会挖得更深些。新的技术的成就很可能打破现在的纪录，再往下多挖一二千米。可是即使这样，短短的几千米比起地球的半径 6377 千米来又算得了什么呢？那不才合地球半径的千分之一吗？

完全可以理解，人的思想对于这种情况是不能容忍的，所以从远古的哲学家起到现代的天文学家为止，一切研究科学的人都在思索地球内部的构造问题，想着怎样才能控制地球的深处。我们现在不如来想象一下——即使我们的想象还不能连贯起来也好，假想我们明白了地球深处的情形，就从地球表面到地球中心来做一次想象的旅行，看看一路上会碰到些什么东西。

*　　　　　*　　　　　*

第一个描写到地球深处去旅行的人是罗蒙诺索夫。固然，他的这种思想是分散在许多著作里的，可是拉季舍夫（А. Н. Радищев）写了一本《论罗蒙诺索夫》（1790 年），把这种思想归拢在一起。有趣的是，拉季舍夫在他另外一部名著《从圣彼得堡到莫斯科旅行记》的最后几页里，讲到坎坷不平的、泥泞的驿道是多么难走，他说当时旅行的困难情形正是罗蒙诺索夫幻想到地球中心去的旅行那样；他又描绘了一些景象，如果科学家从地面始终不渝地下到地中心就会看到这种情形。下面就是他有趣的叙述：

……［罗蒙诺索夫］很小心地走下了洞口，于是这颗辉煌的巨星很快就看不见了。我要顺着罗蒙诺索夫在地下旅行的路线走去，我要把他所想的东西集中起来整理一番，联系起来看看这些想象在他脑子里是怎样逐个产生的。他想到的那幅图画，对我们说来一定会是很有兴趣而且很有意思的。

到地下去旅行的人一通过地球的表层，一切植物生着根的那一层，他就感觉到地球表层和地下深处很不一样，首先是地球表层有独特的滋生能力。到地下去旅行的人到了这里可能得出结论说：现在的地球表面不是其他什么成分，而是由动植物的躯体组成的，地面之所以肥沃，之所以有滋生和发展的能力，是因为一切生物各自保持着不可毁灭的和基本的组成部分，这些生物的本质不变，所变的只是形状，而且形状也是偶然生成的。旅行的人再往下走，他发现底下都是一层接着一层的。

旅行的人在各个地层里有时候可以找到海洋动物的遗体，也能找到残余的植物体，因而可以断定：地球的成层构造开始的时候是从水里漂浮着的东西形成的，当时水从地球的这一端向地球的那一端移动，使地球变成像现在地底下的那种样子。

地底下这种特有的成层构造，有时候会失去它原来的面目，看去像是许多不同的地层混杂在一起。从这一点可以断定，曾经有猛烈的火力透过地中心，遇到了和它反抗的水汽，就发起脾气来，翻腾着，颤动着，冲倒和抛掷一切敢于和它顽强对抗的东西。

火力混乱了不同的地层，它喷发出热气来，刺激原始状态的金属，使它们有了吸引力，使它们结合起来。罗蒙诺索夫走到这里，凝视着这片沉寂的天然宝藏，想起了人类的饥饿和贫困，于是很痛心地离开了这个阴暗的人间贪欲的巢窟。

仔细分析这一段卓越的叙述，我们可以说它是完全符合现代的概念的；里面没有一句话是我们能够驳倒的。无非我们现在的说法不一样罢了。

我们现在是用钻探仪器来研究地下的情形的，所以现代对于地下的概念比先前的幻想要真实得多，下面就是我们现在研究的结果，可以跟 18 世纪科学家幻想的情景对照着来看。

莫斯科农民前哨站广场后面在前几年造了一个不大的钻架，这个钻架从大街上是看不见的。里面装着一架钻机，为的是往地球深处钻下去，看看莫斯科是在什么样的基础上。

于是开始了不懈的工作，长年地往下钻凿，想钻个几千米深。起初是穿过黏土和沙，那都是莫斯科平原上的沉积物，是斯堪的纳维亚南下的大冰川冲来的。这是那次冰川时代的最后一次爆发，苏联欧洲部分的整个北部都埋在厚厚的一层冰雪底下。

过了黏土往下是各式各样的石灰岩，每两层石灰岩当中隔着一层泥灰岩和黏土，有的地方石灰岩中间夹带着各种石灰质的贝壳和骨骼；石灰岩完了以后是沙，沙里夹着煤层，表明它们是煤田，这就是苏联中部工业地带煤和煤气的供应基地。

地质学家详细研究了古代石炭纪海里的沉积物，他们发现当时的海本来不深，又因为天气温暖潮湿，所以沿岸一带植物非常茂盛。后来海变深，水从东北向西南侵袭，冲毁了森林，淹没了植物；海里繁衍生长着的水生动物就开始堆积起珊瑚礁和介壳石灰岩的浅滩。这时候生成的石灰岩就是后来开出来给莫斯科盖房子的石灰岩，莫斯科所以得到"白石莫斯科"这个美称，就是从这个来的。这些石灰岩在现在还用得很多。

我们的钻孔已经穿过了石炭纪在几千万年漫长的岁月里沉积出来的这一连串的复杂地层，再钻下去就碰到另一类沉积物，大量的石膏。钻机穿过几百米厚的石膏岩层以及中间夹杂着的好多层黏土，然后遇到大量的水。

这些水的上层含有许多硫酸盐，往下去，含的氯化物越来越多；钻机已经钻进盐水，这里的氯化物含量有海水里的十倍那么多。这些氯化物当中主要是氯化钠和氯化钙，还掺杂着许多溴化物和碘化物。

画面左边的建筑是莫斯科第一座修道院——救世主新修道院。整个建筑用白色的石灰石和木头建成。17 世纪时，有许多书店开在这座修道院外的桥上。画家阿波利纳里·米哈伊洛维奇·瓦斯涅佐夫（A. M. Васнецов）绘制了 20 世纪初的俗世风情

　　这里已经不是石炭纪，而是更早的、泥盆纪的遗迹了：那时候有大海，到处连着盐湖和三角港，海岸四周还有沙漠；海底沉积了很厚的盐层，盐层里有时候夹着一层薄的淤泥，有时候夹着一层灰沙，灰沙是从沙漠里被狂风卷到海里去的。

　　这时候钻孔达到的深度是 1500 米。再往下是什么呢？古代泥盆纪大海沉积物的底下还有什么呢？假如地质学家再挖个几百米下去，他会看见什么新的花样呢？科学家对这个问题做出了复杂的推测，从这些大胆的推测又做出了各种各样的假定。可是突然在 1645 米深的地方出现了沙，这显然是泥盆纪的海岸；一见沙就知道离陆地不远了。沙里有个别

的属于火成岩的砾石，有海岸上常见的圆形碎石片。可见这里是海岸，是真正的海岸，所以再下去 10 米就穿进了坚硬的花岗岩。

莫斯科的钻机便是这样在 1940 年 7 月底第一次钻到了花岗岩。不久，另外一些钻机在塞兹兰和塞兹兰以东先后钻到差不多同样的深度，也碰到了花岗岩，因而证实了科学院院士卡尔宾斯基的天才预言：整个苏联欧洲部分大平原的地下，在古代是花岗岩的陆台。现在北起卡累利阿南到第聂伯河和布格河的沿岸，这一带美丽的花岗岩和片麻岩的断崖就说明了这一点。钻机又往下钻了 20 米，钻进了坚硬的花岗岩。根据地质学家的判断，这是真正的花岗岩，是远古的沉积物，它的年龄算起来离现在已经不止 10 亿年了。

钻机已经探到了莫斯科地下深处的花岗岩。可是再往下是什么呢？这层花岗岩底下会是什么地层呢？能不能再多钻 2000 米，好达到更下面漂浮着花岗岩的那一层呢？科学家对于这个问题争论得非常激烈。

有人说，没有希望钻得更深了，要钻透这层又硬又厚的花岗片麻岩的陆台，还要再钻几百米甚至几千米才行。

另外一部分科学家坚决主张继续钻下去，他们想从更深的地方找出这个谜的答案来。可是再钻下去确实是十分困难的，钻探工作者已经从地下深处取出了 2000 米长的、好看的、粉红色的、坚硬的花岗片麻岩的岩心，再下去每多钻一米就不知要多费多少力气呢。

这是因为今天我们掌握的技术力量还不够，还不可能钻探到地下最深的地方。所以要了解地下更深地方的情况，还应当另想办法。关于这一点，奥地利青年地质学家爱德华·修斯在 1875 年已经首先提出了。

修斯决定用地质学和那时候刚诞生的地球化学的观点，从高空来鸟瞰地球。他设想地球有主要的几层，每层的成分是均一的。他因此首先根据旧时哲学家的想法，把整个地球分成简单的三层：第一层是气圈，就是紧包着整个地球的那层大气；第二层是水圈，包括海洋和其他水面，水圈盖住和渗透地球的坚硬部分；最后一层是岩石圈，是岩石的世界，岩石圈的深处永远有火在燃烧，这种火就在有火山的地方喷发出来。

后来修斯又分析了岩石的化学成分，根据分析的结果继续研究这个分层的问题。

1910 年，英国博物学家穆莱伊又把地球分成好几层，把它们叫作地圈。

就从这个时候起，化学家和物理学家，地球化学家和地球物理学家都开始了坚持不懈的工作，想进一步深入研究每一层、每一地圈的构造。俄罗斯科学家维尔那德斯基和他的学派也专门研究这个问题，他们的这件工作得到了全面的开展和深入。

地质学家和地球化学家的任务不是光看地球的"相貌"——地球的外貌，他们还得认识每个地圈里进行的各种作用的全部的特征，还得完全看清楚地球内部的构造。

地球物理学研究了弹性振动波的性质，这种弹性振动波能够达到很深的地方，从反射波就能够分清各个地圈之间的界限；我们现在就根据地球物理学来简单说一说地球的每个地圈有什么特性。

现代的科学家算出来地球上下一共有 13 层，最高一层是我们到不了的星际空间，那里充满着流星和氢气、氦气的分子，也有个别的钠、钙和氮的原子。

这一层的下部界限在离地面大约 200 千米的高空。这下面是平流层：里面氮气和氧气的含量比上面的多。平流层的个别部分还夹着一层臭氧层。北极光在几百千米的高空照耀着，发亮的云层高达 100 千米。

从离地面 10～15 千米高空起往下又是一层，叫作对流层。这就是大家熟悉的空气，里面有氮气、氧气、氩气和其他惰性气体，还掺杂着水蒸气和二氧化碳。

再下面是一个大约 5 千米厚的生物圈，就是生物存在的世界。这个

10.000 km

690 km

电离层

航天飞机

极光

中间层

85 km

流星

同温层

50 km

气象气球

对流层

6 ~ 20 km

珠穆朗玛峰

地球大气层

生物圈包括地壳的上层和地壳外面那层水的上层。

再下面就是那层水，叫作水圈。按成分来讲，水圈主要是由氢、氧、氯、钠、镁、钙、硫几种元素构成的。

再往下就是固体的地圈了：先是风化的皮壳，这层壳我们已经研究清楚，它含着酸性盐和一层浮土；然后是沉积岩层，是古代海洋的沉积物，有黏土、砂岩、石灰岩和煤层。这层地圈深到 20 ～ 40 千米的地方，再下面是另外一层叫作变质岩层。

过了变质岩层就是花岗岩了，里面含有很多的氧、硅、铝、钾、钠、镁、钙。到了地下 50 ～ 70 千米的深处又变成了玄武岩，玄武岩的成分不是铝和钾，而是镁、铁、钛和磷。

深到 1200 千米，情况又急剧改变。这里已经不是固体的地层而是特殊的熔化物质，这新的一层所谓橄榄岩层的成分是氧、硅、铁、镁，还有铬、镍、钒三种重金属。

有一种很灵敏的仪器，叫作地震仪，地震的时候可以用它接收到震波；研究了震波就可以很清楚地看出地底下有不同成分的地层。科学院院士戈利岑（В. В. Голицын）发明的地震仪非常灵敏，不但可以察觉短距离的震波，而且可以察觉环绕过全地球的震波，察觉从两个不同密度的地层界限上反射回来的震波，例如从地球核心反射回来的震波。这些资料正是说明岩石圈存在的最有力的证据。有些科学家想，深到 2450 千米的地方是矿层，里面含有多量的钛、锰和铁。

一深到 2900 千米，密度的改变就更加急剧，那里据推测就开始进入地球的中心的核；我们对于核的性质虽然还很不了解，但是知道它多半是由铁和镍组成的，同时含有钴、磷、碳、铬、硫等杂质。

以上就是现代地球物理学家和地球化学家所能告诉我们的地球构造的情形，每个地圈在成分方面一定有某几种元素特别多，而且每个地圈的温度和压力也都不一样。

所有这些情况都相当复杂，可能还有许多点是不正确的，尽管这样，有一个地带却还是会引起我们的注意。我们也就是住在这一个地带里，它在所有地圈当中有它特别的性质。

这是一个 100 千米厚的地带，是化学生活的地带，是进行地球里的化学反应的地带，这里面有猛烈的爆发、有温度和压力的波动，这里面有地震、有火山爆发，这里面有的地方受到破坏、有的地方却在新生，这里面有深层的岩浆、热的泉水和矿脉在冷却，而最后，这里面又有人在生活，人在这里努力研究着自然，不断地和自然作斗争，想把自然征服，这里面还有千百万种生物，这里面化学分子的结合状态是最特别最复杂的，这里是生活、斗争和探索的地带，是新的作用和新的变化的地带！

怪不得地质学家把有生命的这个地带叫作对流层，意思是有运动的地带。这个地带的化学生活非常复杂，正是这个地带里的化学元素的结合过程决定了地球本身在各个地质时代里的全部命运。这是纯粹属于地球的化学反应的地带，而最妙的是，尽管有千千万万块陨石掉在地面上，成千上万的天体碎片落在我们科学家的手里，而这些陨石这些碎片当中，没有一块，哪怕是一小块也好，有像地球上这个有生命有死亡的激烈文化的地带那样的。

人们对于地下深处化学上的概念便是这样，其实人实际上能够接触到的只限于几千米厚的一层薄膜。

但是人类的天才在缓慢而顽强的斗争当中，还是逐渐扩大了认识世界的范围。

我们深信，不管是地下，不管是高空，它们不但会被科学家抽象的想象战胜，而且终有一天会被技术战胜。

我们现在有地球物理学上用的巨大仪器，那种装置能随着我们的意志来叫波透到地下深处，再在那里反射到地面，告诉我们那里的地层是怎样构造的。在乌拉尔和苏联南部的地下就曾经进行过巨大的爆破工作，结果给地层的认识打开了完全崭新的篇章。许多精密的钻机，耐火的钻探管和钻杆，头上嵌着特别坚硬的合金制成的、有金刚石帽的钻头，这些工具都能顺利地以神奇的速度穿透坚硬的花岗岩——所以我们相信，过不了几年，本来认为是技术成就极限的莫斯科的钻井，就会落在后面了。

人类控制地下好几十千米的深处，就会不只是美妙的幻想小说上的事，而是实际生活上取得的技术上的胜利。

认识世界是没有限度的，人的天才的胜利也是没有止境的！

3.3 地球史上的原子史

　　100多年前，柏林大学有一位著名的自然科学家亚历山大·冯·洪堡（1769～1859），他从那时候没有人到过的美洲许多地方旅行回来，做了许多次演讲，他想向听众描述宇宙的那幅不同寻常的图画。

　　他以后把这些演讲里的思想阐明在一部叫作《宇宙》的集子里。他用作书名的这个原词是根据希腊文来的，这个词的原意不但表示宇宙的

亚历山大·冯·洪堡（Alexander von Humboldt, 1769～1859），德国著名科学家、博物学家，在物理、化学、地理、矿物学、火山学、植物学、动物学、气候学、海洋地理学、天文学等方面均有建树，是19世纪科学界中最杰出的代表人物之一

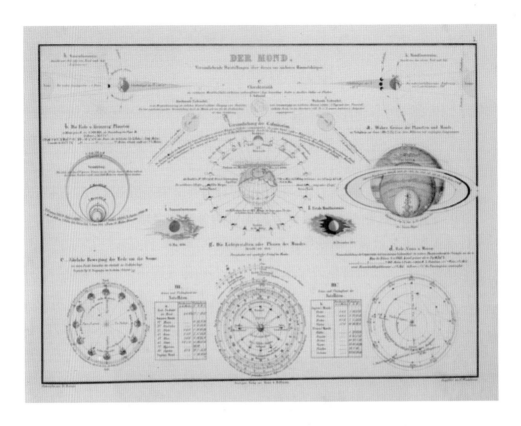

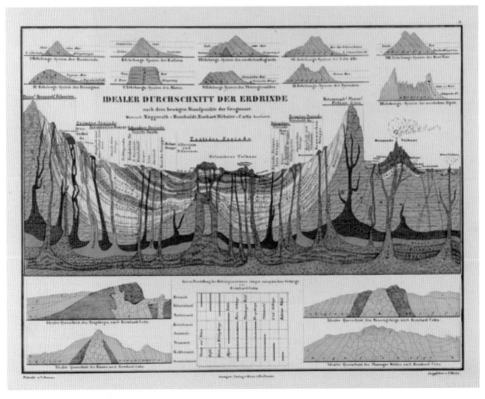

洪堡的演讲集《宇宙》内页。19世纪后期，这套书在学者和普通读者中广为流传

概念，而且表示秩序和美丽，因为这个词在希腊文里同样也指人类创造的世界和美丽的景色。

洪堡把宇宙想象成各种事实的总和。

他打算根据 19 世纪科学的成就，用自然界规律的统一性来说明宇宙的秩序，他想从他看到的真实情况里找出来，在宇宙发展的复杂过程当中有没有什么另外的因素。可是这一点他没有做到，因为他最终还是把宇宙分成了一个个自然界的王国。每个王国各有它的代表，彼此间丝毫没有共同的联系。

我们知道，从前人把整个世界分割成几个小块，他们硬给矿物界、植物界和动物界这些"王国"之间划出了鸿沟。

而且那时候还在流行着 17 世纪和 18 世纪的旧观点，把世界看成固定不变的，说世界是根据神的意志由大量互不依赖的"王国"组成的，所以尽管洪堡满心想指出全部自然现象间有互相连带的关系，但他终究是心有余而力不足，因为当时还没有一些事实、没有一些证据、没有一个共同的单位可以拿来当作我们周围的自然界里各种现象之间相互关联的基础。

这个共同的单位是什么呢？就是原子。所以现代对于宇宙的概念完全建筑在另外一个基础上。物理学和化学的铁的规律控制着自然界里各种原子旅行的漫长而复杂的历史。我们已经知道，原子在天体的中心怎样失掉了电子，我们也知道，原子后来怎样逐渐变成复杂的结构，核外有像行星似的电子绕着核旋转。

我们又知道，这些电子的环状轨道是怎样互相交错包围的，然后在冷却的星体里出现分子，那已经是化学的结合状态了。接着又产生越来越复杂的结构；离子、原子和分子生成整个的晶体，那是构成世界的新的、奇异的因素，是高级的因素，在数学上和在物理学上看来都是完美的。拿石英做例子吧，它就是透明而纯净的晶体，古希腊人早就知道它，把它叫作"化石冰"。

我们已经知道，好看的晶体怎样在地面上长起来和破坏掉，晶体的碎片又怎样生成新的机械的系统——形成了胶体，那是原子和分子的小集团。在这种胶体里的新型的复杂而巨大的分子是稳定的，这类分子里面含碳，就是我们所说的活细胞。

活物质发展的新的规律使得原子在它们的历史道路上的命运越来越复杂，它们先凝成复杂的菌丝体——半动物、半植物、半胶体的微小物质，用超显微镜才能勉强看出来，然后结成最初的单细胞生物，这种单细胞生物我们在普通显微镜底下已经很容易分辨了，就是那些细菌和纤毛虫类。

我们周围一切元素的原子都经历过这些历史阶段，每一种原子都可以替它写一部生命史——从最初地球冷却的时候起到它旅行到活细胞里为止。

原先有个时候就像神话里说的那样，宇宙是一片混沌，从那里面产生出原子漩涡，它们发射出电磁波；于是就像天文学家说的，热运动逐渐停止，整个系统都冷却下来。

在各种各样的天文学家和哲学家当中，是谁，在什么时候，想解释这个过程，对我们说来倒并不重要。对我们说来重要的，只是这些漩涡是怎么形成的，各种元素的原子是在哪儿结合起来的。

我们知道这种结构的成分：现代地球化学家进行研究，得出了辉煌的结果，告诉我们它大约含 40% 的铁，30% 的氧，15% 的硅，10% 的镁，2% ～ 3% 的镍、钙、硫、铝。剩下是少量的钠、钴、铬、钾、磷、锰、碳和一些其他元素。

从这百分率来看，我们知道构成宇宙的主要元素都是稳定的，它们的原子是根据双数的规则来构造的，这在前面已经讲过。

一百种原子的漩涡乱成一团，其中有几种原子的含量很多，有几种原子的含量很少，少到只占一千亿分之几。

游离的气体原子慢慢地冷却下去，转变成液体；它们变成火热的熔化的液滴而彼此接近起来，它们进行的作用就像是熔化的矿石在鼓风炉里经历的过程。

想不到的是，关于地球构造的谜的答案，不是理论家，不是地球物理学家找到的，而是冶金学家找到的；冶金学家善于提炼金属，会处理矿渣，他们知道怎样在鼓风炉里灼热的地方掌握各种不同原子的命运。各种原子依照物理学和化学的定律互相分离开，原来的熔化物就分成层次。这时候一切元素都排列成一定的次序。轻的流动的部分往上走，漂到表面，而重的部分却沉到中心。

这样就聚集成了一个金属核。贴着核的外围的往往是一层金属硫化物，再往外是一层像矿渣那样的硅化物的皮壳。地球物理学家告诉我们，构成地球的各层，或者所谓地圈，正好是像鼓风炉里分布的各层熔化物。

从地面往下差不多 2900 千米的地方，就是那个铁核。这里聚焦的金属也和鼓风炉里一样：主要是铁，其次是和铁同类的元素，是铁的最亲密的伙伴——镍和钴。

除去铁、镍、钴，铁核里还有几种元素，化学家把它们叫作亲铁元素，这个名字还是炼金士提出来的，而 18 世纪的烦琐哲学家却曾经讥笑过这些炼金术士。这些元素是铂、钼、钽、磷、硫，它们无疑和铁有相似的地方。我们所知道的地球最深部分的成分便是这样。

从铁核往上大概到离地面 1200 ～ 1300 千米是另一个地带；以前科学家对于这个地带的成分的看法不一致，所以发生过许多争论，可是毫无疑问，它一定和炼铜或炼镍的时候炉子里生成的熔化物差不多；在有色冶金工厂里那种熔化物叫作"粗炼金属"。这是金属的硫化物。科学家常把这层 1500 千米厚的地圈叫作矿层，这也不是没有原因的。

矿层里聚集的是铜、锌、铅、锡、锑、砷、铋的硫化物。可是这些硫化物大部分也能在离地面比较近的地壳里发现。

矿层往上，是氧化物的地带。这个地带还可以细分作几个层次。这个地带的深处有大量的含硅、镁、铁特别多的岩石。科学家研究这个地带比较晚，直到南非洲发现了一种管子似的金刚石大矿脉才开始研究它——这种管子似的矿脉里满是最紧密和最重的各种矿物，是熔化物从很深的地方涌上来以后结晶的。

从地球表面到地下 1000 千米左右这一地层是硅的氧化物，我们就是在这个地层上生活的。我们对于这个地层的实际知识才深到 20 千米，但是我们认为它的构造相当复杂，它包括各式各样的岩层和矿物。

拿成分来说，它和地球的平均成分差得很远，看下面的数字就知道：氧占50%，硅占25%左右，铅占7%，铁占4%，钙占3%，钠、钾、

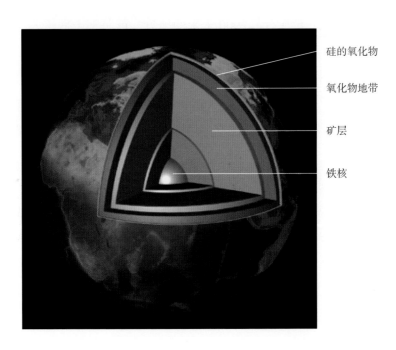

硅的氧化物

氧化物地带

矿层

铁核

镁各占 2%，剩下的是氢、钛、氯、氟、锰、硫和所有其他元素。

我们早已说过，这些数字是经过成千上万次的计算和分析才确定下来的。我们随处可以看到，地球的这层硬壳的成分是很不均匀的，各种原子的分布情况非常复杂，所以我们很难正确地设想地壳构造的全貌，因为地壳里有的时候是粉红色发亮的花岗岩，有的时候又是暗色沉重的玄武岩，有的时候又是洁白的石灰岩、砂岩和杂色的页岩。而且在这个五光十色的基础上又乱七八糟地分散着各种金属的硫化物、各种盐类和许多其他的矿物。从这个复杂的景象里，我们能不能找出什么原子分布的规律呢？还是根本不可能发现这块花地毯的构造的规律？

根据地球化学家近年来的成就，知道这个仿佛是偶然生成的世界，其次是有非常精确的、相当严整的规律的。地球化学家不但把硅的氧化物、把地壳跟地下火热的熔化物分别开，他们还区分各种原子，缜密地研究每一种原子的动态。

我们的想法是这样：整个的熔化物和氧化物很像鼓风炉里流出来的矿渣，它们逐渐地凝结。然后从那里接连不断地结晶出各种不同的矿物。先结晶出来的是比较重的物质，它们沉在底下；比较轻的物质、气体和挥发性物质都往上跑。譬如，沉在玄武岩熔化物的底部的是含铁和镁很多的矿物，里面还有铬和镍的化合物，又是金刚石等宝石和贵重的铂族金属矿的源泉；至于往上走的是另一类物质，这些物质生成一类岩石，就是我们所说的花岗岩。花岗岩像是从整块岩石里挤出来然后冷凝的，正是它形成我们大陆的基础，它好像漂浮在一层沉重的玄武岩层上，这层玄武岩就铺在大部分的海洋底上。

物理化学上的严密的规律控制着原子在宇宙间的这种新的分布，自从地球化学采用了这些物理化学的规律以后，科学上就透露出新思想的曙光。

花岗岩熔化物中心的冷却经过很复杂：过热的水蒸气和挥发性的气

体从那里分离出来，透过它们周围的岩石，变成滚烫的水溶液，这种水溶液就跟我们熟悉的矿泉一样。这些炽热的气体和水蒸气包在花岗岩熔化物中心外面，仿佛月亮外面的一层晕；含着各种挥发性物质的气体和水蒸气顺着逐渐冷却的花岗岩裂缝冒出去；它们像炽热的地下河那样流出来，一面逐渐冷却，一面在花岗岩裂缝的壁上结晶出矿物来，然后流出地面变成冷泉。

在冷却的花岗岩的晕里，我们首先看到有当初熔化物的残余；这就是著名的伟晶花岗岩矿脉，它含着放射性矿物的重原子。它又夹带着宝石，有闪亮的绿柱石晶体和黄玉晶体；它还含着锡、钨、锆和其他稀有金属的化合物。

在这个逐渐分层的复杂过程当中，接下去是含锡和黑钨矿的石英矿脉，再下去又分出许多含金的石英矿脉的分叉，以后是多金属矿脉，有锌、铅、银的沉积物，而离开花岗岩熔化物中心已经很远的地方，离开地下深处沸腾着的花岗岩熔化物几千米远的地方，我们可以找到锑的化合物和硫化汞的红色晶体，还有火黄色的或者红色的砷的化合物。

这些矿物纯粹是根据物理化学上的规律来分布的。如果它们是沿着地球很长的裂口凝固的，那么这些原子就聚集成长环或带，有规则地一层挨着一层，包围着花岗岩的熔化物。现在在地球表面已经揭露出来的这些矿物带：有一条从加利福尼亚地区起从北向南，贯穿南北美洲大陆，里面含铅、锌和银。另外一条沿南北方向穿过非洲全部。还有一条像花圈似的围绕着亚洲的坚硬岩层，长到好几百千米，里面有很多的矿石和有色的石头。

地球上各种矿床的分布，本来像是杂乱无章的，没有人懂得这样分布的原因，而现在在地球化学家看来，这已经变成一幅极有规律的原子分布的图画了。一切原子在地壳上的分布决定于它们各自的性质和动态，根据这个新发现的自然规律来进行研究，就可以解决许多实际问题，可以取得巨大的成就。

真正的科学规律代替了中世纪矿工的观察和矿山上旧式的实验，这些规律早在 16 世纪的时候，阿格里科拉就想过，他说某些金属间有一种神秘的相亲相爱的关系。

杰出的俄国科学家罗蒙诺索夫也说到过这样的规律，他在 200 年前看到不同的矿石在同一处发现，曾经号召化学家和冶金学家共同来研究这种平衡，研究这个原因，而且回答下面的问题：为什么锌和铅聚在一起，为什么有银的地方也常有钴，为什么镍和钴这两种金属会和奇异的元素铀一同被发现？

究竟是什么原因让各种不同的原子在花岗岩里按照一定的规律来分布呢？这里有一种新的力量出现在自然界作用的舞台上；如果说地下深处是由原子的本性所制约着的基本的分离规律使那一团熔化物分出了核和矿渣，那么在这里已经有新的规律代替了那些规律了。

原子互相结合起来，不但生成聚集状态的游离的原子和分子，就是我们所谓液态或玻璃状态，而且还生成地下深处所没有的一种结构，那种结构在宇宙空间里，只有在行星际空间的寒冷把激烈运动的原子冷到 2000℃ 以下的地方才能生成。

这种美妙而和谐的结构叫作晶体，我们世界之所以这样匀称整齐，就是因为有晶体。前面已经讲过，$1×10^{22}$ 个原子可以构成 1 立方厘米的晶体，这些原子彼此保持一定的距离，排在一定的点上，形成像格子和网格的样子。地壳上层的薄膜全部是由晶体构成的；我们看看我们周围的一切，绝大多数也是由晶体构成的。

晶体和晶体的规律决定着元素分布的状况，晶体里的元素往往是可以互相替换的：有一部分元素能在晶体内部移动，可是另外一部分元素却受极强的电子的吸引，彼此束缚得非常紧密，这样的晶体特别坚硬，有很高的机械强度，宇宙里一切对它有害的力量都不能破坏它。

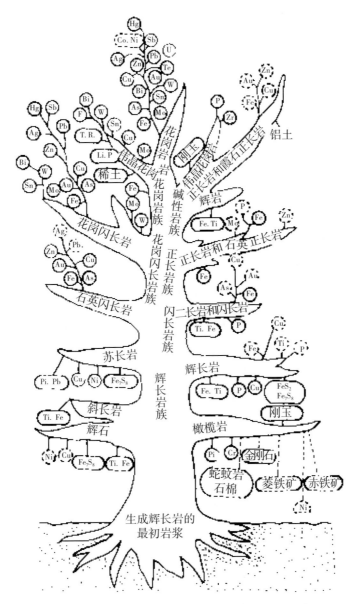

跟最初的岩浆凝成的火成岩有关的一些元素和有用矿物的分布图

那里，在天体的内部深处，是原子的无秩序的混沌状态；而在这里，在地面上，却再也没有那种混沌状态，而是排列成无数的点和网格，它们排列得井井有条，就像是镶嵌地板，又像大厅里的挂灯。

现在我们已经讲到地球的表层了。地球中心对于地面上原子的生活是鞭长莫及的，只得让位给太阳和宇宙射线去影响这些地面上的原子了；原子在这另一种形态的能量的影响下，就依照物理化学和结晶化学的规律而重新移动起来。

50 年前，道库恰耶夫（В. В. Докучаев）在圣彼得堡大学讲课，他对于土壤在地球表面生成的规律阐发了卓越的见解。他说气候、植物和动物决定着各种土壤带的形成，同时也决定着土壤层里各种物质原子的不同的分布。这样他把土壤层看作原子的新的、独特的世界。

道库恰耶夫有一句口头语："土壤是自然界的第四王国。"

道库恰耶夫不但认为土壤的肥力服从这个独特世界的规律，而且认为人的生活也受这个规律的支配。

然而正是在地面上，在地球的这层薄膜上，原子显得格外复杂。晶体在地下深处安安静静地产生，产生的经过很单纯，很清楚，可是要在地面上产生晶体就不那么简单了。

复杂的地理景观约束了原子本身的活动，再加上气候不断的改变、季节的变迁、昼夜的变化、生物的作用——这一切都给原子烙上了痕迹，促使原子去寻求新的平衡的方式，要求新的稳定的环境。

地底下是安静的，晶体在安静的条件下产生，可以分布很广；然而地面是变化很剧烈的世界，这里有相反的因素在发生影响，有各种力量在进行斗争，有温度的变化，还有破坏的作用。这里精确的晶体结构比较少，而是晶体的碎屑占着绝对的优势，这种碎屑是一种新的、动态的系统。我们把这一类碎屑叫作胶体。

地下深处秩序井然的世界和地面上混乱的像肉冻似的胶体世界发生

道库恰耶夫（1846～1903），俄国自然地理学家、土壤学家。最早提出土壤是在母质、气候、生物、地形和时间5种因素相互作用下形成的历史自然体的概念，创立成土因素学说；提出土壤剖面研究法和土壤制图方法；以土壤发生学观点进行了土壤分类，并划分出俄国的主要土壤带，建立土壤地带性学说，是土壤地理学的奠基者、土壤发生学派的主要创始人

了矛盾。我们周围的自然界转眼就起变化，化学反应在这种环境里不可能像在地下深处那样安静地、按部就班地进行。晶体刚一生成，突然又受到破坏而变成另一种晶体。有时候晶体的碎屑重叠起来打成一片，这样生成的大颗粒有的时候是由成千上百个原子组成的，再从这种大颗粒里出现新型的物质，就是凝冻状的、不稳定的胶体，这类物质我们在有机世界里是很熟悉的。

但是地球表面上的矿物不但受到破坏的力量，在它们里面也蓄积起巨大的积极的力量，在它们里面含着比死的、稳定的晶体里更多的能量。

在我们周围的黏土、各种褐铁矿、锰矿里，在铁、铝、锰原子各式各样的结合状态里，在各种磷的化合物里，到处都有种种新的力量在参加作用，这些力量是由于不同的外界环境接触而产生的，这些力量到处乱成一团，这里是一面破坏一面建设，这里产生新的规律来决定土壤的性质，让各种金属容易移动，让金属能够在土壤层里互相替换。

这样我们就逐渐进入原子史的最后阶段——进入生命的过程了。胶体已经替创造新的系统准备好条件：胶体里的分子结合成复杂的系统，蕴藏着巨大的表面力量，于是产生了新物质的萌芽。这就是活细胞。

活细胞是特别的、柔软的结构，原子在那里一会儿结合，一会儿分离，结果出现了生命；生命的出现是原子系统变得越来越复杂的天然发展的结果，是合于逻辑的成就。生命在它极其复杂的进化过程当中只能像我们上面所说的那样继续发展。生命属于原子的另一种集合形态，它使原子的结构越来越复杂，从最小的单细胞生物起一直进化到人，生命现象已经变成了地面上的主要现象了。

我们现在决不能把我们周围环境的任何一部分割裂开来。生命已经和沉静的大自然、空气、水融成统一的整体，我们周围有许多地理景观就是生命现象的产物。这是原子系统的最高形式，是进化规律和有机体发展的结果。后来出现了思想家，他们在思想过程当中发现了关于能量的一些极有力量的规律，这些规律替一个新的体系奠定了基础，这个体系虽然还不太稳定，可是比较强大，而且比较活跃。

这样，在原子的旅行史上，我们看到它的命运逐渐变得越来越复杂。

起初只是带电的自由的质子，后来形成了原子核。

以后就开始变得更加复杂：它越往宇宙空间的冷处去，原子的电子层也就越容易回到原子的外围上。这样才生成原子。原子彼此结合在一起，生成有规则的、整齐的几何图形，就是我们所说的化合物。

晶体就是这类化合物的代表形式，这种形式最有秩序，结构最匀称，储藏的能量最少，因而也是最死板的形式，是物质失去了活动力量的形式。可是原子、分子的复杂的胶体系统也是从这里开始的。

从胶体又产生活细胞；成百成千个原子开始组成复杂的分子；出现了化学上到现在还没有完全研究清楚的物质最高形式——蛋白质，使得我们周围的有机世界显得那么多种多样，那么复杂奥妙。

可是原子在我们这个大自然的历史上始终是在不停地东奔西窜着，

在寻求着新的形式。我们现在还不敢说，是不是另外还有比晶体更稳定的新的平衡形式，是不是还有比活物质含的更活泼、更多的能量。我们对于原子旅行的新路线的知识很贫乏，我们对于自然界的一切概念也就显得不完整，所以谁也不敢肯定说：我们对于原子旅行的全部路线已经彻底了解，我们已经会运用原子里潜藏的巨大力量了。

时间的道路。图示地球史上的造山运动和生物的进化

3.4 空气里的原子

什么是空气？我们对于空气想得多么少，我们对于这个问题甚至多么不感兴趣！空气包围着我们，我们感觉很习惯；因为我们都是健康人，除非我们得不到空气，除非我们周围的空气不够，那时候才知道空气是宝贵的。

我们知道在高空呼吸是多么困难，有些人在 3000 米高的地方就会患高山病，他的身体开始衰弱起来；我们也知道，飞行员驾着飞机飞到 5000 米以上是多么难受，如果他飞得再高，高到 8000 米和 10000 米，那时候空气可以肯定地说已经不够了，他不得不吸入飞机上带着的氧气。

我们知道，下到很深的矿坑里去是多么痛苦；空气在地面下 1500 米的地方压力很大，耳朵里长时间地听到嗡嗡的声音，你就得习惯于那种环境。

在今天，空气不但是科学上最重要的问题之一，在化学工业上也是这样。

以前有一段很长的时期，谁也不明白空气是什么东西。有那样一种思想在初期的化学上占了好几百年的统治地位，大家相信空气的成分是一种特别的气体，叫作燃素，说是某种物质一燃烧就放出燃素，说燃素是一种特别微妙的物质，充满着整个世界。

后来由于法国化学家拉瓦锡的天才的发现，才明白空气里含有两种重要的物质——一种对于生命有帮助，叫作氧气；另一种对于生命没有帮助，给它起的名字是氮气。

1894 年，发现空气的成分很不简单，这次发现纯粹是无意的；原来对于生命没有帮助的氮气竟还混杂着许多比较重的别的元素，这些元素在空气里起的作用都很大。

安托万－洛朗·德·拉瓦锡（Antoine-Laurent de Lavoisier，1743～1794），法国化学家、生物学家。他提出规范的化学命名法，撰写了第一部真正意义的化学教科书，有"化学之父"的美誉。图为法国画家雅克·大卫所绘的油画《拉瓦锡和他的妻子》（1788年）

下面是现代物理学家测定的空气的成分（重量）：

氮气……75.5%	氖气……0.00125%
氧气……23.01%	氦气……0.00007%
氩气……1.28%	氪气……0.0003%
二氧化碳…0.03%	氙气……0.00004%
氢气……0.03%	水蒸气……不固定

现在我们对于空气海洋的成分已经分析得那么精确，连 1 立方米的空气里只藏着一小滴其他物质，也瞒不过我们的化学家。

现在知道，包围着我们的空气海洋不但是一切生命的基础，而且是巨大的新工业的基础。

根据英国最近的统计，英格兰和苏格兰的全体居民一昼夜要从空气里吸走 2000 万立方米的氧气，而用特别的机器装备一昼夜从空气里抽出来供给工业使用的氧气，也有 100 万立方米。

而且工业上一定要烧煤和石油，也需要氧气，同时把燃烧生成的大量二氧化碳送进空气里去。这种作用同样也在生物体里进行。例如，人每天差不多呼出三升的二氧化碳。

要懂得这个数字的意义，只要指出一棵大桉树每天分解二氧化碳，把游离的氧气送回给空气，这些分解的二氧化碳的分量大约相当于每个人呼出的二氧化碳的三分之一。结果，三棵大桉树分解的二氧化碳，才抵得过一个人呼出的二氧化碳，才能使空气恢复它原来的成分。

可见我们周围的植物有多么重大的意义，所以我们要在城市里栽种植物，要特别爱护植物。只有植物的生活才能把人吸走的氧气还给空气。何况氧气的用量在不断增加，我们怎能不重视植物呢？

1885 年，有几个小工厂用氧气来制造过氧化钡，这是第一次利用空气里的氧气。现在呢，空气里的氧气成了好多化学工业部门的基础；钢铁厂已经不用空气而用纯粹的氧气打进鼓风炉里去；氧气在一部分化学工业上是独一无二的氧化剂。

把我们周围的空气变成液体、再从液体空气里提出氧气的机器装置，也一年比一年多。

人不但使用氧气，空气里其他气体的用途也越来越广。

还在不久以前，含在空气里1%的氩气在工业上丝毫不起作用。而现在使用复杂的机器装置，每年能从空气里提取100万立方米左右的这种稀有气体。

你们有许多人大概还不知道，每年用氩气填充的电灯泡在10亿个以上。

大城市里用特制的电灯做广告来引人注意，结果空气里另一种稀有气体的用量就逐年增加。那就是氖气。氖气在空气海洋里的含量很少很少——5.5万份空气里才有一份氖气。可是氖气工业还是每年在发展和扩大。

人们又从空气里提取氦气。氦气最早是在太阳上面发现的，它在空气里的含量比氖气更少，虽然每平方千米地面的上空差不多有20吨的氦气。它的来源除了空气以外，主要是从地下喷出的气体里收集，人们广泛地用氦气填充飞艇，工业上用氦气可以得到世界上最低的温度。

不但前面三种稀有气体，连氪和氙那样特别稀罕的气体，也开始走进我们的工业大门。

氪气在空气里还占不到十万分之一，氙气更少。然而我们还要重视这两种气体，还得大量提取它们，因为把氪气装在电灯泡里，能让电灯泡多亮10%，氙气能让电灯泡多亮20%。这不就是让我们的照明设备少消耗10%或20%的电力吗？

当然，空气里最重要的工业原料是氮气。

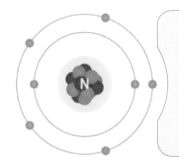

人们初次试用氮的化合物做肥料是在 1830 年。

那时候谁都没想到利用空气里的氮气，连用船从智利装运来的硝石也还不一定能在西欧贫瘠的田野里当肥料使用。后来发现氮、磷、钾是维持植物化学生活的必要物质，于是想起来用化学肥料，各国也就越来越努力寻找这三种物质的来源。既然对于氮的需要是那样迫切，所以 1898 年物理学家兼化学家克鲁克斯在谈到氮的来源恐慌的时候，他提议另想办法从空气里提出氮气来。

过了不多几年，化学家真的想出了办法，用电火花把空气里的氮气变成氨、硝酸和氰氨。

第一次世界大战期间，炸药工业特别需要氮气，氮气成了许多国家追求的目标。现在全世界的氮气工厂在 150 家以上；它们每年从空气里提出的氮气有 400 万吨。可是这个数字也不算什么，因为氮气在空气里的含量多得很，大约占到空气体积的 81%。

这只要指出下面这一点就够了：全世界氮气工厂每年从空气里提走的氮气分量，大致相当于半平方千米地面上的空气里所含的分量。

以上就是空气在现代工业上的使用情况。工业上现在还正在深入研究，想充分利用空气海洋的每一种组成部分。空气几乎是取之不尽用之不竭的，它可以变成矿物质原料的庞大泉源。但是怎样来掌握这个宝藏，目前还没有完全想出。

通用电气 1930 年出品的霓虹灯，其中注有稀薄的氖气，通电后会发出橙色光芒

1936 年 3 月 6 日首飞的兴登堡号齐柏林飞艇，原本打算使用氦气代替氢气作为浮力源，但主要生产国美国拒绝提供，只能使用氢气。1937 年 5 月 6 日，这艘飞艇从德国法兰克福飞往美国新泽西州，准备着陆时在离地 300 英尺的空中起火，36 秒便被焚毁

现在所用分离空气成分的方法还很不完备。要提取氮气，就要很大的压力，又要消耗大量的能。分离各种稀有气体和提出氧气，都得用贵重的复杂装置，先要把空气变成液态，然后把它们一个个分开。近年来苏联在这方面已经有了辉煌的成就。

苏联科学院物理问题研究所已经发明了一种很好的机器，不但能够大量地分离空气的成分，而且能够把它们分离得非常纯净。

我们现在来讲一种比较小的机器，这种机器可以装在房间里。一通电，输气压气机就转起来，这时候打开龙头——龙头上写着"氧"字——流出的就不是空气，而是冷却到 -200℃的淡蓝色的液态的氧。

打开另一个龙头，就有液态的氖气或氙气一滴滴地流出来，而另一个容器的底部聚集着一种物质，很像炉子里的灰，这是固体的二氧化碳；把固体的二氧化碳放进特制的压榨机，压出来的就是干冰，用来保藏冰激凌，或者在热天用来降低屋子里的温度。

也许我的思想比实际走远了一步。现在实际上还没有那样的袖珍机器，只要把电插头一插就会制出液态氧等，可是我相信，不久我们就会利用空气的富源来满足我们的需要，会建立起巨大的化学工业，来利用氮气和氧气这两种在地球生命上有突出意义的元素，利用空气里这种取之不竭的宝藏。

这一章本来可以到此结束了，可是我想，我的话还没有说完，还有很重要的一点没有说。

空气里还有二氧化碳，燃烧煤、木柴和煅烧石灰石还生成各种气体，可是我对于它们的用途还一个字都没有提。

工业方面早已算过，从工厂跑进空气的废气——二氧化碳的数量非常庞大。工业方面建议利用这些二氧化碳来造干冰，想把空气里所含万分之三的二氧化碳都提取出来。

物理学家想得更远：他们说，空气里不但有我们讲过的那十种气体，还含着大量更稀少、更分散的气体，它们的含量是一亿分之几，是一千亿分之几，这就是放射性气体。

这就是镭射气和轻金属蜕变放射的各种气体。这些气体在空气里存在的时间都不长：有的几天，有的几秒，有的则只有百万分之几秒。全世界原子核分裂以后产生的这类气体都充斥在空气里。宇宙射线到处引起原子分裂，先出现不稳定的气体，再逐步变下去，变到生成比较稳定的固体物质为止。

空气海洋里不断地发生着化学反应。物质的分散的原子相互间不断地进行极其复杂的作用，对于我们周围的空气海洋里发生的经常而复杂的变化，对于这种放电现象，我们所知道的还不多。

把这些谜解开，就等于在征服自然界使它顺从我们的需要的道路上又前进了一步。

3.5 水里的原子

　　泉水、河水、海水、地下水合在一起，共同构成地球上不间断的一层水，叫作水圈。在一望无际的海洋面上，由于太阳的照射，由于热的作用，水不断地蒸发掉。

　　水蒸气在空气里凝结，再变成雨点、雪花和雹子掉到地面上。掉下来以后冲刷土壤、渗透土壤、冲毁岩石、大量地溶解各种物质，把一切重新带到海洋里去。

　　水便是这样来回地循环：海洋→空气→地球→海洋。每循环一次，岩石里能够溶解的物质就总有许多被带走。

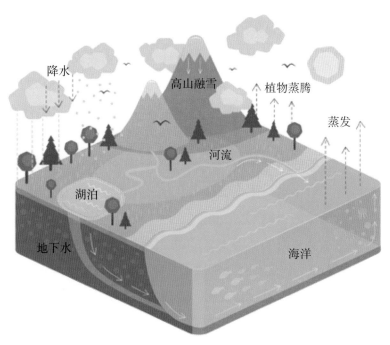

地球上的水循环

有人算过，全世界的河流从陆地带到海洋里去的溶解物质，每年差不多有 30 亿吨。换句话说，每 25000 年给水破坏了带到海洋里去的地层，有一米左右的厚度。

水在地球上的作用真是大极了。

水的化学分子式是 H_2O，它是地球上分布最广的物质之一。

全世界海水的总体积是 13.7 亿立方千米！

水在地质史上的意义，因之也就是在地球化学上的意义，的确是非常大的。

这就是为什么地质学上有过一种假说，说是地球上一切岩石都是在水里长出来的。

这个假说叫作水成论，水成论者和火成论者曾经争辩得很厉害；据火成论者的见解，地球上一切岩石都是地下的熔化物喷到地面上来凝固生成的。

现在我们知道，水和火山这两种力量都参加过岩石的生成作用。

不含任何杂质的水，或者说，没有任何其他物质或盐类溶解在里面的水，在自然界里可以说是没有的。这意思是说自然界里没有蒸馏水。连雨水都含有二氧化碳，含有极少量的硝酸、碘、氯和其他化合物。

制取化学纯粹的水，不说不可能，至少是困难得很。空气里的各种气体，盛水的容器的内壁，虽然在水里溶解得很少很少，但是毕竟能够溶解一些。譬如拿银器盛水，就有十亿分之几的银溶解在水里。喝茶用的银匙总有极少量的银跑到水里去。这样少的银，化学家是几乎查不出来的。可是像水藻一类的低等生物，却会因此死掉，这类低等生物对于存在水里的极微量的银和另外几种原子是非常敏感的。

天然水顺着沙、黏土、石灰岩、花岗岩等各式各样的地面流走，当然会从这些物质里带走好多种化合物。有些科学家说，只要知道河床是什么成分，就能回答河水是什么成分。

以前讲过，铝硅酸盐在自然界里分布很广，可是天然水却照例不含大量的铝和硅。如果水里有铝和硅，那主要也是呈浑浊状态，呈机械的混合物。而另一方面，一切河水、海水都含碱金属——钠和钾，还有镁、钙和一些其他元素。这是怎么回事呢？

原来是这样：溶解在水里的盐类，水的化学成分，和盐类在水里的溶解度有非常密切的关系。最容易溶解的化学物，正是天然水里最常见的成分。我们早已讲过，钠、钾、钙、镁、氯、溴和几种其他元素的原子往往是天然水蒸发以后留下来的盐类残渣里的主要成分。

饱含着盐类的水——天然盐水——里含的也正是这些很容易溶解的原子的化合物，这些原子就是从岩石里冲洗出来的。

可见海洋是一切能够溶解的盐类的收容所，由于水在陆地和海洋之间不断循环，这些盐就从地球存在的那天起逐渐聚集在海洋里。

科学家曾经计算过海洋里溶解了多少盐，又计算过全世界的河流每年冲到海洋里去的盐有多少。他们根据这些计算出海洋的年龄，或者说是海水要含有现在那样多的盐需要多少年。可是得出的数字并不很可靠。

总而言之，容易溶解的盐是天然水里主要的化合物。海水含盐3.5%，里面80%是氯化钠，这就是我们大家都知道的食盐。谁都知道食盐很容易溶解。一切其他能够溶解的化合物在水里的含量都很少。不管是海水、河水还是地下水，任何天然水里都能找出全部的化学元素来。问题只在于我们用的方法完善到什么样的程度。

假如想一想，化学元素差不多一共有100种，那就很容易设想，天然水的成分可能会多么不同。科学家根据成分也的确把天然水分成了好多种。

海水，不论是什么地方的海，也不管是深海浅海（但是要离岸远），它的成分总是非常固定的。

各种化学元素在各处海水里的含量非常严格。河水的成分却不太固定，不过彼此也很近似。河流流过不同的岩层，流域的气候又不一样，这些条件都可以在河水的成分里找到反映。例如，北纬地区的河流含的铁和腐殖土比较多，这些河流甚至常常染上这些物质的颜色。中纬度地方的河流主要是含钠、钾、硫酸盐和氯。更热的地方，特别是河流不流进海洋的地方，河水里以及更常见的是湖水里常常含盐很多。

正像从地区的不同可以看出水的成分的变化，从深度看也能看到地下水成分的改变。地下水越深，它的成分就越和盐水接近。成分变化最多的是地下的矿水，矿水时常冒出地面而成矿泉，许多矿泉可以治病。

矿泉里有含钙的，含溴和碘的，含镭的，含锂的，含铁的，含硫的，含镁和硼的，还有含其他元素的。根据各种矿泉的名称，就知道溶解在它里面的主要成分是哪一种化合物或元素。

这些矿泉的成因，和矿层在地下水里的溶解作用有关系，也和不同成分的岩石被地下水渗透的作用有关系。

根据这些矿泉的化学成分来说明它们的生成经过，这是科学上有趣而且是非常重要的任务。地球化学家和水化学家现在正在研究着这个问题。

海水中含有80多种元素，其中氧元素的含量最高，其次是氢元素，含量排在后面的分别是——氯、钠、硫、镁、碳、溴、锶、硼、氟，这些元素占海水总量的99.9%，其他元素的含量就微乎其微了。但也不要小看它们，其绝对含量还是很可观的，比如金在海水中的总量可能达几千万吨。

科学家好几次想设立一个理化工厂，专门从海水里提取金子。但是到现在为止还没有实现。

海水中含有许多溴、碘、氯等元素，这些都是我们很需要的元素。海水里的碘被海藻和其他海洋生物所摄取。我们工业上用的碘主要就是从海藻里提取出来的。

生长在深海中的红藻

海藻一死，碘就钻到海底的淤泥里。海底的淤泥又逐渐变成岩石。水从这样的岩石里挤出来变成岩层水，碘也随着混在这种岩层水里。钻井采石油的时候常常遇到岩层水，里面碘和溴的含量都不少。人们现在已经会从这样的岩层水里提出碘和溴来。海水里溴的含量是无穷尽的，许多地方都在直接从河水里提取溴（镁也可以这样提取）。

钙原子在天然水里的历史特别有趣。天然水常常含有过多的钙离子，那时候水底就沉淀出碳酸钙来而生成石灰石和白垩。

二氧化碳在钙的历史上起了很大的作用。二氧化碳过多的时候，碳酸钙会溶解在水里，二氧化碳不够的时候，碳酸钙又从溶液里沉淀出来。我们还记得，绿色植物会吸收二氧化碳，明白了这一点，那么绿色植物对于水里的钙的沉淀起了什么作用也就清楚了。实际上就是这样：热带海洋里的大岛——环礁，就是致密的碳酸钙，是海洋生物作用的结果而沉积起来的，当然也有海洋生物的石灰质骨骼在里面。

我们举出这个例子，为的是说明水里的生物对于天然水的成分也有很大的影响。

如果不了解这种"活物质"对于天然水成分的作用，那我们就不可能完全想象出那些使河水、湖水、海水变到现在的成分的一切过程。

宝拉波拉岛，法属波利尼西亚社会群岛中的一个岛屿，位于南太平洋上，是一个典型的环礁岛。礁石围绕着潟湖，岛的中心是一座死火山

3.6 地球表面的原子　从北极地带到亚热带

我小的时候从莫斯科往南到希腊旅行过一次，那次旅行是我童年的回忆里一辈子忘不了的事情，我们越往南走，看到的景象就越华丽。

我记得那天莫斯科天气晴朗，看出去是一片灰色土壤，在这俄罗斯灰土地带里有灰红色和褐色的黏土。忘不掉的是敖德萨附近的黑土地带，春天南方的阳光照射在黑土上，黑土反射出鲜艳的光线，更显得五光十色。我记得这幅图画在我们走进博斯普鲁斯海峡以后就改变了：在那里我们看见一片蓝色的水和葡萄园里的栗褐色的土壤。最后我看到了希腊南部的风景——深绿色的松柏科植物，雪白的石灰石里夹杂着红色的土壤和红色的氧化铁的被覆物，这些景色还像在眼前一样。

一路上这些颜色的变化给我的印象深极了，我记得我曾经坚决要求我的父亲给我解释为什么天然景色会有这么多变化。可是过了许多年我才明白，原来那一次展示在我眼前的正是地球表面最伟大的规律之一，那是化学上氧化作用的规律，而氧化作用在不同的纬度上是进行得这么不一样的。

从那时候起我在苏联旅行了许多次，从整片的大密林、大平原、苔原和北冰洋地带，一直到"世界的屋脊"帕米尔积雪的高峰，我都走到了。每一次我都看到，从极北的北极地带到炎热的亚热带，在各个不同地带的各种不同的化学反应，看到地面上的原子的不同的命运，而且我所看到的这种变化的规模比到希腊去那一次所看到的大得多。

请看下页这张小地图，我们顺着箭头从斯匹茨卑尔根群岛到印度洋的斯里兰卡岛来旅行一次。

斯匹茨卑尔根群岛也叫作斯瓦尔巴群岛，在这个古老的群岛四周冻满了整片的冰。这是死寂的冰漠。这里没有任何化学反应，岩石并不崩

斯匹茨卑尔根群岛

科拉半岛

阿尔汉格尔斯克

莫斯科

古比雪夫

塔什干

孟买

斯里兰卡

毁成黏土或沙，严寒侵透到地下深处，岩石的碎屑堆成所谓崖锥。只有鸟儿飞聚的地方有时候堆集一些有机体的残余；在一片冰野里，磷酸盐几乎是唯一的矿物。

　　略往南到苏联的科拉半岛或者为拉尔极区，就有化学反应在缓慢地进行。科拉半岛上的一切岩石都洁净极了！你要是在清冷的早晨拿望远镜往几十千米的野外看去，你所看到的岩石会和你在博物馆里看到的一样。在一个广大的面积上可以看到一层褐色氧化铁的薄膜。只有低洼的地方才有泥炭堆聚，植物的有机物缓慢地氧化，变成褐色的腐殖酸，春天一发水，把腐殖酸和其他能够溶解的盐一齐冲走，结果给湖沼地带凝冻状的泥炭层染上了颜色。

挪威斯瓦尔巴群岛附近的伯格布克塔冰川

俄罗斯北部的科拉半岛海岸

俄罗斯画家伊万·伊万诺维奇·希施金（Иван Иванович Шишкин）的油画《正午时分，在莫斯科郊外》，生动地再现了莫斯科附近的荒野景象。现存于俄罗斯特列季亚夫科画廊

再往南到了莫斯科附近，可以看到另一类化学反应。那里也有有机物在进行缓慢的氧化，也有汹涌的春水把铁和铝溶解在里面，白色和灰色的沙包围着莫斯科的近郊，大片的泥炭田上盖着薄层的蓝色磷酸盐，闪着明亮的斑点。

更往南，景色就逐渐改变了，化学反应的过程变了样，原子进入了新的环境。我们看到伏尔加河中游的黑土带怎样代替了莫斯科周围的灰色的黏土。我们看到强烈的阳光怎样逐渐改变地球表面的形状，而使化学反应进行得越来越激烈。

化学反应从伏尔加河左岸起已经有了新的性质：这里开始了广大的含盐地带，从罗马尼亚边境起穿过摩尔达维亚，沿着北高加索山坡，贯穿中亚全部，一直到太平洋岸。这个地带里的盐有氯化物、溴化物和碘

伏尔加河畔的日古利山脉

阿富汗和塔吉克斯坦之间的界河——阿姆河。阿姆河是中亚地区最长的内流河，长 2540 千米，发源于帕米尔高原东南部，流经塔吉克斯坦、阿富汗、乌兹别克斯坦和土库曼斯坦四国，向西北入咸海。阿姆河岸边泥土中有大量盐分，导致植被稀疏

化物。这些盐聚集在这个地带里散布着的上万个三角港和死水湖里，这些盐里所含的金属是钙、钠和钾。这里有形成沉积物的复杂过程在进行。

我们再往南就到了沙漠。在沙漠里看到的是另一幅图画：绿色草原植物的斑点之间是大片的盐土，白色的盐在闪闪发亮，巧克力色的阿姆河水穿过这些草原植物。这幅鲜明的景色表示原子在进行新的化学反应：原子互相交换位置，在沙滩里寻求着新的化学平衡。一部分原子聚集成沙而形成沙漠；一部分原子溶解在水里，被风刮走，被热带的暴雨冲走，又在沙漠当中的盐土和盐沼地里沉积起来。

天山山脚的色彩更加鲜明。这里到处都是激烈的化学反应，原子在这部分地球表面上的旅行路线复杂得很。当我第一次旅行到天山某一个极好的矿区的时候，投入我眼帘的那种五光十色的印象，我是一辈子也忘不了的。我曾经把那幅图画描绘在我讲宝石的一本书里：

岩石碎屑上盖着一层鲜蓝色和绿色的铜化合物的薄膜，有的地方有颜色深得像橄榄的一层天鹅绒般的外皮，那是含钒的矿物；有的地方又

有群青色和浅蓝色错杂在一起的铜的含水硅酸盐。

　　许多种铁的化合物——氢氧化物——摆在我们的面前，各种色调应有尽有：有的是金黄色的赭石，有的是鲜红色的含水比较少的氢氧化物，有的是黑褐色的铁和锰结合在一起的化合物；连水晶都发出"孔波斯特拉红宝石"那样的鲜红色，透明的重晶石成了黄色、褐色和红色的"重晶石矿"；洞窟里粉红色的黏土沉积物表面结晶出来红色针状的羟钒矿，那是游离的钒酸，而在死人的白骨上结晶出来黄绿色的片状的重新形成的矿物。

天山山脉卡拉科尔河谷景象。天山是亚洲中部最大的山脉，长约2500千米，宽250～300千米，平均海拔5千米，贯穿中国新疆西部及吉尔吉斯斯坦、乌兹别克斯坦、哈萨克斯坦等中亚国家。中亚的三条大河：锡尔河、楚河及伊犁河都发源于天山

帕米尔高原，中国的最西端，古代丝绸之路的必经之地。"帕米尔"是塔吉克语，意为世界屋脊，中国古代称葱岭。帕米尔高原平均海拔 4000~7700 米，亚洲的五大主要山脉：喜马拉雅山脉、喀喇昆仑山脉、昆仑山脉、天山山脉、兴都库什山脉在此汇集。从上面的航拍照片可见，此地雪峰连绵逶迤，高耸入云

    这幅五花八门、色调鲜艳的图画是忘不了的，地球化学家仔细观察这幅图画，想研究明白它的成因。首先注意到的是，一切化合物已经受到很严重的氧化作用，这些矿物就是表现锰、铁、钒、铜进行了极高度氧化的结果；他们知道，这是因为有南方太阳的照射，因为含有氧气和臭氧的空气是在电离的状态，因为热带地方雷雨时候的放电使空气里的氮气变成了硝酸。

    箭头把我们带得更远，我们走出了沙漠的范围。我们走上 4000 米的高山，就又进到一片荒野，然而这片荒野不是沙而是冰块；这里看不见一点鲜艳的色彩，丝毫没有刚在中亚低地里看到过的那样的原子旅行的踪迹。摆在眼前的景色，正和我们在新地岛或斯匹茨卑尔根群岛见过的

一样。到处是碎石片机械地堆起来的巨大崖锥，洁净的岩石几乎没有进行过化学反应，在这片冰雪世界里只有少数地方才勉强显出孤零零的一些盐类和硝石。

看了这幅景象，很容易想起北极地带的荒凉情形；所差的只是这里有的时候也有大雷大闪表示这里还有些生气，这里的空气里也会有放电现象，在放电时候产生出硝酸，而在帕米尔高原的荒地里沉积成硝石，这类硝石在智利的阿塔卡马沙漠里聚集得尤其多。

可是我们顺着箭头再往前走，走过了喜马拉雅山脉以后，就会重新看见南部亚热带的鲜明色彩。阴雨连绵的温暖天气和热带干旱的炎夏交替着，地面上进行着极其复杂的化学反应，能够溶解的盐类都给带走了，铝、锰和铁的矿石聚集成很厚的红色沉积层。

再往前到孟加拉，就看见血红色的红土。有时候新土被大风卷起，飞扬到高空。

印度的红土

你瞧这热带的印度的巧克力色的土壤；岩石的碎屑被灼热的太阳照射着，发出了闪光，仿佛上面涂着一层半金属的假漆，只有很少的地方沉积着白色和粉红色的盐层，穿插在印度亚热带的红色土壤里。

原子旅行的图画到了印度以南就更加生动，更加开展，碧绿的印度洋冲刷着红色的海岸，火山爆发把玄武岩从地下深处喷了上来。

从浅水的岸边连同那里的贝壳、苔藓虫、珊瑚，到海底深处的珊瑚礁和珊瑚石灰岩，看得出来复杂的化学反应使这幅海底的图画显得多么复杂。

死掉的海生动物的骨骼沉在海底的淤泥里，堆成磷酸盐质的纤核磷灰石。

河水把硅石冲来，放射虫就用硅石造成它的网状的细壳；而有孔虫

印度洋海岸

却吸取钒和钙来造它的骨架。原子从北极地带到亚热带便是改变得这样快，地面上原子旅行的规模便是这样宏大。

北极地带的景观和南部热带的景观怎么会有这样大的差别呢？现在我们明白，这是由于阳光的作用、氧化的作用、湿气的作用和地球高温的作用。这种差别还和有机物的生活作用有关系——有机物在发育过程里需要大量不同的原子。大量聚集的活细胞残骸暴露在南部灼热的太阳下，就分解出二氧化碳，二氧化碳在水里溶解，把水变成酸性的溶液。

化学反应的速度在南方比北方要高许多倍，因为我们地球化学家很懂得化学上的基本定律之一，在大多数情形，温度每升高 $10^\circ C$，普通化学反应的速度就增加一倍。

原子在北极地带是那样呆板沉静，而在亚热带和南方的荒地里旅行的道路却又是那样复杂，这个道理我们现在已经明白了。我们不妨把前面讲过的叫作化学地理学，我们已经看到，自然界以及地球上各种各样的大陆和地区，都是和周围进行的化学反应密切地联系着的。

在决定地球化学作用过程的全部因素里面，人的活动所起的作用越来越大了。人的积极的活动在近百年来只限制在中纬度地方，后来才逐渐开发北极地带的荒野和控制南方的沙漠。人给自然界带来了新的复杂的化学反应，破坏了一部分天然的作用，使人所需要的原子换了一种样子去运动和旅行。这门所谓化学地理学的新科学，其实在确定土壤学的基本原理的时候也早已注意到了，我们知道土壤学这门科学诞生在俄国，土壤学的未来是使我们田地里的土壤肥沃。

我们不由得想起，19 世纪 80 年代，著名的"土壤学之父"道库恰耶夫怎样在圣彼得堡大学的不大的讲堂里讲课，他发表了辉煌的议论，给土壤学揭出了引人入胜的远景，从北极苔原起到地方沙漠止，地球上所有的土壤地带他都叙述过。

那时候道库恰耶夫卓越的见解还不可能用化学的语言来表达。而现在呢，化学已经深入了地质学的领域，农业化学家也开始掌握植物的生活和土壤里面进行的化学反应，而地球化学家的研究包括了原子所能旅行到的全部地区，所以我们对于每一种原子在地球上不同纬度的地方经历的复杂道路，也都逐渐明了起来了。

过去的历史告诉我们，地球上各个纬度地方的面貌是起过变化的。地壳在将近 20 亿年的过程里起过好几次变化，两极的位置也改变过，起初山脉只在两极地方有高出雪线的山峰，后来才慢慢向南褶皱，才隆起像阿尔卑斯和喜马拉雅那样的大山脉。包围着地球的大海也从北往南移动过。原来的地带改变了，原来的景观改变了。每个地方都有过不少次海变成山，山变成沙漠，再变成海。

可见在漫长的地质史上，化学反应的过程和各个原子的旅行也有过变化；所以现在地球表面上任何一处的土壤和岩石，都是反映原子在地质史上不同时代里所经历的化学命运。

现在我们知道，一切东西都在生活着，都在变动着，一切东西都在时间和空间里进行变化；自然界里最活跃的是原子，它经常寻求新的道路，它是原始的砖块，世界上最奇妙的结构也是用它造成的，它顺从自然界作用的基本规律，永远在寻找安静和平衡。

找是找，可是现在还没有找到，将来也永远不会找到，因为自然界里根本没有静止，有的只是永恒存在的物质处在永恒运动的状态……

3.7 活细胞里的原子

　　用肉眼就看得出来，煤是植物的残骸变成的。海里软体动物的外壳往往生成石灰岩层。

　　再用显微镜看看石灰石、白垩、硅藻土和其他好多种所谓沉积岩，那么就会知道，它们都是聚集得很紧密的生物的骨架，这种骨架小得只有用显微镜才看得清楚。

　　一句话，地质学上早已认识到，地球上的生物在地球表面上进行的一切变化当中起了多么巨大的作用。

这是一张由36张显微镜拍摄的照片合成的硅藻化石图片。这种硅藻是3200万～3500万年前的单细胞植物

活物质或多或少地参加这样的一些地球化学的作用，像岩石的形成，某些化学元素的集中或分散，有些在水里的物质的沉淀，以及从生物的石灰质骨骼生成石灰岩。

可是并不是所有海洋生物的骨架都是石灰质的。有不少生物的骨架是硅石质的，例如海绵。

更要紧的是，地球上一切动植物在它们的生活过程里吸收了大量的物质，又把大量的物质排出来，它们仿佛让这些物质通过了各自的身体。

这种通过作用在最小的生物体里进行的速度特别大，像细菌、最简单的水藻和别的低等生物就都是这样。那是因为它们繁殖的速度很大很大。它们每五分钟到十分钟就分裂一次。

但是它们的寿命是很短的。

据计算，物质在这种细胞分裂作用中被摄取的量比当时地球上一切动植物——也就是一切活物质——身体里所含的量要多出好几千倍。

我们讲过，绿色植物的叶子在太阳光下面会放出氧气，吸收二氧化碳。这样进入空气里的氧气，就会氧化死掉的植物的残骸，去氧化一些岩石，同时供给动物呼吸。

二氧化碳在植物里变成碳水化合物、蛋白质和其他化合物。请想一想，假如地球表面上——海洋里、平原上和山地上，一切生物都死了，那么地球会成什么样子呢？

那样的话，氧就跟生物的残骸结合在一起，空气里就不会再有氧气。空气的成分就要改变。石灰质骨架的极小的海洋生物没有了，因而也不能再生成石灰岩和白垩，地面上也不会隆起白垩岩。地球的面貌当然就要完全改变成另一个样子了。

生物在地球化学上的活动是非常多种多样的。各种生物可以参加极其复杂的各式各样的作用。

要明白生物在地球化学上起的作用，首先应该知道生物体的化学成分。构成生物体的物质都是生物自己从它们周围的环境里——从水里、土壤里、空气里——用不同的方法取得的。

很早就知道，一切生物体的主要成分是水——H_2O，水在生物体里的平均含量是 80% 左右，植物里含得稍微多些，动物里含得稍微少些。

可见拿重量来说，氧元素在生物体里占第一位。

碳在生物体的构造上起着特别重要的作用。

碳和氢、氧、氮、硫、磷生成多少万种不同的化合物，生物体里的蛋白质、脂肪和碳水化合物都离不开碳。

活物质里这些碳的化合物的主要来源是二氧化碳。其次生物体里含有大量的氮、磷、硫，都生成复杂的有机化合物。

蓝风铃海鞘。海鞘是背囊动物的一种，主要生活在寒带或温带的海洋中

最后，生物体里还一定含钙——特别是在骨骼里，另外还含钾、铁和一些其他元素。

起初以为，一般生物体里含量最多的 10 ～ 12 种元素对于生物体的意义特别重大。

可是后来知道也有这样的一些生物体，除了最常遇到的 10 ～ 12 种元素以外，有的还集中了许多铁，有的集中了许多锰、钡、锶、钒，也有许多其他稀有元素。

譬如说，已经发现在硅质海绵、极小的放射虫、硅藻的生活上，硅起着重要的作用，这些生物的骨架是硅的氧化物。铁菌的身体里集中了许多铁。又有一些细菌能够集中锰或硫。

有一些海洋生物，它们的骨架里没有钙而有钡和锶。

有一些生物，例如海里的一些无脊椎被囊类动物，会从海水和海底淤泥里把钒原子挑选出聚集起来，这种元素在海水和海底淤泥里的含量是极其微小的。

等到这类动物一死，钒就聚集在海洋沉积物里。

另外，例如海藻，会从河水里挑选出碘来，河水里含的碘一共只有亿分之几。海藻死掉以后，就带着碘沉到海底泥土里。这种泥土后来变成了岩石，在这种岩石缝里生成含碘的矿水。我们以后在那原先是海的地方钻下去，钻到很深的岩石里，会遇到这种岩层水，就从岩层水里提出碘来。

像这一类由生物体把元素集中起来的地球化学作用，是很伟大的。

我们研究生物体成分的技术越完备，我们从生物体里发现的元素也就越多，固然每种新发现的元素在生物体里的含量却少得很。

起初只敢假定说，生物体里发现的银、铷、镉和一些其他元素只是偶尔混杂的物质，可是现在已经敢肯定地说，差不多所有化学元素都能从生物体里找出来。问题就是，它们在不同的生物体里的含量有多有

软体动物菊石的外壳变成了白铁矿（FeS_2）

少。现代的科学家正在这方面下功夫研究。

我们敢事先断定，生物体的成分决不是它周围的环境——岩石、水、各种气体这些成分加起来的重复。

举例来说，土壤和岩石里含有很多的钛、钍、钡等元素，但是钛在生物体里的含量只有土壤里含量的几万分之一。

而另一方面呢，碳、磷、钾和其他几种元素在土壤里和水里都含得很少，然而这些元素在生物体里却含得相当多。

从地球化学的观点来看，现在知道，构成生物体主要成分的那些元素，在地球表面的条件下面，或者说是在生物圈（地球上有生物居住的那个范围）的条件下面，都生成容易流动的化合物或者生成气体。的确是这样，CO_2、N_2、O_2、H_2O——这些或者是气体，或者是容易流动的液体，都容易被生物摄取来进行它们的生活作用。还有碘、钾、钙、磷、硫、硅和另外好多种元素，都很容易生成水里能够溶解的化合物。

至于钛、钡、锆、钍等，虽然它们含在土壤里和岩石里的不能算少，可是它们的化合物不容易在水里溶解，因而也不容易在生物圈里移动。结果它们很难被生物吸收，甚至完全不被吸收。所以它们在生物体里聚集不起来。它们在生物体里的含量就少得不成比例。

最后，像镭和锂这一类元素，在生物圈里本来就不多，它们在生物体里更是少得不值一提。

有些元素在生物体里的含量太少，少到只有万分之几或者更少，那就是常说的微量元素。

现在大家承认微量元素的生理作用是非常重要的。生物体里有些物质在生理上起着重要的作用，它们的成分里就含着不少种微量元素，像血液的血红素里就含着铁、动物的甲状腺分泌的激素里就含着碘、动植物体里的酶素里含着铜和锌。

我们可以画一张生物体的解剖构造图，来说明什么元素集中在什么器官和什么组织里。但是我们不谈那个，我们现在是研究生物体在地球化学上的作用。

我们应当承认，各种生物执行着地球化学上不同的任务，至于什么任务，要看它们体里集中的是哪些元素，换句话说，要看它们各自的化学成分。

“钙质”的生物死了以后，它们的骨架堆成石灰岩，那么钙在生物圈里和在地球化学上的历史就和它们分不开；集中了硅、钒、碘的生物也分别在这三种元素的历史上起着重大的作用。

我们的任务是研究清楚各种生物对于各种原子在生物圈里的地球化

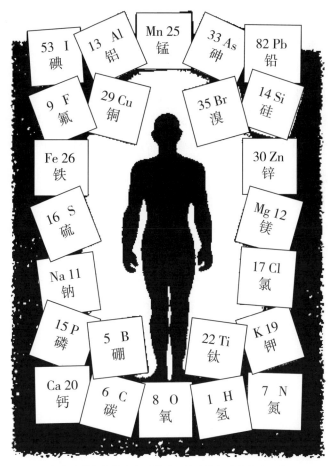

人体里所含化学元素的种类，就跟构成非生物的一样

学史发生了什么影响，对这种影响应该怎样来评价，以及怎样来利用这种影响。

　　现在已经可能观察某个地方植物的特性，指出某些植物能够集中哪一些金属，再来寻找这些金属的矿床。埋在土壤底下的矿石，难免使它上面的土壤受到传染。在这种土壤里含的镍、钴、铜、锌的分量会增加，结果在当地的植物体里含的这些元素的分量自然也会增加。

所以现在科学家分析了各种植物的成分。如果发现某种元素的含量很多，就挖探槽或探井来勘探一下。有几处锌矿、镍矿、钼矿和其他矿床就是这样发现的。

植物也罢，动物也罢，任何生物都有一种"习性"，它们从水、土壤、岩石等的外界里集中起来的某些元素有一定的程度。

假如某一地方它们要集中的元素太少，或者太多，那么生物就会改变形态，表现出它们生长得不正常。有些山地的土壤里、水里和天然产物里缺少碘，那种地区的人和别的动物当中就流行着甲状腺肿，如果土壤里的钙不够，那么动物的骨头就容易折断。

这一切都表明：生物界和非生物界之间的联系是多么密切。

活物质和无生命物质是整个结合在全部元素的原子的历史过程上的。

所以对于地球上各种元素——原子——移动的历史知道得越清楚，越详细，我们对于生物在地球化学上的活动也就了解得越透彻，越真实，而这首先就要明了元素在生物体里的定量的成分。

3.8 人类史上的原子

我们翻开化学元素的发现史看看，就会遇到许多新鲜奇怪的事情。最初几种元素是无意中发现的，事先既没有想到它们，甚至也没有想到这就是掌握了自然界里很重要的一个秘密。元素是构成一切物质的基础，这种思想不知道经过多少人费了多少心血，才好不容易地从实践渗透到人们的意识中。

炼金术士不会区别单质和化合物，可是他们认识几种金属，也知道像砷和锑这一些物质。下面这首诗说明炼金术士的智慧所达到的最高峰：

> "创造世界的七种金属，
>
> 正合着七个天体的数。
>
> 感谢宇宙一片好心
>
> 送给我们铜、铁、银，
>
> 还有锡、铅、金……
>
> 我的儿子！硫是它们的父亲。
>
> 你，我的儿子，应该快懂：
>
> 它们生身的母亲是汞！"
>
> ——莫洛佑夫（H. Морозов）译诗

炼金术士，后来有一个时期连化学家在内，都用天体的名字来称呼这七种金属：把金叫作太阳，把银叫作月亮，把汞叫作水星，把铜叫作金星，把铁叫作火星，把锡叫作木星，把铅叫作土星。炼金术士不把砷和锑当金属看待，虽然他们也知道这两种元素在受热的时候容易被氧化和升华。

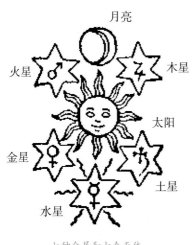

七种金属和七个天体 哲人手

可惜的是，炼金术士常常把自己的处方用一些奇怪的、有时候简直难以理解的譬喻说出来，叫人摸不着头脑。

比方说，有所谓"炼金术士的哲人手"。你在手掌上看到鱼——这是汞的符号，还看到火——这是硫的符号。鱼在火里——汞在硫里，照炼金术士的意见，是一切物质的原始。

从这些元素的化合物，产生五种主要的盐，就像一双手掌上生出五个手指，这五种盐的符号就画在手指上面：王冠和月亮——是硝石的符号；六角星——是绿矾的符号；太阳——是硇砂的符号；提灯——是明矾的符号；钥匙——是食盐的符号。

现在我们明白，如果炼金术士说："取国王，把他煮沸……"——他指的是硝石，如果他说把"长手指一磅"放进曲颈瓶里去，他指的是硇砂……

炼金术士也知道，每种金属各有一种相当的"灰"，他们会用酸和这些金属作用来制得各种"灰"（照我们现在的说法就是"氧化物"）。

但是他们以为"灰"是比较单纯的物质，而金属倒是"灰"和"燃素"的化合物，所谓"燃素"是一种特别容易飞散的火质。

只有像罗蒙诺索夫和拉瓦锡那样的天才和爱好者，才能证明事实恰好相反："汞灰"是复杂的物质，是汞和普利斯特里刚刚发现的气体氧的化合物，而且"汞灰"的重量正好是汞和氧的重量的总和。发现氧的那些年（1763～1775）大家公认为是现代化学开端的年代，也是炼金术士的幻想粉碎的年代，那种幻想阻止科学地研究自然已经有不少时候了。

到那时候为止，已知的元素有几十种：早在1669年，布兰德发现了磷；18世纪中叶发现钴和镍，同时会从"锌灰"里提取金属锌。最后，1748年安东尼奥·乌罗亚在美洲发现一种像银的金属，叫作铂。

但是真正地审查一切单质，直到18世纪的最后25年和19世纪的初期才开始。1774年发现了氧和氯，再过10年，卡文迪许电解水而发现了氢，同时阐明了水的成分。

以后新元素的发现都是有规律地进行的：拿自然界新发现的物体来研究它的成分。有许多次就是这样找到了新元素。像锰、钼、钨、铀、锆等，就是这样发现的。

1808年，戴维改善了俄罗斯科学家雅可比的电解方法，他增加了电流的强度，他又研究出来把电解的生成物保存在煤油里和矿物油里，免得被氧化。就是这样制得了纯态的碱金属，发现了钾、钠、钙、镁、钡、锶。

从1804年到1818年，14年里发现了14种元素（除掉已经讲过的以外又发现了碘、镉、硒、锂）。后来又发现溴、铝、钍、钒、钌。再往后中断过一段时期：需要有新的研究方法，老办法的全部能力都使尽了。

直到1859年才发明光谱分析的方法，于是新元素又陆续被发现；这样发现的新元素在性质方面和早先发现过的很近似，用老一套科学方法是认不清它们之间有什么区别的。从光谱里发现的有铷、铯、铊、铟、

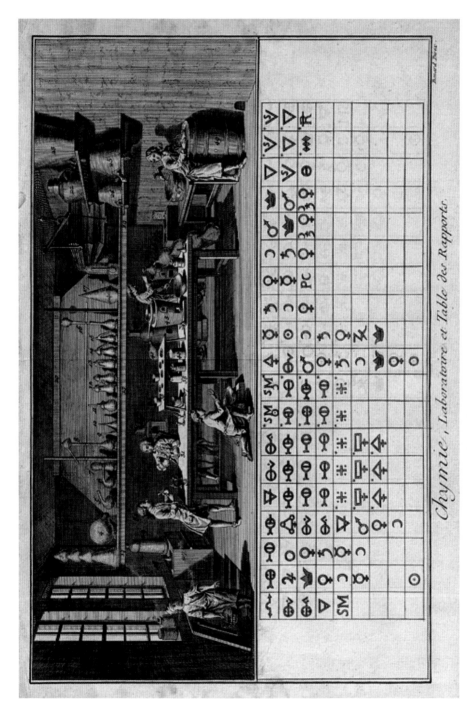

Chymie, Laboratoire et Table des Rapports.

早期炼金术士的实验室，下图是他们使用的原始周期表及元素符号

铒、铽和几种其他元素。到 1868 年门捷列夫发现他的著名的定律，那时候他所知道的元素已经有 60 种了。

从此科学上有确实的把握相信还有哪些元素存在。

每种元素在门捷列夫的周期表里各占一格，所有元素的总数是有限的，空格表示那个元素还没有发现。

门捷列夫预言了三种待发现的元素，他给它们起的名字是"类铝"（第 31 号空格）、"类硅"（第 32 号空格）和"类硼"（第 21 号空格），他事先指出了它们主要的物理性质和化学性质。后来果然发现了这三种元素，确凿地证实了门捷列夫的预言。"类硼"定名作钪，"类铝"定名作镓，"类硅"定名作锗。

千万别以为地壳上常见的元素是最先发现的，而稀有的元素是后来发现的。全部元素的发现经过绝不是这种情形。举例来说，金、铜、锡三种元素在地壳里的含量很少，然而它们是人类最先认识的金属，它们老早就在人类的技术文化史上出现。可是它们在地壳里的平均含量，锡是百万分之几，铜是百分之几，而金只有亿分之几。

可是地壳上分布最广的几种元素呢，譬如铝吧，地壳平均有 7.4% 是铝组成的，而铝却发现得很晚；人们在 20 世纪初期还把铝当作稀有的金属。

金属的发现有早有晚，关键在于它是不是容易生成单质，是不是容易大量聚集而形成所谓"矿床"。

如果它能够聚集在一处，那么它也容易被人发现，容易被人拿到技术上来使用。

每发现一种新元素，化学家首先要在实验室里研究它的性质。这可以说是对它初步的认识。然后化学家看看它有什么特性，寻找它特有的、与众不同的特点。

例如，锂的比重只有 0.53，所以它竟能漂浮在汽油上，难道这还不算稀奇吗？而锇呢，正好相反，比重是 22.5，有锂的 40 倍那么重。镓刚热到 30℃就熔化，可是它很不容易沸腾，因为它的沸点（2300℃）比工业上常用的高温要高得多，难道这还不算稀奇吗？"稀奇是稀奇，可是有什么用呢？"——你们要问。请听我说。

先说一说镓。工程师和化学家在实验室里和工厂里使用高温的时候，总想知道要试验的那种物质或者制品能经得住多高的温度。那么当然先得测量温度。可是问题又来了：测量 360℃以下的温度很简单，而温度再高就发生困难，因为汞在 360℃沸腾，所以汞温度计超过这个限度就不中用了。这里便需要用镓。假如用难熔的石英玻璃做细管，装进去熔化的镓，这样的温度计差不多能测量到 1700℃，这时候镓还不想沸腾。如果玻璃管的熔点还要高，那还能够测量到 2000℃。

再谈重量。重量就是重力，是一种压迫地球的力量。重量反对运动，反对速度，反对物体向高空升起。可是人想在地面上走得快些，想学鸟似的能在空中飞翔。那么就得克服重力，于是人就来设法制造又轻又结实的机器，寻找又轻又结实的材料。后来找到两种特别合适的金属：铝，比重是 2.7；镁，比重是 1.74。

在现代的飞机上，大部分零件都是铝制的，说得更正确些，是铝和铜、锌、镁等金属的合金制的。可是铝的这种在飞机制造业上的统治地位不是一下子就得到的，它为了改良性质——强度、硬度、弹性和耐火、耐氧化的性质，是经过了艰苦的斗争的。当制取金属铝的困难一克服，它第一件事情就是先侵占厨房。用铝制造锅子、匙、杯子，又轻巧，又干净，还不被氧化——最初提炼出来的铝就是这样用掉的。当时工业上还没有用它——这种柔软的金属并不特别坚硬，并不容易熔化，又不能焊接，把它用到什么地方才合适呢？铝引起全世界的注意，是在制成了硬铝以后。硬铝是一种很坚硬的合金，是用厨师"做菜"的方法试制出来的：坩埚里盛着铝，依次放进各种不同的金属，把每次生成的合金取出来，试验它的强度以及一些别的性质。

当时谁也不明白，为什么 4% 的铜和 0.5% 的镁，再加上极少量某些其他金属，就会把柔软的铝变成奇异的硬铝，不但坚硬，而且可以像钢铁似的锻炼。硬铝的惊人的性质不是一下子表现出来的，所以它的加工过程非常方便，非常简单。把硬铝锻炼以后，它还要连续柔软几天。它仿佛需要这几天工夫来"积蓄力量"，好让它内部铜的小颗粒移动位置来形成硬铝的骨架。除了硬铝以外，现在已经有比它更好的合金。譬如，苏联造的环铝就比硬铝更坚硬。

工业上使用了硬铝和其他轻合金，对于一切交通运输工具的意义非常巨大。地下火车或电车的车身用铝来造，在重量方面比用钢造减轻三分之一。用钢造的电车，每个客座自重是 400 千克左右。如果改用铝来造，每个客座自重就减少到 280 千克。

镁的历史很有趣：它可以说是被发现过两次。第一次是戴维发现的，从那时候起 100 多年当中，人们始终认为它是最没有用处的金属之一。人们只把它做成镁带或镁粉，在放烟火的时候用到。可是到了 20 世纪，发现这种当作"玩意儿"的金属竟有很奇妙的性质，如果好好利用它，真能在许多工业部门里引起革命。

铝固然已经给人添了翅膀。可是人不但要飞，还要飞得越远越好。如果造飞机的金属再轻一些，假定再轻 20%，那么飞机就可以多装些汽油，岂不又可以多飞几千千米？但是上哪儿去找比铝更轻的金属呢？

这就不能不想到镁了。镁的比重是 1.74，就是说，它比铝轻 35%。但是制造机件所用的金属一定要是坚硬的，特别是不受氧化作用，而镁却没有这些性质：连开水都能和镁起作用，水里的氧和镁化合，使镁变成白色的粉末——氧化镁。镁在空气里比木头燃烧得更好。但是工程师和化学家并不表示悲观失望：他们知道，合金会帮助他们得到他们所需要的性质。果然，在镁里面添上极少量的铜、铝、锌，镁就不再被氧化，而且变成和硬铝一样坚硬。含镁量在 40% 以上的一切合金，都叫作"琥珀金"。琥珀金里除了镁以外，还含铝、锌、锰和铜。

这就是现在 20 世纪镁被第二次发现的经过，镁从此成了飞机制造业上应用的金属，它在这方面的地位很快就巩固起来。特别是在制造飞机发动机的时候要用到它。用镁的合金制造的飞机发动机零件非常坚固经久，不会疲劳。

难道金属也会"疲劳"吗？遗憾得很，是会疲劳的。用钢造的弹簧不断地来回伸缩，逐渐失去弹性，变脆而且会折断——这就是疲劳了。发动机的轴"老"了也会折断。但是技术家发现有些合金很能"经久"；它们内部不同金属的原子彼此联系得非常紧密，所以尽管敲打这种合金，那种联系还是不会削弱的。镁的合金便是这样。当然，镁的用途不只是飞机制造业一种。镁在汽车制造业上也用得很普遍。用镁的合金制造的工具和机器零件相当坚固，而且轻巧：重量只有钢造的五分之一到六分之一，可是强度有时候比钢造的还大。

镁是地壳上分布很广的金属：地球上到处都有它。它和铁一样，也是成堆地聚集在一起，所以开采它并不费事。海水和盐湖里含镁都不少，例如克里木海岸的锡瓦什湖水里镁的含量就很多。

镁的主要矿石是光卤石（氯化钾和氯化镁的复盐），这种矿在苏联特别多。光卤石在苏联索利卡姆斯克的储藏量最丰富，从地面往下深到 100 ～ 200 米都是这种矿层。用硝铵炸药把矿炸开，用风镐在矿坑里把矿石击碎，然后运到地面上来。

运出来以后还要费不少道手续才能让镁和氯分开，因为它们结合得很紧密。要把镁和氯分开，先要让光卤石熔化，再把直流电通进去。电流破坏了镁和氯的联系，于是洁白的金属镁像水流似的流进铸锭模里。

现在还能从海水里提出镁来，海水里含盐 3.5%，这里面镁占十分之一。可见 1 立方米的海水里有 3.5 千克的镁。

光卤石晶体

　　从海水提取镁的办法很简单：先把海水过滤，把滤过的海水倒进桶里，撒进消石灰，这时候氢氧化镁就沉淀出来，使海水变得混浊。把混浊的海水溶液静置澄清，把透明的水倒走。把沉淀放在过滤器里压干，再用盐酸中和，让它溶解，最后把水分去掉。把这样制得的固体氯化镁熔成液体，温度保持在700℃，像电解光卤石似的把它电解。这就是从海水制镁的全部过程。

　　镁不但是制造机器的金属。它还能燃烧，产生很高的温度，可以高达3500℃，这点也是工业上忘不了的。镁是特种青铜的重要成分；镁和铝的混合粉末可以制造非常猛烈的燃烧弹。工业上很需要镁，它的前途是很光明的。

再回过来讲飞机。另外有一种"飞行"的金属，飞机制造业现在刚开始动手用它。这就是铍。它的比重是 1.84，可是它比镁更坚强耐久。

铍的合金的性质比到现在为止飞机制造业上所用的任何合金都强。用铍的合金制造的工具，用的时候不出响声，不冒火花。

镁的合金里添进铍去，就特别坚固经用，而且不受氧化。提炼镁的时候加进微量的铍，就不必再采取必要的措施来防止镁氧化。

于是又引起一个问题：是不是还有更轻的合金呢？

这就要想到锂了。要知道，锂的比重只有 0.53，和软木一样轻。铝的合金和镁的合金里只要有一点锂，这些合金的硬度就大大增加。

可惜，含锂很多的坚硬的合金到现在还没有制造出来。这样的合金是值得设法制造的，因为锂在自然界里不算少，它在地壳上的含量和锌一般多，有些锂矿里聚集着大量的锂，生成锂辉石和锂云母。

这样看来，假如锂和铍制成的合金很合用，那么锂还可以多多开采。但是关于锂的合金还没有研究出什么成绩，而这正是当前的任务。

矿水里也有锂，医生说含锂很多的水（譬如法国维希有这种水）特别有治病的功效。但是最引诱人的远景还是用锂造成轻巧坚固而又不受氧化的合金，用来制造飞机。

然而轻的金属和轻的合金在运输部门和许多其他工业部门里现在还不能完全代替黑色金属——铁、钢和它们的合金。现在谈一谈这些"老前辈"，它们虽说老，可是还朝气勃勃，还很健壮，还在不断造成品质优良的合金。

如果想一想所有这些复杂的合金——所谓合金钢——的成分，就知道它们含的是一群性质彼此接近的金属——铁、钛、镍、钴、铬、钒、锰、钼和钨。这一切合金基本上都是"钢"，也就是含碳的铁，把它们"合金化"，就是在它们里面掺进不同的稀有金属，它们的性质就根本改善了。

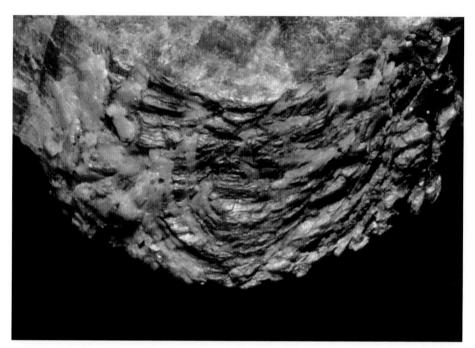

锂云母，产地巴西

　　如果把合金钢里的铁去掉，完全改用稀有金属代替，那么它就不再是铁的合金。譬如有一种合金叫作司太立合金，只含钨、铬、钴三种金属。这种合金是现在大家很熟悉的高度硬质合金的老祖宗；工业上用这类合金来切削金属，结果切削的速度空前提高——起初每分钟切削70～80米，现在已经达几百米了。

　　从钨产生了各种高度硬质合金，大大改进了金属切削的技术。用钨和钼制成了好几百种空前坚硬的钢，有耐热钢、有装甲钢、有弹簧钢、有炮弹钢、有穿甲钢，等等。

　　由于发现了钨和钼等稀有金属的性质，恐怕没有一种工业部门是不起根本变化的。

　　可是"稀有"这个名词对于这些金属来说已经过时了。假如算一算

与磷灰石伴生的黑钨矿，葡萄牙产

它们在地壳里的含量，那么钼相当于铅的两倍，钨甚至相当于铅的七倍。它们又何尝稀少呢？而且现在它们在工业上也用得很普遍，它们的开采量正在飞快增加，就要赶上其他普通的"非稀少"金属的开采量了。

钼钢的用途是制造炮筒和炮架。锰钼钢是造装甲的材料，也用它造穿甲炮弹。

制造汽车和飞机的设计师对于金属有三点基本的要求：最大限度的弹性，极强的韧性，不怕长时间的振动而又经得住频繁的撞击。近年来对于钼的需要之所以增加，正是因为制造轴、连杆、轴承、飞机发动机、管子等都很用得着钼，特别是和铬、镍合用。

钼的另一个用途是铸造品质优良的灰铁。这种铁里加很少一点钼——0.25%，它的物理性质就能提高，特别是增加了弯曲强度、抗张强度和硬度。

　　把钨和钼抽成细丝，在电工业上用在真空管里的量很大。白炽电灯的灯丝也是用钨做的。钨的熔点是3350℃，比一切其他金属的熔点都高。在熔点方面比钨更高的只有碳，是3500℃。和钨的熔点相接近的还有两种元素：钽（3030℃）和铼（3160℃）。钼的熔点是2600℃，可以用它制造小细钩子来钩住电灯泡里的白炽灯丝。

　　可见单单发现元素是不够的，发现了以后，还得研究和发现它在制品上特别宝贵的性质，那样的话，这元素就仿佛被第二次发现，它才对人类更有用处，才变成人类缺少不了的元素之一。譬如汽车发动机里的触点就是用钨制造的，薄到十分之一毫米的小钨片可以保证汽车上分电

与石英伴生的辉钼矿，加拿大产

盘的触点用上几百小时也不会烧坏。

铌不也是很恰当的一个例子吗？它常常和钽在一起，但是起初认为它是没有用处的元素，反倒把钽"弄脏"了。可是后来发现，只要钢里面添上铌，钢就变成电焊钢制品的极好的焊接材料，焊接过的地方非常牢固。从此铌就和钽一样必要了。

用在工业上的元素越来越多，当然还并不是所有元素都已经用到工业上，而且将来无论什么时候也不会有一天说是工业上不再需要用其他元素的，因为技术在不断进步，这种进步是没有止境的。在这方面起光荣作用的是化学家和地球化学家。

工业上需要的一切物质都在地球上找，那么工业上的进步对于地球有什么影响呢？按照人的意志，总想把地壳都挖开，把需要的一切物质都取出来，而从来不想，取走的东西再也回不来了。人是不是会把地球里的物质损耗尽呢？

我们研究一下人类在地球上发展的全部过程，脑子里难免产生这个问题。促使我们提出这个问题的还有一种情况：我们从地下开出的矿产一年比一年多。

我不由想起一个工程师的故事，他本来在矿山上工作。他住在一座菱镁矿的大山附近的小房子里，可是过了两三个星期，山已经不见了：搬到水泥工厂里去了。

只要看看钢铁厂扔出的矿渣堆积如山，就明白人的活动也是地质学上改造地壳的一个因素。

全世界化学工业上最重要的问题之一是碳的命运，在这方面人起的作用特别大。碳在自然界里分布成三种形状：活物质；地壳上层聚集的煤和石油；大气、河水、海水里的二氧化碳——碳的氧化物。但是含二氧化碳最多的还是它和钙化合成的石灰石。

空气里的二氧化碳在 2 万亿吨以上，因而里面含的碳有 6000 亿吨。

人类每年开采 10 亿多吨煤和 2 亿多吨石油。人类烧煤烧石油，把碳变成二氧化碳。这样说来，空气里每年要增加 30 亿多吨的二氧化碳；假如二氧化碳不在海水里溶解，又不被植物吸收，那么二三百年以后，空气里二氧化碳的含量就会增加一倍。

人利用煤里的碳，结果促使碳分散消失在自然界里；而且人利用煤的规模是那样庞大，所以人的活动确实是和真正的地质变革的规模相仿佛的。

人对于金属的命运也干涉得很厉害：掌握在人手里的铁差不多有 10 亿吨，包括铁的制品在内，但是铁的性质不稳定，在不断地被氧化。

在同一时期里受氧化的铁差不多和炼出的铁一般多，结果积聚的铁几乎抵不过散失的数量。

金的情况稍微好些：拿它当作试剂，拿它来镀其他金属，连损耗在内，每年在一吨左右，那就是说比它每年的开采量（大约 600 吨）多多了。

至于铅、锡、锌那类金属，它们聚集在地壳里形成所谓矿床的本来不多，而人去开采它们的结果，又只是在使用它们的过程当中把它们一去不返地分散开来。

人在农业上和工程上活动的规模，真可以跟自然界的作用相比拟。

耕耘地球的最上层，也就是耕耘土壤来满足农业上的需要，这在地球化学上的意义非常重大，因为这样一来，会使得每年有 3000 立方千米以上的土壤受到大气里的水和空气的激烈作用。

农作物从土壤里带走大量的矿物质：磷酐 1000 万吨，氮和钾 3000 万吨。这些数字比对土壤施用这三种肥料的数字不知道要大多少倍。被植物摄取的各种元素落到动物界的循环圈里，而归根结底还是散失掉了。

总之，人在农业上和技术上的活动促使物质分散开。人每年开出矿石的总数有一个立方千米多。假如再把建造堤坝和灌溉渠等的数算进去，那么就有两个甚至三个立方千米。

全世界冶金炉里流出的矿渣恐怕也有一个立方千米。请看人把化学工业上的废物扔在地球上的有多少！

如果把这些数字和世界上所有河流每年从地面冲走的沉积物 15 立方千米比较一下，那么不能不承认，人的活动和河流的作用是同等重要的因素。

再看建筑业，每年要用多少石头和水泥！苏联建设社会主义城市的规模非常巨大，每年要用去 10 亿吨以上的各种建筑材料。

人改造自然的速度一天比一天快。从各种金属在地球上的总储藏量来看，它们还多得很，一时还谈不到枯竭。可是这些储藏量并不是完全能够拿来利用的，因为实际上只有某种金属聚集得比较多才能供工业上开采。而金属大量聚集的情形却不算很多。

好几种金属按它们已经知道的储藏量来说，只能勉强满足工业上的需要。所以地质勘探人员和地球化学家的大军一定要加紧寻找金属，以便充分供应工业上越来越增加的需要量。

苏联科学家越是多注意这些问题，苏联也就能够更快地得到充足的稀有金属和有价值的金属，这些金属对于增长苏联的威力和光荣都是必不可少的。

3.9 战争中的原子

交战的国家把各自的全部经济投入战争，这是现代战争的特点。这个特点最初在第一次世界大战里表现得特别明显。炸药、钢铁、铜、硝石、甲苯、石油、黑色金属都开始对军事行动产生影响。军队的战斗力在很大的程度上要由原料供应的情形来决定。

1916 年，凡尔登战役持续了好几个月，那次战役消耗的原料达到了空前的规模。德国军队进攻凡尔登要塞没有得手，他们对这个要塞的守备部队投入了将近 100 万吨的钢铁，把战场连同地下的防御工事整个变成钢铁"矿"。

参加战争的原料用量的比例急剧增加。

1917 年，德国军队挖战壕，转入了阵地战，他们对于水泥的需求量差不多等于德国水泥全年度的产量。

在第一次世界大战期间，交战国在制造炸药上对于氮的化合物和硫酸的需求量，以及对于碘的需求量，都超过了当时全欧洲工厂生产能力好几倍。战争的前途忽而对交战国的这方面有利，忽而又对那方面有利。

到 1917 年年底为止，法国国内所存的钢铁只够一星期用，炸药几乎都用完了。英国也发生了煤和粮食的恐慌：德国的潜水艇击沉了英国的商船队，饥饿威胁着千百万人的生命，粮食和原料的储存量算来只够几星期用的了。

但是德国的原料比协约国消耗得更快。有色金属已经没有来源。在战场上搜集的金属碎片也不够用。

德国缺乏原料，有使它崩溃的危险，失败的命运正在加紧迫近德国。1918 年 3 月，德军突然发起攻击，突破了协约国的西部防线，占领了亚眠，打通了向巴黎前进的大路，那时候他们距离巴黎一共只有 120

千米。可是实际上德国军队已经瘫痪了：既没有橡胶，又没有汽油；"奄奄一息"的破胶皮轮子没有办法在暴风雪里进行机械化的运输；粮食和弹药已经接济不上。军队再也不能前进。德国的命运已经决定了。德国的资源，它的物质力量和精神力量比协约国的先枯竭，所以德国终于打了败仗。这就是第一次世界大战的教训。

可见，尽量大规模地和多方面地储备战略上的原料，是一切国家的重要问题，特别是在第二次世界大战开始以前早就成了侵略国的重要问题！有大量的文献都在这方面下功夫研究，我们翻开看看，就知道内容很新很复杂，牵涉的范围有经济、地质、技术和冶金。

算一算战略上的原料，一共有 25 种以上：铁、铝、镁、锌、铜、铅、锰、铬、镍、砷、锑、汞、硼、钼、钨、石油、煤、橡胶、氮、硫、黄铁矿、石墨、钾、碘、磷酸盐、石棉和云母。此外还得添上铀。

所以在第二次世界大战开始以前，许多国家早就动手争夺原料。美国开始发展它所需要的金属生产。而德国相反，把许多自己的矿藏都留着不动，把它们看成地下的资本。譬如，德国停止开采本国的黄铁矿，留着战争时候用来制硫酸，而从西班牙把大量的黄铁矿运到国内来。

德国定了不少办法来准备开采它国内含铁比较少的铁矿（然而含锰很多），但是并不动手去开采。德国在战前五年里动用了全部货币基金，拼命从国外输进原料；它输入的锰矿是前十年里面输入的五倍，买进了大量的钨和钼，还运来好多石油产物。德国在石油上用的钱非常可观。第一次世界大战以后的德国军事工业，由于英美资本的扶植，很快就恢复了。

最后，德国实行了一系列的措施来抢夺它同盟国和邻国的原料市场，它要尽可能地多控制原料的来源，免得在战争当中发生恐慌。它怎样来做呢，看下面的例子就可以知道。德国在第一次世界大战以后马上就得到南斯拉夫博尔地方的铜矿，把此矿控制在德国资本之下，又把德国的工程师派到矿上去。德国把这个著名的矿山拿到手以后，本来以为它在战时铜的供应量可以增加一倍，一年差不多可以增加 5 万吨。但是后来在战争期间工人破坏了这个矿，工人不让法西斯德国能够利用那里的铜。

军队对于原料的需要量多到什么样的程度呢？我们可以约略计算一下。比方说有现代化的军队 300 个机械化和摩托化的师，一共 600 万～700 万人，那么战争一年，要钢铁大约 3000 万吨，煤 25000 万吨，石油和汽油 2500 万吨，水泥 1000 万吨，锰 200 万吨，镍 2 万吨，钨 1 万吨，还要许许多多其他的物质。[1]

请仔细想想，这些庞大的数字表示什么呢？3000 万吨钢铁是什么意思？那就是说，要炼出那样多的钢铁，至少要 6000 万～7000 万吨矿石，等于挖尽好几个大铁矿。

石油的数字更是庞大——2500 万吨，这个数字还是往少里说，因为前方和后方，还有空军和海军，都要燃烧大量的各式各样的石油产物。罗马尼亚最高的石油年产量到过 700 万～800 万吨，伊朗每年可以出产石油 1000 万～1100 万吨。

除掉上面说的原料以外，战争上还需要大量的橡胶、有色金属、建筑用木材、石棉、云母、硫、硫酸和其他物质。

可是不但大规模使用原料变成了地球化学上改变金属分布状态的因素，现代的军事技术还有新的特点。它还大大地扩大了物质的种类，让它们直接或间接参加战斗；它对那些战略上主要的和起决定性作用的原料作了重新估价；它采用了千百种新的产品、化合物和合金。

中世纪的骑士穿铁的锁子甲和各种甲胄，直到不久以前钢铁还是制造武器的唯一金属，但是现在出现在战场上的是地球上新的力量，是新

1.这段是著者根据 1940 年的资料写的。

军事技术上的化学元素

的化学元素和它们的化合物，是好多种稀有金属，特别是"黑色的金子"——石油。

有许多次正是因为有了它们才能取得战役的胜利。

现在我们试从化学上来说说现代的战役。坦克部队在进行战斗了。这时候装甲钢的品质对于战斗的胜利起了不小的作用。铬、镍、锰、钼是促使装甲坚硬的金属；轴、齿轮、履带是坦克最重要的部分，它们的成分里有钒、钨、钼、铌；坦克的保护色用的是铬的颜料，里面还有铅；坦克上又用特制的硼玻璃和用碘的化合物造的起偏振玻璃，使坦克手可以看见敌人而不怕敌方强烈的探照灯和其他灯光的照射。坦克上比较次要的部件是用硬铝和硅铝明——一种铝和硅的合金——制造的。

质地优良的汽油、煤油、轻石油和从石油里炼出来的最好的润滑油对于坦克的活动力和速度起着极大的作用，而溴的化合物更能促进燃料的燃烧，部分地减少发动机的噪声。

差不多有 30 种化学元素参加装甲车的构造。而它的武器里含的化学元素更多：榴霰弹和榴弹要用锑和硫化锑；炮弹、炸弹、枪弹和机枪子弹带要用铅、锡、铜、铝和镍；爆炸用的钢要特别脆；炸药的配合也是复杂的，这类炸药是用石油和煤提炼出来的产物制成的，它们都有极大的爆炸力。

装甲车部队和坦克部队发生冲突的时候，就有上万吨的金属和各种不同的物质参加，所有指挥员、坦克手、装甲车手都在操纵着大规模的化学反应，这些反应发出的破坏力达到可怕的程度，压在单位面积上的力量有好几百吨。

有时候毁灭整个村镇的巨大浪涛的最大压力也有每平方米 10～15吨，可是和炸弹爆炸时候发生的空气波相比，还是很小很小！哪一方面的装甲越结实，汽油的辛烷值越高，炸药的破坏力越强，那么这方面就越占优势。

我们现在再把现代化的大都市遭受夜间空袭的情况做一个化学分析。

轰炸机和驱逐机的联合编队在秋天的黑夜里飞行着——一些铝飞机的总重量只有几吨，是用硬铝和硅铝明这两种铝的合金造的。后面跟着几架重型飞机，机身是用含铬和镍的特种钢制造的，焊接的地方很坚固，是用最好的铌钢焊接的；发动机上重要的部件是铍青铜制造的，其他部件是用琥珀金——镁和银、锌、铝的合金——制造的。油箱里装的或者是特别好的轻石油，或者是最好最纯的汽油——辛烷值最高的汽油，因为那样才能保证飞机飞得快。

驾驶盘前面坐着飞行员，带着一张地图，图上蒙着一片云母或特制的硼玻璃。许多仪表的指针上含钍和镭的荧光物质发出浅绿色的光，机身下吊着炸弹和成串的燃烧弹，用特别的杠杆操纵，很容易把炸弹和燃烧弹扔下，炸弹是用容易爆炸的金属制成的，里面的雷管里装着雷汞，燃烧弹里装的是铝、镁和氧化铁的粉末。

有的时候让发动机转得慢一些，有的时候又让发动机开足马力前进，螺旋桨和发动机轰轰的响声震动了房屋和玻璃，敌机用降落伞投下了照明弹。

我们看见挂灯似的火光慢慢降落，先是红黄色的火焰，这是碳、氯酸钾和钙盐的混合物在燃烧。

后来火光逐渐变得更稳定，更亮，而且变成了白色，这是镁粉在燃烧，那种镁粉和我们照相时候常用的一样，但是这里是在镁粉里掺一点钡盐来压成的，所以燃烧起来带一点浅绿的颜色。

城市的防御工作也不松懈。许多防空气球装满了氢气，飘在细的钢索上，来预防敌机俯冲轰炸。要紧的地方气球不装氢气而装氦气。听音哨的士兵用声波测远器来探敌机发动机的声音，即使隔着云雾也能够判明在飞行的敌机的位置，接着就用自动化的装置迎着它发出红黄色的星状的闪光，这些闪光一下子闪亮，一下子又熄灭，是由许多种发强光的

第二次世界大战期间，探照灯广泛用于防御夜间空袭。照片为 1942 年 11 月 20 日，英军在直布罗陀海峡进行防空演习，布置的探照灯发出白光，照亮了夜空。现存于伦敦帝国战争博物馆

物质制造的，这里面钙盐起的作用特别重要。

　　几十束探照灯的白光把漆黑的天空射透好几千米。金、钯、银、铟这四种金属反射出来的耀眼的光线照着敌机硬铝的机身，罩住了敌机。探照灯泡里的碳里加有几种稀有金属的盐，就是所谓稀土金属的盐。英国科学家把钍、锆和其他几种特别金属的盐放在灯泡里，这样特别能够增加探照灯光线的强度，可以射透伦敦的雾。

　　现在吊在敌机降落伞底下的照明弹的火光一过，就是一阵烟幕。敌机在照明的天空盘旋一个"8"字，选择好轰炸的目标，然后从特制的炮弹里放出一道钛盐或锡盐制的烟幕，给轰炸机指出俯冲的区域。

　　但是这时候城市的守军已经对着敌机放的照明的镁光发射出上千颗

红色的和红黄色的曳光弹。曳光弹爆发闪出鲜艳的颜色，妨碍着敌机判明情况。敌机的飞行员在钙盐和锶盐闪亮的光线里辨不清方向，再受到耀眼的探照灯光的照射，他只好把炸弹随便扔下。他对和平居民的房屋乱扔了几百颗燃烧弹，燃烧弹的壳是铝造的，壳里有铝粉和镁粉，有特别的氧化剂，燃烧弹的一头有雷汞制的雷管，有的时候燃烧弹里还加上沥青或石油一类的物质来加快燃烧。拉一下杠杆，炸弹就离开吊着它的钩子掉下去，炸弹爆炸时候的空气波的破坏力比海军大炮那样重武器发射的穿甲炮弹还大。

监视着敌机俯冲的高射炮发言了。榴霰弹和高射炮弹的碎片像雨点般地向敌机飞过去。脆的钢、锑以及从煤和石油制造出来的炸药接连不断地起化学反应，连续发挥它们的破坏力量。这类反应就是我们所说的爆炸，发生在千分之几秒里面；一爆炸就产生激烈的震动和巨大的破坏力。

现在你瞧——高射炮弹打中目标了。敌机的翅膀被打穿，这个沉重的东西连同它剩下的炸弹一齐掉在地面上。油箱发生爆炸，没有扔掉的炸弹也乱炸开来，好几吨重的轰炸机一下子烧成一堆不像样的破旧金属片。

"法西斯飞机被击落一架"——报纸登着这样简短的报道。

"激烈的化学反应已经停止，化学平衡已经恢复"——用化学上的话可以这样说。

"对于法西斯匪帮，对于他的技术，对于他的有生力量和精神又是一次打击"——这是我们的说法。

参加空战的元素在 46 种以上，占门捷列夫表里全部元素的 50%。

以上我是从化学上来描述战争，但是我的话还没有完。战争不只是在战场上进行，战争不断地把后方和前线打成一片，把所有工业部门吸引过来为军队的需要服务。远在后方的硫酸工厂是炸药工业的主干神经。德国以前在莱茵河的威斯特伐里亚州有许许多多硫酸工厂，在它和波兰原先的国界线上也分散着那样多的硫酸工厂。

硫酸工厂需要几十万吨含硫很多的黄铁矿。又需要耐酸的特别建筑物，有用铅造的，有用铌的合金造的。耐酸的砖，特别纯净的石英原料，用钒族金属或铂族金属做的灵敏的催化剂——这些还只是非常复杂的化学工业上很少的一部分物质，没有这些物质也就不能有一家硫酸工厂，而硫酸工业是化学工业上的战斗单位，它造出硫酸来制造炸药，从硫酸工厂的废物里又能提出光电管用的硒，还能炼出铜和金。

还有制造炮弹的工厂。钢块加工要用那些会"自行淬硬"的钨钢或钼钢造的硬质工具。磨光炮弹上的重要部分要用最好的金刚砂和刚玉粉、最细的锡粉、最细的铬粉或铁粉。炮弹上另外还要镍、铜、青铜和铝合金。

炮弹造好以后就开始它的下一个化学装备的阶段：替它准备好会起爆炸的化学反应的原料，替它装好化合物的馅儿。工厂要不停地工作，要把炮弹、炸弹、地雷的弹壳都加工得精确，要把地雷上的撞针或定时信管安装得正确，需要多少种不同的物质啊！

第 4 编
地球化学的过去和未来

4.1 地球化学思想史断片

我不打算让读者这样去想，以为现在一切都已明了，一切都已知道，全部元素都已经发现……我不希望读者认为我们的知识是很容易得到的，认为研究物质的这门科学——化学——是自发兴起的，是没有经过斗争和探求、没有经过顽强而长期的努力的。

朋友们，不是这样的。科学的过去教导我们说，千百年来成千上万的人都曾经为寻求科学的真理而斗争过，他们犯过错误，他们寻找过新的道路，他们在老式的地下实验室里不分昼夜地进行过研究工作，他们反对愚昧，而努力想要了解自然。

但是自然不是一下子就让他们了解到的！

譬如，我记得有一次我们在科拉半岛的武德亚乌尔湖岸上站着。我们的前面是一座城市，有一条公路通到这座城市去，公路上常常有汽车在奔跑着。我看了这幅景色，好不容易才想起十年前我初次看到的这里的苔原是什么情形：荒凉，寒冷，几乎没有生命。

现在外来的人看了这座人烟稠密的城市，看见这里笔直宽阔的公路，看见载重汽车在公路上飞跑——他所看到的是大家安居乐业，而决不会去想这里就在十年以前还是一个人迹罕至的苔原。他会想到就在不多年以前，勘探人员还在这里荒芜的羊肠小路上走着寻找矿石和矿物吗？他会想到，为了试掘这里严寒的苔原底下的富源，为了让这个地方繁荣起来，勘探人员有的时候遇到过多大的困难和费过多大的精力吗？

科学上也是这样：我们研究现代科学思想上的成就，从已经得到的最大的成就来展望最近的将来，我们总觉得津津有味，至于从前多少人经过了多少牺牲和困苦才好不容易地逐渐打扫清那愚昧无知的丛林，我们却忘记了。

我们叫作地球化学的这门科学，是研究我们地球上的化学元素史的。这部历史一定要到将来很久很久以后才能叙述完全；到了那个时候，关于物质原子结构的概念不但会变成现实，而且科学会深入钻透原子的结构，会阐明原子结构的基本特征。

现代的地球化学是在 20 世纪初期兴起的。但是在广义上讲，地球化学还研究化学元素的概念，还研究矿物的化学成分，以及勘探矿石和矿物的时候可以注意的特征，那么这门科学的思想早在三四百年前就存在和发展起来了。

地球化学的基础是矿物学和化学，矿物学和化学经过了许多发展阶段才达到现在的状态。

人们为生存而进行斗争，所以他们早在史前时代就学会了寻找一些石头，利用这些石头来制造武器和生产工具；从那时候起，人们对于宝石的美丽就有了深刻的印象。

到了比较高的发展阶段，人们就开始注意这样的问题：地球是什么？它的起源怎样？于是就产生了关于宇宙起源的传说，也就是产生了所谓天体演化学，后来这种传说逐渐被比较正确的见解代替了。我们知道，古代地中海沿岸各民族的文化很盛，当时像德谟克利特、亚里士多德和卢克莱修这些思想家所提出的见解都已经是相当进步的。

亚里士多德（公元前 384 ～前 322 年）是古代极其伟大的自然研究者，他的观点特别重要，他早就认为地是球形的：整个宇宙是一个球形，而地球最重，所以占着宇宙的中心；地球的周围是水，水外面是一层空气，形成所谓地圈。他认为最轻的元素是火，其次是以太。他把地球、空气、水、火和以太看作性质不同的五种元素。尽管亚里士多德的许多看法都是错误的，但他对于自然科学的发展却有极大的影响。马克思认为亚里士多德是古代极其伟大的思想家，因为亚里士多德在他的著述里概括了当时的全部自然科学。

图为湿壁画《雅典学院》局部。左边以手指天的是古希腊哲学家柏拉图，右为他的学生亚里士多德。亚里士多德（公元前 384～前 322 年），古希腊哲学家，西方哲学奠基人之一

亚里士多德的学生泰奥弗拉斯托斯（公元前371～前286年）初次记载了当时所知道的矿物，并且把这些矿物进行了分类。我们有充分的理由说，泰奥弗拉斯托斯不但是矿物学的创始人，而且是研究土壤和植物这两门科学的创始人。

在公元1世纪里出现了当时的一部名著，是罗马的自然研究者老普林尼写的——他在公元79年维苏威火山爆发的时候死去。他在这部著作里除了记载幻想的传说以外，还叙述了有关矿物的许多可靠的知识，他所用的矿物的名称有一部分到今天还在使用。

从中世纪起，有关自然的确切知识在欧洲暂时停止了发展。这个时期里的自然科学和化学，主要是在东方发展的。

在9世纪到10世纪的阿拉伯思想家所写的文章里都有独到的见解，我们从这些文章里读到，有些金属在自然界里是共生的。例如，路卡·本-西拉比昂在他所写的《岩石录》的序文里说："自然界里的石头，有聚在一地的，有彼此躲着的；有一种变成另一种的，还有一种把另一种染上颜色的。"

毫无疑问，寻找矿石、加工矿石以及制取金属和合金——这些事情经常推动着人们去想化学元素共同存在的条件。结果就知道了哪些不同的物质互相亲近和互相憎厌，这样概括出来的结论就是一些最早的地球化学的定律，这些定律到今天也没有失掉它们的意义。

哲学家阿维森纳（980～1037）生在布哈拉，他的著作很重要，他写过有关矿物的文章，他把矿物分成了这样四类：（1）石头和土，（2）可燃性化合物和硫化物，（3）盐类，（4）金属。

另一个著名的学者阿尔-比鲁厄（973～1048）生在花剌子模，他用阿拉伯文写了一部名著——《贵重矿物鉴定录》，他在这部著作里概括了当时的全部矿物学上的资料。

9世纪用阿拉伯文写的有关炼金术的书，在化学发展史上有很重大

1632 年在伊斯法罕誊写的阿维森纳的著作《药典》的封面，采用波斯漆画作为装饰。后人认为此封面描绘的是手拿医书的阿维森纳坐在树下与一名女病人交谈，旁边的仆人正在准备药物。阿维森纳（980～1037），阿拉伯哲学家、自然科学家、医生。他的著作达 200 多种，最著名的有《治疗论》《医典》等

的意义，因为这些书初次阐述了真正的化学研究方法的问题。

炼金术士的主要工作是合成，也就是说，他们想用他们已经知道的物质来制造新的物质。炼金术诞生在亚历山大里亚，然后，化学知识和实验技巧从亚历山大里亚传到亚洲的叙利亚。叙利亚人把炼金术传给了阿拉伯人，阿拉伯人又经过西班牙把它传到欧洲。

一般人都把炼金术理解成用各种其他金属来制造金子的一种骗人的技术。其实，中世纪的炼金术士的主要意图是改善普通金属的性质，想把普通的金属变成银子或金子。可是他们要解决的问题还不止这些。他们还想找到养生的药剂和"哲人石"。

改变普通金属的实验总是做不成功，炼金术士便不得不把他们的技术逐渐地转用到其他方面去。他们的注意力开始集中在人的健康问题上，而炼金术也就慢慢地变成医术了。

固然炼金术士对他们的骗人行为是推卸不了责任的，然而他们对于化学的发展还是有极大的贡献，因为他们做过许多次各种各样的化学实验，尽管他们的动机不纯，但他们还是得到了很大的成果。

著名的哲学家莱布尼茨对于炼金术士的批评非常恰当：

"……他们是富于想象和富有经验的平凡人士，然而他们的想象和经验并不一致。他们充满着天真的希望，而结果竟把他们自己弄到毁灭的地步，要不然也是造成很大的笑话。其实，这些人从实验和观察自然所知道的事实，常常比受人尊敬的科学家知道得更多。"

1973 年发行的苏联邮票上的阿尔 - 比鲁厄肖像。阿尔 - 比鲁厄（973 ～ 1048），10 世纪最著名的波斯学者，研究了当时几乎所有的科学，尤其精于物理学、天文学、地理学、数学和其他自然科学，对历史和宗教也有深入研究。一生所著有 146 本书

文艺复兴时代来到了。这个时代标志着人类文化进入了新的、更高的阶段。

谢米格拉吉亚（匈牙利）、萨克森和波希米亚的采矿业都发达起来，这是推动矿物学发展的第一个力量。

阿格里科拉（1494 ～ 1555）是萨克森矿业中心的一个医师兼矿物学家，他进行了出色的研究工作，替精确而且深刻地了解矿物学和地球化

格奥尔格乌斯·阿格里科拉
（1494～1555），德国科学家，
被誉为"矿物学之父"。他的著
作《论矿冶》被视为西方矿物学
的开山之作，该书在明代天启元
年（1621）传到中国，并由传
教士汤若望等人于崇祯十三年
（1640）全文译出，书名为《坤
舆格致》

阿格里科拉著作《论矿冶》里的木刻版画插图《勘探矿床》

学的研究对象奠定了基础。他的真名字是乔尔格·帕乌。他的遗著非常多，内容综合了当时有关矿床的知识。他的最有名的两部著作是《矿物的性质》（1546 年）和《金属制品》（1556 年）。他所使用的矿物分类法已经有科学的性质。他的分类法初次导入了化合物的复杂性的概念，也就是说，他的分类法是有化学原理做依据的。从那时候起一直到 18 世纪末，科学家在矿物学方面的全部研究工作都是根据这种分类法进行的。

瑞典化学家兼矿物学家贝采利乌斯（1779 ～ 1848）研究了矿物的化学分析法，他把矿物初次按照化学成分来分类，这就是现代的矿物分类法，他还初次使用了"硅酸盐"这个术语。

各国的科学团体和科学院在地质学史上和矿物学史上都起了很大的作用，1657 年最先成立的一个科学院——西芒托科学院在这方面所起的作用尤其大。1662 年，在伦敦成立了"皇家学会"，这个组织就是现在的大不列颠科学院。

从 17 世纪末起，特别是从 18 世纪初起，科学团体、大的陈列室和博物馆都有了很大的发展。瑞典科学院以及后来在 1725 年在圣彼得堡成立的俄国科学院，在促进科学的发展上都起了极大的作用。

在俄国，地球化学思想最先清楚地表现在罗蒙诺索夫（1711 ～ 1765）所写的《论地层构造》和《论金属的产出》这两本天才的著作里面。罗蒙诺索夫首先确定了金属和矿物是会移动的。"金属会从一个地方转到另一个地方去"——这就是他得到的天才的结论。他奠定了矿物的新的概念，他说矿物是由于地壳进行了变化而生成的，这个概念就是 20 世纪新兴的一门科学——地球化学——的基础。

有好几十本书和好几百篇文章都是评述罗蒙诺索夫的；最大的研究家、思想家、科学家、作家和诗人都用大量的篇幅分析了代表俄国思想的这位斗士，尽管这样，他们还是不可能把这位斗士阐述详尽，因为罗蒙诺索夫这位白海沿岸的阿尔汉格尔斯克人的天才是说不尽地渊博的。

我们的面前是罗蒙诺索夫的一幅巨像，他是跟冷酷的大自然作斗争而锻炼出来的伟人，他有崇高的、极其顽强的斗争精神，因而他在任何人和任何事物面前都没有屈服过。

勇敢，坚决，敢作大胆的幻想，什么都渴望知道，对一切事物都寻根究底，既善于作深入的哲学分析，又善于出色地进行实验（他认为科学离开了实验是不可想象的），而且善于把分析和实验结合起来——罗蒙诺索夫便是这样的一个人。古代有七座城市都说是保留下来了荷马的坟墓，因而它们争论了这个荣誉是应该属于谁的，而现在有十多门科学和艺术也在进行争论，罗蒙诺索夫在哪一门科学或艺术方面的遗著是最主要的：是物理学和化学，矿物学和结晶学，地球化学和物理化学，地质学和矿冶学，地理学和气象学，天文学和天体物理学，地志学和经济学，历史，文学，语言学还是技术？其实，拿普希金的话来说，罗蒙诺索夫本身就是一所"完整的大学"。

即使说跟罗蒙诺索夫同时代的人有不理解这位伟人的，可是当时已经出现了新的一代，他对这新的一代非常热情地教导和号召说：

"啊，祖国正在衷心地
期待着你们
想实现像别地发出的
那样的呼声。
啊，你们的时代是幸福的！
大胆地干吧，现在是够兴奋的，
你们的勤勉表示出
俄罗斯的大地上会产生
它自己的柏拉图
和智力过人的牛顿。"

从那时候起过了 200 年，直到今天我们才亲眼看到他天才的预见和大胆的理论变成了伟大的科学真理，他希望他的祖国变成伟大而光荣的国家那种崇高的理想，也已经变成活生生的现实了。

罗蒙诺索夫不单把科学理解作描述各种现象，而且是解释这些现象。他认为，需要研究的不是物体的本身，而是物体的内部结构、形成这种结构的原因以及物质内部的作用力。据他理解，不管哪一门科学，全部科学的兴起都是为了解答一个大问题——物质是什么？它是怎样构成的，是由哪些东西组成的？

罗蒙诺索夫得到了结论说，物质是由一个个小粒子组成的，这些粒子都有引力、惯性力和运动；这些粒子里面比较小的是简单的原子，比较大的是分子。原子和分子都是肉眼看不见的，都在不停地运动和转动着。这是一个卓越的判断，实际上是完全符合现代原子论的观点的。

差不多比法国大化学家拉瓦锡早半个世纪，罗蒙诺索夫就证明了自然界里的任何东西都不会消失掉，因而实际上他早就确定了一个伟大的自然定律——物质和能量守恒定律。

罗蒙诺索夫用物理方法深入地研究了物质的基本粒子的性质，他逐渐地从物理学转到了化学……化学是研究物质成分的变化的一门科学，这门科学是跟物理学和力学分不开的。

1751 年，罗蒙诺索夫在科学院的全体会议上宣读了他的辉煌的著述《论化学的用途》，他在这篇文章里给新的化学开辟了广大的前途；他抛弃了炼金术士在他们神秘的实验室里产生的那些旧思想；他给化学规定了新的内容，在那里面数字、重量和数学规律是主要的。他还把他的这种新思想应用在实践方面。

1748 年，罗蒙诺索夫经过许多年的奋斗，终于在圣彼得堡的阿普捷卡尔斯基上组织了一个实验室，这是俄国第一个科学的化学实验室，他在这里把物质进行了精确的度量。

1752 ~ 1753 年，罗蒙诺索夫讲授了《物理化学》课程，这是全世界开这门课程的第一次。"化学广泛地插手到人们的事业里去"，他说，因此他就顽强地研究了化学，为的是满足本国的实际需要。他找到了光学玻璃的新配方；他做了 3000 次实验，才开始制造镶嵌玻璃用的天蓝色颜料，开办了一个专门制造镶嵌玻璃的工厂；他研究了乌拉尔矿物的成分，又研究了有关硝石和磷的问题。

在这个新的实验室的许多首要任务当中，罗蒙诺索夫规定了制造纯净物质这一项。这就使他研究了纯净的金属、硝石和其他盐类，于是，从前的工艺学课程和矿物学课程就都有了新的内容。在他看来，矿物是

罗蒙诺索夫开办的玻璃工厂制造的马赛克壁画《波尔塔瓦战役》，现存于俄罗斯圣彼得堡的俄罗斯科学院，（Serge Lachinov 摄）

基本物质粒子的混合体，矿物的性质由"这些粒子的相互结合方式"来决定。

石头跟一切的物质一样，也有生有死，有它自己的历史，所以罗蒙诺索夫号召大家用新的方法来研究天然的矿物。

罗蒙诺索夫把矿物的生成条件跟地质作用结合了起来，他寻找矿物在地下深处和在充满着炽热的硫蒸气的火山裂缝里生成的谜的解答，他在地面上发现了动植物残骸变成石头的现象。由于他的才识过人，既是自然研究家，又是哲学家兼化学家，所以从他的新的观点来看，他就把石头看作有生命的东西了。

下面就是 1763 年罗蒙诺索夫在他的名著《论地层》里说的一段话：

这就是地下的情况，这就是地层，这就是其他物质组成的矿脉，这些物质是大自然在地下深处生成的。应该注意到这些矿脉的位置、颜色和轻重都不相同，所以应该运用数学上、化学上、一般说来运用物理学上的见解来加以思考。

这就已经不是旧的、枯燥无味的、只描写矿物性状的矿物学，而是一门新兴的科学——地球化学了。就像他在科学思想史上第一次在物理学和化学之间的界线上创立了内容充实的物理化学这一门科学，他在化学和地质学的界线上也创立了一门新的科学，这门科学在当时还没有名称。一直过了70年，在1838年，才从19世纪初期的一位伟大自然科学家的嘴里道出了"地球化学"这个名称，这位科学家是瑞士的化学家舍恩拜因（1799～1868），过了四年他说：

前几年我早已公开表明了我的看法，我坚信，一定要先有地球化学才谈得到真正的地质科学，因为很明显，地质学一定要注意研究构成我们地球的那些物质的化学本质，研究那些物质的成因，至少也还要研究地球上的各种生成物以及埋在这些生成物里的古代动植物残骸的相对年龄。我可以有把握地断言，现在的地质学家走着前人所走的路，但是未来的地质学家是决不会永远朝着这个方向走的。未来的地球化学为了扩大这门科学的范围，一旦化石不能充分地满足他们研究上的需要，他们就势必另找辅助的研究资料，因此毫无疑问，一到那个时候，地质学里就要导入矿物的化学研究方法。这个时期在我看来已经不怎么远了。

在这里，科学史告诉我们，怎样由于先驱的思想发展的结果而创造了新的概念和新的成就。

为了使化学上广泛存在的规律性能够适当地归结成地球化学上的定律，为了使这些规律性从天才的推测变成确凿的、经过检验的科学概括，就需要长期地、细密地研究各种事实。

俄罗斯伟大的科学家门捷列夫（1834～1907）在这方面作了巨大的贡献；到那时候为止，科学上关于整个宇宙构造的统一性这种思想还只是空想，而自从门捷列夫发现化学元素性质的周期性这个定律以后，这种思想才有了现实的根据。

从 19 世纪 50 年代起，俄国的工业很快地开始发展起来，科学家门捷列夫正是从这时候起开始他的活动的。他热爱自己的祖国，所以他的活动从不脱离实际，而是把他的全部精力都用在实际工作上。

他论述了石油和煤的利用，以及这两种资源的储藏和成因，他找到了无烟火药的成分，并研究了炼铁工业发展的可能性。

他认为，科学研究的最终目的是"预见和实用"。

门捷列夫的主要著作是《化学原理》，这部书的第一版是在 1869 年出版的，在他生前就出版了 8 次，在他去世以后也出版过许多次。

这部书是门捷列夫的得意著作。"我的研究方法、我的讲授经验和我真正的科学思想都在这部书里面。"

"在《化学原理》里我投入了我的精神力量，和我留给孩子们的遗产。"——这是他在 1905 年说的话。

毫无疑问，化学元素周期系统的发现给化学的发展指出了新的道路，也使门捷列夫得到了全世界的荣誉。

恩格斯对化学元素周期律的评价是极高的。他说：

门捷列夫证明了：在依据原子量排列的同族元素的系列中，发现有各种空白，这些空白是表示这里还有新的元素尚待发现。他预先描述了这些未知元素之一的一般化学性质……不多年以后莱考克·德·布瓦博德朗实际上发现了这个元素……

门捷列夫不自觉地应用黑格尔的从量转化为质的规律，完成了科学上的一个勋业……

门捷列夫预言了新的化学元素，修正了一部分元素的原子量，还给好多种化合物找出了正确的化学分子式。

门捷列夫初次把原子比作恒星、太阳和行星这些天体；按照他的想法，原子的结构很像一些天体系统的构造——像太阳系的构造或者双星系统的构造之类。

对地球化学来说，化学元素周期律是一个依据，根据这个定律就可能有系统地研究化学元素在自然条件下结合的各种定律。

化学元素周期律已经被发现了。但是科学家需要有一段时间来进行巨大的研究工作，各种学派在这段时间里必然会发生斗争，科学家又得做许多次新的实验，所以这个定律过了 75 年才得到解释，才明白它对于我们整个世界观的意义和作用。

门捷列夫把化学现象和物理现象极其密切地结合起来研究，因而他实现了罗蒙诺索夫的名言："化学家如果没有物理的知识，就像一个人只靠摸索来寻找一切事物。而这两门科学是这么密切相关，没有那一门，这一门就没法达到完善的地步。"

为什么不论在过去、现在和未来，化学元素周期律在科学史上都起着异常重大的作用呢？因为门捷列夫的这张周期表非常简单，他只是把自然界发生的事实简单地排列了出来，而这些事实在一定的空间关系上、时间关系上、能量关系上和演变关系上都是可以有规则地相互对照的。这张表里丝毫没有人的主观的想法。这张表就是大自然本身。我们所能察觉到的、我们周围的这个现实的物质世界，实际上就是一张巨大的表，这张表正是按照长长的周期排出来的，是分成了一个个部分的。

当然，将来还会出现新的学说，新的学说出现以后还可能被消灭掉，光辉的概括和新的概念会代替过了时的概念；伟大的发现和实验会远远地超过过去的一切；会达到更新奇、更宽广的想象不到的水平——这一切都会产生和消灭，但是门捷列夫的周期律却永远不会消灭：它将来还会发展下去，会逐渐变得更精确，会继续指导科学的研究。

门捷列夫在他的著作里号召过大家为进一步发展这个定律而努力。

他在《化学原理》的一篇引言里说：

谁要是懂得生活在科学领域里是多么自由和愉快，他就会不由想把许多东西都带到这个领域里去，我自己的叙述也是从这个想法出发的。因此，我的这部书里有许多地方都充满着希望，我极力想使读者获得化学的世界观，希望这种世界观能够鼓舞读者进一步研究科学。要号召青年一代为科学服务，不要去吓唬那些懂得祖国在农业、工业和工厂事务等实际工作方面的迫切需要的青年。只有在人们认识到真理的本身是绝对真实的时候，真理才会在生活上得到应用。

门捷列夫时时刻刻对青年发出这样的号召。大学各个系的学生都常常涌到讲堂里来听他讲课。他的话能够折服听众，所以讲堂里的听众总是满满的。大学生来听他讲课，并不是为了学一些死板的公式，而是为了听听这位伟大的教师的思想方法、推理方法和创造方法。

在19世纪，化学变化的研究把矿物学跟物理化学结合了起来，并且在对地壳里各种化学元素配搭的理解方面导入了新的、比较正确的内容。

这个思潮在19世纪的后几年里巩固了起来，替地球化学的思想奠定了基础，使得科学家在分析矿物的生成作用的时候感到有必要去注意各种矿物是由哪些元素组成的。

尽管这样，地球化学还是没有诞生，因为那时候对于原子、元素或者晶体这些概念的本身还不清楚。

直到门捷列夫发现了周期律，物理学特别是结晶学得到了成就以后，原子才变成现实，结晶格子才实际上成了一种自然现象，而元素和它的性质才能够跟原子的结构结合起来研究。

这样，已经有根据来创立地球化学了，但是还需要搜集大量的事实，需要进行多次的观察，许多研究机构还应当安排巨大的实验工作，这些机构所要做的复杂而又困难的实验甚至不是几百次而是几千次，这样才能拟定地球化学的正确研究方法。直到这些新的、事实上的成果跟物理学和结晶学的理论思想上的成果结合起来以后，才替现代的地球化学开辟了发展的道路。

现在这门独立的科学已经创立起来了，这主要是俄罗斯自然研究者努力的结果，里面也有挪威和美国的自然研究者的贡献；这门科学的目的是研究我们周围自然界的现实环境里的原子和原子的命运。

地球化学跟地质学的其他分科不同：地球化学并不研究分子、化合物、矿物、岩石或者它们在地质上的综合体的性质和命运，而是研究原子本身的命运，首先是研究可以用实验精密研究的那些地壳里的原子的命运；地球化学所研究的是原子的动态，是原子的移动、迁移、配搭、分散和集中等作用。同时，地球化学的任务不但是描述和阐明门捷列夫元素周期表里每一种元素的漫长而又复杂的全部历史，而且要把元素跟原子的性质结合起来研究，因为元素一生的命运正是由原子的性质决定的。

在苏联，地球化学已经有了精确的定义，并且得到了发展，这完全是因为俄罗斯科学家在这方面起了异常巨大的作用。拿苏联在地球化学方面所达到的成就来说，苏联的地球化学在全世界地球化学这门科学上所占的地位，完全称得上是最光荣的地位。

俄罗斯地球化学学派的基础是韦尔纳茨基院士和本书作者费尔斯曼

1940 年 4 月，费尔斯曼与妻子一同探访俄罗斯地球化学学派创始人韦尔纳茨基院士，留下了这张合影。现存于俄罗斯科学院地质研究所

院士在莫斯科大学奠定的。

美国、德国和挪威也都有一些化学家和地质学家创立了一个地球化学学派，但是这个学派的研究范围比较狭窄，跟俄罗斯学派稍稍不同。

应该特别提一下美国华盛顿的地质学家克拉克（1847～1931），他在 1908 年发表了一部著作，叫作《地球化学资料》。克拉克用 36 年的工夫搜集了岩石和矿物的化学分析资料，他在这部书里批判地修正了大量实际上的材料，他对于不同地层的平均化学成分和整个地壳的成分做了概括的结论。

但是克拉克并没有把他的资料当作研究整个地球作用过程的根据。

挪威科学家福格特（1858～1932）和哥德施密特（1888～1947）的研究工作，对于地球化学的发展也有很大的影响。

福格特奠定了物理化学岩石学的基础，有了这门科学做依据，就可以研究岩浆的各种作用，就有广泛的可能性来计算地壳的化学成分。哥德施密特把结晶学跟固体的物理学紧密地结合起来而奠定了现代结晶化学的基础，他研究了地壳深层的地球化学，他在这方面是很有研究的。他写了一部很有名的著作，叫作《地壳里化学元素的分布规律》。

俄罗斯地球化学学派跟克拉克和哥德施密特不同，这个学派的地球化学家是广泛地运用地球化学思想来解决实际问题的。

苏联地球化学家的研究工作，没有一处不在严格遵守罗蒙诺索夫的遗教——"运用数学上、物理学上和化学上的见解"来分析周围的自然界，他们还把门捷列夫的周期系统进行了深刻的地球化学的分析。

韦尔纳茨基院士是生物界和非生物界的伟大研究者，是新的科学学派的创始者，也是俄罗斯矿物学和全世界地球化学的创立者。

韦尔纳茨基是在圣彼得堡大学的数理系学习的，1885年他在那里毕业。

韦尔纳茨基在那个大学学习的时候，年轻的门捷列夫在那里起了突出的作用。这是门捷列夫发挥他的才能的全盛时代。

年轻的韦尔纳茨基非常爱听门捷列夫讲授化学，韦尔纳茨基对他的这位教师的新思想感到极大的兴趣。早在那个时候，他已经很重视实验对于得到确凿的知识所起的作用了。

就在为科学而斗争的那个繁荣时代里，另一位科学家道库恰耶夫对韦尔纳茨基的影响也极大，道库恰耶夫是一个有稀有的创造性和钻研精神的人。韦尔纳茨基听了他的课，懂得了确凿的知识和精密的研究方法的意义。

韦尔纳茨基读了道库恰耶夫的经典著作《俄罗斯的黑土》，因而对于土壤有了深刻的了解，知道土壤是一种特别的物体，是自然而然生成的，是历史上的产物，韦尔纳茨基在生物地球化学上的许多思想，就是受了道库恰耶夫的科学思想的影响而产生的。

韦尔纳茨基一生所经历的道路（1863～1945），就是坚强的劳动和光辉的创造思想的道路，他在这条道路上发现了许多完整的、新的科学领域，并且拟定了苏联自然科学发展的几个新的方向。

韦尔纳茨基又是一位科学史专家，他在这方面也起了巨大的作用，他总是根据研究历史的原则和方法来研究自然科学。

他也这样要求他的学生，说明一个问题的时候要把这个问题的历史研究得很透彻。他说："历史学家用深入研究历史的方法来理解人类过去的命运，我们自然研究者必须向他们学习这种方法。只有利用这种方法，我们才能做自然史的专家。"

从 1890 年到 1911 年，也就是差不多有 25 年的工夫，韦尔纳茨基一直在莫斯科大学里工作，他在那里担任着矿物学和结晶学教授。

应该指出，在韦尔纳茨基以前，莫斯科大学的矿物学讲授内容只限于枯燥地描述各种矿物。矿物标本也没有好好整理。韦尔纳茨基不但整理了这些标本，而且把他在好多次勘查和旅行期间亲自收集到的矿物添了进去，因而丰富了标本的内容。他时常领着他的学生到俄国国内各地和国外去旅行，他认为这样的旅行对于培养未来的科学家是有重大的意义的。韦尔纳茨基根本改变了矿物学的讲授内容：他使矿物学不再是枯燥地描述矿物的学科，他在历史的基础上创立了化学的矿物学，并且把结晶学分出来当作一门独立的课程。他创立了第一个科学的矿物学小组，莫斯科的所有矿物学家都是这个小组的成员。同时，他要求他的同事和学生一定要实地进行实验来记述化合物和矿物的物理和化学性质，结果，这些实验的完成对于创立新的矿物学学派起了极大的作用。

这就是俄罗斯化学的矿物学的起源，也是后来地球化学的起源，这样，在韦尔纳茨基的指导下，他的学生就在莫斯科大学形成了一个研究矿物学和地球化学的学派，他们的研究工作得到了辉煌的成就。

韦尔纳茨基经过多方面的思考和有计划的研究而熟悉了各种矿物的许多矿床，结果，他的大部头著作——《叙述矿物学实验》的第一卷在1906年出版了（全书在1918年出齐），这部著作是矿物学方面的一部经典巨著。

1909年，韦尔纳茨基当选科学院院士。1911年，他到圣彼得堡去工作了。

他开始了他生活上的一个新的阶段。如果说在这以前的20年是他创立新的科学学派的时期，那么在这以后——在圣彼得堡工作时期——是他组织巨大的、新的科学研究工作的时期。

从创立新的科学学派到组织科学研究工作，这决不是一个很容易的转变。韦尔纳茨基到了圣彼得堡以后很怀念莫斯科。他辞去了教学的职务，想在科学院里集中全部精力来做科学研究工作。韦尔纳茨基进科学院的时候，科学院里领导地质学研究工作的是卡尔宾斯基——他也是一位伟大的俄罗斯科学家，对俄罗斯平原的地质构造的研究就是由他奠定基础的。

韦尔纳茨基用光谱分析法广泛地研究了俄国各种岩石和矿物里稀有的和分散的化学元素的分布情况，并且第一个提出一定要在俄国各地广泛地和有计划地研究放射现象的问题。

1922年，他跟赫洛平院士共同创办了镭研究所，他们在这里研究出来了利用镭放射蜕变以后变成铅和氦气来测定岩石年龄的精密方法。

直到今天，韦尔纳茨基说过的话仿佛还在我们耳边萦绕："我们正在走向人类生活上的一个伟大的转变，这个转变是人类以前经历过的一切转变都比不上的。过不多久，人就会掌握原子能，这种动力的泉源可以使人随意建立他自己的生活。这种情况可能在最近的将来实现，也可能过一个世纪实现。但是显然，它是一定会实现的。人是不是会利用原子能这种动力，把它用在和平事业上而不是用来自我毁灭呢？科学既然不可避免地要把这种动力交给人去使用，那么人是不是已经学到了使用这种动力的本领呢？科学家对于他们自己的科学研究工作和科学方法可以产生的后果决不应该闭着眼睛不看。他们一定要对由于他们的发现而产生的后果负责。他们一定要把自己的研究工作跟全人类最好的组织工作结合起来。"

结果韦尔纳茨基创立了一个新的放射性地质学学派，镭的科学研究工作也就大规模地开展起来。几年以后，他开始发表一部大部头的巨著——《地壳里的矿物史》（1923～1936），这部著作的科学价值异常巨大。可惜这部著作他没有写完。同时，他把他的卓越的地球化学思想归结成一个统一的整体，他出版了一部著作，叫作《地球化学概论》（1927～1934）。

旧的观点是把矿物看作复杂的分子来进行研究的，韦尔纳茨基在《地球化学概论》里通过许多种元素指出，极其重要的是抛弃这种旧的观点而改为研究原子的本身，研究原子在地球里和宇宙里的迁移的途径。

1928年，韦尔纳茨基在科学院里创立了生物地球化学研究所，这样，他就成了地球化学的一个新的分支——生物地球化学——的奠基者。这门科学的任务是研究活的有机体的化学成分，研究活物质和活物质分解以后的生成物怎样使化学元素在地壳里进行迁移，怎样使化学元素分布、分散和聚集在地壳里面。

1935年，科学院搬到了莫斯科。于是韦尔纳茨基也就第二次来到了莫斯科，在这期间（1935～1945），他最注意的是生物地球化学的实验工作；他亲自领导研究了碳、铝和钛的生物化学作用，并且提出了应该

地球化学和跟它有关的科学

绘制生物圈的地球化学图的问题。

100 多年前早已有了"地球化学"这个名词，但是真正科学的地球化学只是在最近 30 年里才诞生，是在新的、努力探索的年代里诞生的；不论过去还是现在，苏联的科学对于创立地球化学都起了并且起着特别的作用；苏联的科学正在一日千里地前进着，它发展着许多新的知识部门，它在它的成就里和目的里是把理论和实际结合起来的。

4.2 化学元素和矿物是怎样命名的

这个问题是我们大家都感到兴趣的。成千上万种元素、矿物和岩石的名称不是很难记住吗？可是如果懂得了每一个名称的含意，恐怕就比较容易记些。

读者们，也许你们谁的手头有我写的《岩石回忆录》，那本小册子里讲过一段开玩笑的故事，内容是新的矿物和基洛夫斯克铁路新车站得名的由来。特别可笑的是那里一些年老的铁路员工，例如他们给一个车站起的名字是非洲站，原来只是因为他们到那车站去的那天非常热，热得和在非洲一样。

奇怪的是另一个车站叫作钛，可是在这个车站附近，钛矿石连一点影子都没有。

但是应该认识，不但年老的铁路员工这样做，过去和现在的化学家和矿物学家在发现某种新物质的时候也是这样做的：爱起什么名字就起什么名字；而我们现在却一定要记准这些名字。固然在化学里比较简单些——那里，需要给想个名字的，一共不过 100 种左右的化学元素。矿物学上的事情却复杂得多，眼前已经知道的矿物在 2000 种左右，每年还新发现二三十种。

我们先来谈谈那些化学元素的名字，全部化学科学就是建筑在这些元素的基础上面的；元素的化学符号是这些元素的拉丁文名字的前一两个字母，例如：Fe（ferrum——铁）、As（arsenium——砷）等。

化学家和地球化学家常常喜欢拿国家或者地方的名字来做新元素的名字，某个国家或者某个地方新发现一种元素或者第一次发现某种元素的化合物，就用这个国家或者地方的名字。

所以有些元素的名字一看它原文就完全明白，而且容易记住，例如铕（europium——欧洲）、锗（germanium——德国）、镓（gallium——法国的旧名高卢）、钪（scandium——斯堪的纳维亚）；可是也有一些名字很难懂，也很难记，因为是用了某些国家或者地方的古代名字。有一部分元素甚至很难猜透它们是怎样得名的。

例如，1924年哥本哈根发现一种新元素，把它叫作铪（hafnium），原来这是从谁都不知道的丹麦首都的旧名字来的。镥（lutecium）的得名也是这样，它是从巴黎的旧名字来的。金属铥（thulium）的命名是根据古代瑞典和挪威的斯堪的纳维亚语名字。

金属钌（ruthenium）是俄国科学家克劳斯（К. Клаус）在喀山发现的，为了纪念俄国才起的这个名字，可惜连许多有经验的化学家都看不透这点。

瑞典首都斯德哥尔摩附近有一个长石矿坑非常有趣：许多新元素都采用了那里一个叫依特比的伟晶花岗岩矿脉的名字，镱（ytterbium）、钇（yttrium）、铒（erbium）、铽（terbium）便是这样得名的。

许多元素是根据它们的物理性质和化学性质来起的名字。这样仿佛比较合理，可是只有精通古代希腊文或拉丁文的人才懂得和记得住这些名字。

因为好多种元素是根据它们在光谱里显示的色线而发现的，于是就拿这些光谱线的颜色来称呼它们——铟（indium）表示蓝色，铯（caesium）表示天蓝色，铷（rubidium）表示红色，铊（thallium）表示绿色。

有一部分元素是用它们的盐类的颜色来命名的，譬如铬（chromium）在希腊文的意思是"颜色"，因为铬盐的颜色很鲜艳；又譬如金属铱（iridium）的原意是指"彩虹"，也因为它的盐类是五颜六色的。

大多数化学家还研究天文学，他们用行星或者别的星体的名字来称呼元素。铀（uranium——uranus 天王星）、钯（palladium——pallas 智神星）、铈（cerium——ceres 谷神星）、硒（selenium——selene 月）、氦（helium——helios 太阳）都是这样得名的。里面只有氦这个名字的含意比较深刻，因为氦最初是在太阳上发现的。

还有许多元素的名字是纪念古代传说里的神和女神的。钒（vanadium）是纪念女神凡娜迪斯的；钴（cobaltum）和镍（niccolum）是银矿里有害的成分，据说是从萨克森矿坑里两个凶恶的地神的名字来的。

钽（tantalum）、铌（niobium）、钛（titanium）、钍（thorium）这四个名字是从古代神话里取来的，没有别的了不起的根据。锑

辉锑矿晶簇和重晶石，产自中国江苏武宁

（stibium）多半是从希腊文里的"杂色"得来的名字，因为辉锑矿的晶体聚集成束状，像一束杂色的花。

人们对于全世界闻名的大科学家的名字很少注意。有一种矿物叫作加多林石（硅铍钇矿），是为了纪念俄国教授加多林（А. В. Гадолин）的，元素钆（gadolinium）就是从这种矿物得的名字。

还有一种矿物叫作萨马尔斯基石（铌钇矿），最初是在乌拉尔的伊尔门山找到的，据说这个名字是纪念俄国萨马尔斯基（Самарский）上校的，于是又把从这种矿物里新发现的一种元素叫作钐（samarium）。

钆、钇、钐这三种元素的名字纯粹是从俄国来的。

除去上面所说的这些复杂的和没有什么重要根据的名称以外，差不多有30种元素的原文名称是用的古代阿拉伯文、印度文或拉丁文的字根。

金（aurum）、铅（plumbum）、砷（arsenium）等名字的起源问题始终还在争论，没有解决。最后是新发现的四种超铀元素：第93号的镎（neptunium）和第94号的钚（plutonium）是用的行星的名字（neptune——海王星，pluto——冥王星）；第95号的镅（americium）是指美国；第96号的锔（curium）是纪念居里夫人。

你们看，这些名字多乱！又是希腊文、阿拉伯文、印度文、波斯文、拉丁文和斯拉夫文的字根，又是神、女神、行星和其他星体、地方、国家和人的名字，大多数没有准则，而且缺乏深刻的意义。

科学家也的确想过，想把元素的名称整理出个头绪来，可是元素的种数毕竟有限，也不值得这样做。至于矿物名称的问题却是另一回事了。

在这个问题上，地球化学家和矿物学家应当根本改变他们的作风：要知道，每年要给25种以上新发现的矿物起名字，而矿物在以前的命名法呢，譬如有一种矿物叫劳拉石（硫钌矿），竟采用的是某化学家的未婚妻的名字，许多矿物是从忠诚的感情出发，为了尊敬某些公爵和伯

产自芬兰，与石英和云母伴生的乌瓦洛夫石（钙铬石榴石）标本。其晶体实际大小为13毫米，8毫米。这种宝石以18世纪的俄罗斯政治家、圣彼得堡大学校长乌瓦洛夫伯爵的名字命名。其翠绿的色泽来来其中微量的铬元素。由于晶体颗粒较小（直径通常不超过2毫米），无法制作为宝石成品

爵而用了他们的名字，其实他们与这些矿物毫无关系，例如乌瓦洛夫石（钙铬石榴石）就是由伯爵乌瓦洛夫得名的——难道这种情形也可以容忍吗？

最后，有些矿物的名字太古怪，不好念，譬如安潘加巴石（铌钛酸铀铁矿）这种矿物最初发现在马达加斯加岛上的一个叫安潘加巴的地方，就取了那个小地方的名字做矿物的名字。关于矿物的名称在矿物学史和化学史上是有趣的一页。到今天为止，许多矿物名称的起源还没有研究清楚，有好多种矿物的名字是采用古代印度文、埃及文和波斯文的

门捷列夫石（富铀烧绿石）标本，产自俄罗斯乌拉尔地区，是一种不常见的铌氧化物

字根的。土耳其玉和祖母绿的原文是从波斯文来的，黄玉和石榴石的原文是从希腊文来的，红宝石、蓝宝石和电气石的原文都是印度文。

　　把发现矿物的地名当作矿物的名字，这种情形很多。譬如，下面三种矿物是苏联人很熟悉很容易记住的：伊尔门石（钛铁矿）是用乌拉尔南部的伊尔门山命名的，贝加尔石（易裂钙铁辉石）是因为贝加尔湖得名的，摩尔曼石（硅钛钠石）是因为摩尔曼斯克省得名的。苏联人最感兴趣的是莫斯科石（白云母），这个名字和莫斯科有连带关系，它是有名的含钾的云母，在电工业上的用途很大。很多矿物的名字是纪念著名的研究家、大化学家和矿物学家的。我们知道，舍勒石（白钨矿）是纪念着名的瑞典化学家舍勒的，歌德石（针铁矿）是纪念诗人兼矿物学家歌德的，门捷列夫石（富铀烧绿石）和韦尔纳茨基石（水羟锰矿）对于苏联人民来说更是熟悉的。

有几种矿物的名字是代表它们的颜色的，这样的命名法应该承认是恰当的，但是要记住这类名字的原文也常常需要会拉丁文或希腊文。例如，海蓝宝石（原文的意思是海水的颜色）、雌黄（原文的意思是金黄色）、白榴石（希腊文的原意是白色）、冰晶石（希腊文的原意是冰）、天青石（拉丁文的原意是青天）都是。

不少种矿物的名字表示它们的物理性质和化学性质。例如，有像银子那样的光泽的一类矿物叫作辉矿类，有像铜或青铜的光泽的一类矿物叫作黄铁矿类，能够顺着一定的方向劈开的一类矿物叫作晶石类，含有

雌黄晶体标本，产自中国湖南。雌黄的主要成分是三硫化二砷，有剧毒。中国古代使用黄纸书写，用雌黄来修正写错的地方，因此留下了成语"信口雌黄"

某种金属却很难根据它的外表来看出的一类矿物叫作闪矿类，它的俄文意思是欺骗的。有些矿物有沥青的光泽，所以叫作沥青矿。金刚石的俄文名字是从希腊文来的，它的意思是制服不了的。

最后不能不承认，许多矿物的名字是用它们成分里重要的一种元素的名字，这种命名法也是正确的。譬如，纵核磷灰石、黑钨矿、辉铜矿等就是这样得名的。

许多矿物的名字特别有趣。有一部分和一连串的神话有关系；有一部分的含意炼金术士严格保守了秘密。例如，石棉的原文是希腊文，是说不能燃烧的。软玉的原文意思是根据中世纪错误的想法，以为可以用它治疗肾脏的病症。似晶石的原意是指虚伪的，因为它漂亮的红葡萄酒的颜色受太阳照射几小时以后就会消失掉。

磷灰石在俄文里有一个名字叫"骗子"，因为很难把它和一些其他矿物区别开来；最后，中世纪的人们认为紫水晶有防止酒醉的神秘性质，所以它原文的意思就是防醉。

从上面简短的叙述里，你们就知道矿物名称的来源是多么复杂了。

难道不可能把矿物的名字整理出个头绪来吗？开一个国际会议，制定新发现矿物的命名原则，使矿物的名字能够代表它的性质而且容易记忆，使矿物的名字系统化，由它们的名字来把成千种矿物分成多少类——这是完全不可能的吗？

我们建议：给矿物起的名字不要太长，别让学生因为难懂难记而感到苦恼，每一种岩石的名字，动物和植物的名字也一样，都要和它的特性有密切关系，使每一个人都容易记住。我们相信，在未来还要继续欣欣向荣的化学和地球化学里，这个小小的建议是会被采纳的。

4.3 今天的化学和地球化学

咱们大家都生在物理学和化学已经得到了非常巨大的成就的时代。

旧的金属——铁——开始被其他金属代替，或者和许多稀有金属配搭起来用。

玻璃、瓷器、砖瓦、混凝土和矿渣里复杂的硅的化合物正在代替旧的钢铁结构。

有机化学——研究碳的化学——近年来得到巨大的成就，大规模的工厂早已代替了种植蓝草的广大田野和橡胶园。

在这些工厂里从干馏煤的产物制造出合成橡胶和染料，人造的染料在今天不但完全代替了天然的植物染料，而且大大扩充了染料颜色的种类。

的确，全世界都在沿着科学、经济和生活的化学化的道路前进；化学已经渗透到我们日常生活的每一小细节，渗透到工厂里复杂器械的各个部分。

和化学化同时，人们越来越广泛地研究天然的富源，研究农业上和工业上大量需要的矿物原料，这点是完全可以理解的。

地球化学和化学紧密地结合在一起，常常很难给这两门科学划清界限。

设立专门的科学研究所和实验室，在今天来看，是发展化学工业的基础；我们怀着感激的心情想起了著名法国生物学家巴斯德的话，他在1860年说过：

我恳求你们多注意神圣的处所，这个处所叫作实验室。你们务必多多设立实验室，要把实验室设备得更好。要知道，这是关系着我们的未来、我们的财富和幸福的殿堂。

我们现在已经建立了许多规模很大的专门的化学研究所。这些研究所当中有许多在研究地球化学上的问题。有些研究所研究铝矿石在工业上利用的方法得到了成功，有些研究所光辉地解决了使用硼和硼的碳化物的问题，还有一些研究所多方面地研究了苏联天然出产的盐类和许多元素——稀土族元素、铂族金属、金、铌、钽、镍等。

为了研究地质学上更加专门的问题，苏联科学院特别设立了地球化学研究所来进行一系列的研究工作；结果替综合苏联对于地球化学的思想打好了基础。

门捷列夫学会承继了俄国物理 - 化学协会的光荣传统，广泛地宣传了化学的思想；门捷列夫学会总会和分会一共团结了几千个会员。

这里还不能不提一下苏联矿物学会，它是 1817 年在圣彼得堡创立的，到现在为止它一直在努力研究矿物学、岩石学上的问题和关于矿产的学说。

地球化学在苏联已经得到社会上普遍的认识，地球化学的思想已经渗透到研究矿产的一切科学著作里面。

苏联有一位化学家算过，最近 30 年里各种杂志刊载有关化学的学术论文在 100 万篇以上；近年来出版的研究化学的著作有 6 万～ 8 万种。如果要想了解一下这全部的大量的文献，也有专门的杂志，这些杂志把全世界用 30 种以上的文字出版的 3000 种化学杂志上的文章摘录下来了。

可是，当我们说到近年来所进行的许许多多研究工作的时候，我们不应该忘记，它们绝大多数是讲到碳的化合物的，又有许许多多是讲纯粹技术上的问题的，只有百分之二左右和地球化学上的问题比较接近：研究地壳上物质的问题，研究各种物质的分布、迁移、构造、结合和形成工业上所利用的大量聚集的矿石的情况。

苏联各地科学研究所和社会团体的科学活动以及科学作品的出版工作都在增长，同时，对于化学提出的主要任务也越来越深刻和广泛。虽然罗蒙诺索夫已经去世将近200年，可是他在1751年讲授物理化学的时候在绪论的一段里说的话，今天还可以当作研究化学的基本口号："研究化学有两个目的：一个是发展自然科学，一个是促进生活福利。"

事实上也是这样：化学和物理学一起不但发展了自然科学，而且替我们揭露了自然界里我们眼睛看不见的秘密；科学和技术告诉了我们，构成世界的原子是多种多样的。

由于化学科学的成就，现代的工业造出了差不多5万种的各种元素的化合物，还不算有机化合物在内，在实验室研究和制造过的有机化合物，就有100万种之多。实验室制造的新的化合物还在无限制地增加。

这些数字比起我们知道的天然化合物的2500种要大得多！不过，对我们讲授化学的第一个老师不是别人，正是自然界。矿物原料是我们工业的基础。矿物原料决定着化学实验室的研究方向，物质的结构和化学反应的过程也就是从自然界的物质研究出来的。

这就是为什么正是地球化学在化学和地质学之间架起了一座桥梁的道理。地球化学研究世界上矿物原料的性质和储藏量，它不但和结晶学在一起揭露了晶体的结构，而且确定了发展工业的道路。

可见，从地质学到地球化学，从地球化学到化学和物理学，这几门科学结合成了一条链索。而所有这些门科学的最后目的，不但要发展自然科学，而且像罗蒙诺索夫说的，还要促进生活福利，这正是现在人们努力奋斗的目标。

正是这个问题——怎样制造新的有价值的物质和掌握国民经济上需要的原料——成了今天最大最主要的刺激因素。技术和地球化学紧密地结合了起来，研究矿石和盐类的性质，阐明稀有元素在这些矿石和盐类里的分布状况，找出地下富源的最好、最充分的利用方法。

而化学、地球化学和技术的结合就保证了现代化学工业的发展。

我不想让你们多费时间去注意化学和化学的各分科发展的结果已经和还要给我们带来什么样的幸福；关于这个问题，我在前面讲人类史上的原子的时候已经提过；后面讲未来的科学和它们的成就的时候也还要讲到。

现在要谈另一个问题：现代的化学研究家在推动着科学的发展，他们设立了科学实验室，因而控制了我们周围的世界，那么他们究竟是一些什么样的人呢？他们应该成为一些什么样的人呢？

过去的化学家从岩石里提出各种物质（各种元素），就在实验室和研究室里研究它们，不管时间和空间，不管研究的对象和整个自然界之间的关系。

可是现在人们发现，整个宇宙是一个复杂的体系，里面各个部分都是互相紧密关联着的，它像一个大实验室，有各式各样的力量在进行冲撞、结合和斗争，只是由于各种原子、电场和磁场斗争的结果才在某些地方生成了某种物质，而在另一些地方破坏了某种物质。

世界是一个大实验室，它的内部彼此都有联系，正和机器上的各个齿轮一样。所以现代的化学家代替了关在实验室里的老式研究家，用新的眼光来看待每一种原子，把原子的命运和整个宇宙的命运紧密地结合起来看。现代的化学和地球化学之所以那样接近，正是因为这个缘故。

现代科学家的任务改变了：他不单叙述周围自然界里个别的现象和个别的事实，不单观察他的实验室里某些实验的结果。他研究物质，就是说他应该了解：物质是怎样生成的，为什么会生成，它将来又会怎样。

他不单广泛地从哲学上来讨论自然界的规律，他还应该研究这些规律在我们周围的现象里的全部经历，他还应该揭露各个现象之间的复杂的联系。

研究家不应该把自然界的各个现象无关痛痒地描写一番或者照一张

波兰艺术家伊戈·库比卡（Igora Kubika）创作的版画，名为《原子有多小》。在库比卡看来，无论是宏观还是微观，原子都小得惊人，却都是由创造行星或恒星的类似力量造就。这幅插画左下角的人物有意地模仿中世纪文献中的星空观测者形象，而他的望远镜对准的，并非浩渺的太空，而是组成我们世界的最基本单位——原子

相，而是应该想办法去征服它，让它服从自己的意志。新型的研究家不应该是一个实验室里的手艺匠，而应该是一个新思想的创造者，要在和自然界的斗争里产生新的思想来控制世界。

现在化学家应该和天文学家一样，能够预见到：他的经验不是实验室的瓶子里各个偶然发生的反应的总和，而是创造性的思想、科学的幻想和深入的思索的成果。现代的化学家应该懂得，科学上的胜利不是很快取得的；它是各种思想经过长期的考验和酝酿而逐渐积累起来的；它是在漫长的岁月里，有时候经过多少代科学家的辛勤探索的结果；它往往是注满一杯水的最后一滴。

这就是为什么现代科学上的某种发现时常在不同的地方同时完成，为什么许多科学家差不多在同一年代里想起怎样最有效地征服我们周围的世界。

要工作有成就，就要善于观察和搜集事实。这在地球化学上是非常重要的问题之一。我们应该承认，研究家常常埋头研究理论，有的时候被逻辑上严整的概括所迷惑，他们就不再观察，因而忽略了模糊不清的、和他们原来的概念不一致的事实，而这些事实恰巧是某种新发现的关键。对于新鲜事物敏感，对于旧的、因袭下来的假说及时排斥，这是一个真正的科学家必须做到的。

也许不少人在想，发现都是偶然碰上的，像伦琴只是偶然在荧光板上看见 X 射线的作用，像遥远的西伯利亚的大量的碳酸锰矿也是偶然发现的。可是要知道，这种偶然性不是别的，而是非常善于观察新鲜事物的结果。

许多年来有多少勘探工作者打那些白色的岩石旁边走过，他们把盐酸滴在岩石上，一看发生嘶嘶的响声，相信这是单纯的石灰石，于是就轻易地放过了！可是应该仔细看看，这些白色岩石的裂缝里和表面上有的地方盖着一层黑色的皮，这不是什么外来的，而像是从白色的岩石里长出来的。这样就发现了西伯利亚储藏量很丰富的锰矿。所以说，这个发现不是偶然的，而是深刻的、贯彻始终的观察和实际的知识导出的结果。

谈到善于观察，罗蒙诺索夫指出了这个问题的另一面，他说得非常中肯。他说，应该从观察来确定理论，又要通过理论来修正观察；罗蒙诺索夫是完全正确的，因为任何精确巧妙的观察都是从理论产生的，而任何理论也只有建立在大量精确的观察和正确叙述的事实上才有意义。

那么真正的地球化学家应该是什么样的人呢？

真正的地球化学家一定要意志坚定，毫不动摇地向一定的目标前进，他应该是求知欲很强的观察家，有活泼的、青年人的想象力，所谓思想上精神上是不是年轻，并不看他的年龄，而是看他对事物的感觉是不是敏锐。他应该有极大的耐心，有坚韧不拔的精神，热爱劳动，而最要紧的是能够把工作坚持到底。

怪不得 19 世纪最伟大的科学家之一富兰克林说，天才就是能够进行无限制劳动的能力。

可是科学家还要同时有正确合理的思想和活泼的科学幻想。他应该相信自己的事业，相信自己的理想，深信他思想是正确的，要勇敢地捍卫这种思想，努力工作，并且热爱他的工作。工作中的热情是胜利的重要条件之一。科学上的手艺匠是决不能做出任何重大发现的。

没有热情就不可能征服世界，而这种热情所以产生，与其说是科学家受他自己创造力的驱使，不如说是他认识到他的重大责任，认识到他的创造性工作所起的作用。

要想努力改善人类的生活，热烈希望战胜阻碍人类美好生活的黑暗势力，力求创造新的更好的世界，渴望发掘新的富源和完全掌握现有的富源——这就是新的自由的国家里的新型的人的生活目标。

也只有这样才能征服周围的世界。

达尔文在自传里说道："我作为一个科学家，我一生的成绩不管多大多小，据我判断，是决定于我的复杂而多样的生活条件和我的性格的。毫无疑问，我的性格最重要的是：爱好科学，考虑任何问题都有无限的耐心，在观察和搜集事实的时候有坚持的精神，我又有足够的创造能力和正确合理的思想。"

这几点正是现在我们对于地球化学家的要求！这些性格不是很快就会在一个人身上产生出来的，它们是要经过顽强的努力才锻炼出来的；它们不是一个人一生下来就有的，它们是在创造性的生活里培养出来和创造出来的。

化学思想上多少伟大的胜利浮现在我们眼前，成千的实例告诉我们，科学的热忱是怎样战胜大自然的。

4.4 在门捷列夫元素周期表上的幻想旅行

"你看陈列什么东西才能显出俄罗斯科学上最了不起的成就呢？"——有一位苏联科学技术展览会的组织工作者这样问我，这个展览会再过几年就要在莫斯科揭幕了。

"从罗蒙诺索夫起到现在为止，凡是其他国家所没有的和可以表现苏联科学在逐渐发展的过程中的光荣和威力的一切材料都应该陈列出来！"

我们对于这个意见很感兴趣，与化学家和地质学家商量以后，就提出了上面的建议。这个建议的内容起初看着像是太庞大而且近于幻想，可是后来各方面都同意了我们的意见，他们对这个意见都很感兴趣，而且和我们一起去做。

＊　　　　　＊　　　　　＊

请想象一下，有一所铬钢造的圆锥形或角锥形的大建筑物，高20～25米，差不多和五六层楼房一样高。锥体外面围着一个巨大的螺旋，螺旋上是一个个的方格，方格和在门捷列夫周期表上的排法一样：横行是长的周期，竖行是族。每个方格像一间小屋子，占着一个元素。成千的参观者顺着螺旋往下走，观看每一个方格里元素的命运，就像看动物园的槛里的一个个猛兽似的。

你可以走进"元素大厦"，再从下往上升，一直升到这个门捷列夫周期表的大锥体的顶端。你的周围起初满是大理石，一个个红的舌头像在舐你的脚，然后是沸腾着的火热的熔化物逐渐在你的四周分散流开。

你坐在大升降机的玻璃屋子里。你的脚底下和你身体周围都是地下深处熔化物的大海洋。这间玻璃屋子在火舌头和流动的熔化物当中慢慢

门捷列夫周期表的元素大厦

地向上升起。

　　你的眼睛里出现从岩浆里最初结晶出来的固态物质。这些晶体还在岩浆里漂着，被大堆岩浆带走，逐渐聚集在某些地方，变成闪亮的东西，变成坚硬的岩石。

　　看，玻璃屋子的右面已经是地下岩浆冷却的部分了。你看见了地球内部的主要岩石，它是灰黑色的，而有些地方还热得发红，里面含镁和铁很多。含铬的铁矿石显出黑点，混在整片的铬矿石里，铬矿当中像星星似的闪着铂的晶体和含锇、铱的晶体——这是地底下最先生成的金属。

然后玻璃屋子渐渐穿过暗绿色的大石块。这种大石块在历史上曾经被破坏过好几次，接着又重新熔成火红的、流动的熔化物。暗绿色的晶体当中有另外一种透明石头的发光的晶体。这是金刚石的晶体，产在南非洲含金刚石的矿筒里的就是它。

锥体外面围着一个螺旋

你坐在玻璃屋里觉得往上升得越来越快。看看脚底下是暗绿色的铁和镁的岩石。现在出现了密集的灰色和褐色的岩石——闪长岩，正长岩，辉长岩；它们当中有些地方闪烁着白色的矿脉。突然玻璃屋子急遽地向右转，穿过充满了气体、蒸气和稀有金属的液态花岗岩，熔化的花岗岩里满是灼热的云雾。你很难在这堆混乱的花岗岩熔化物里看清楚有什么固态的晶体。哦，原来这里的温度已经高达800℃！

一股股炽热的容易飞散的蒸气汹涌地向上迸发出去。看，已经凝固了的花岗岩内部还有熔化的花岗岩。这是著名的伟晶花岗岩，美丽的宝石的晶体就在这里面产生，还有黑晶、绿柱石、蓝色的黄玉，水

你坐在升降机的玻璃屋子里

晶和紫水晶的晶体也在这里面长出来。

玻璃屋子从冷却的蒸气的云雾里穿过去，掠过伟晶花岗岩空洞的奇妙的景色，这种空洞在乌拉尔山里特别叫作"伟晶岩晶洞"。这里有很大的烟晶，有一米多长的，它的旁边已经有长石结晶出来。长石晶体的表面上逐渐出现云母片，再往上又是发亮的烟晶。奇异的水晶像一束透明的标枪似的穿过晶洞。

玻璃屋子升得更高。淡紫色的鬃毛似的紫水晶从四外把屋子围住。屋子努力突破了伟晶花岗岩矿脉，于是有另一幅景色引起你的注意——矿脉一会儿在左方，一会儿在右方，出现粗细不同的分支：有的时候像很粗的树干，是白色的矿物和闪亮的硫化物；有的时候又像很细的小树枝，简直看不清楚。花岗岩里充满了褐色的锡石晶体和红黄色的重石。

玻璃屋里的电灯关上了。你的周围是一片漆黑。然后扳一下一架巨大机器的操纵杆，发出了看不见的紫外线，这时候黑暗的墙壁开始透出来新的光芒：一会儿是重石晶体发出柔和的绿色光线，一会儿是方解石颗粒闪烁着黄色光线。各种矿物射出磷光和千变万化的色调，但是重金属的化合物依然是黑暗的斑点。

电灯又开了。玻璃屋子离开了花岗岩里不同矿脉的接触带，顺着大块花岗岩里一条粗的干线走上去。玻璃屋子走得慢起来，你确确实实是在顺着矿脉往上走。玻璃屋子开始穿过厚密的石英块。石英的内部贯穿着又黑又尖的钨矿石，再过几百米第一次看见硫化物闪出亮光来，这是黄色的硫化铁晶体。再往前是亮得耀眼的黄色亮光。

"看呀，金子！"——你们里面有一位喊了出来。细细的金矿矿脉贯穿雪白的石英。玻璃屋子又上升了几百米。金子过去以后是钢灰色亮晶晶的方铅矿，然后是闪着金刚石光彩的闪锌矿，放出各种金属光泽的好多种硫化物矿，铅、银、钴、镍的矿。再往上矿脉变成了淡色。玻璃屋子在通过柔软的方解石，方解石里贯穿着银白色针状的辉锑矿，有的时候又是血红色的辰砂晶体。然后是砷的化合物，生成黄色和红色的大块。玻璃屋子越往前越好走，热的熔化物一过去，接着先是热的蒸气，然后是热的溶液。

现在是温热的矿泉溅着玻璃屋子。矿泉沸腾着冒出二氧化碳的气泡，气泡一直穿过构成地壳的沉积岩。这里你看见了二氧化碳怎样侵蚀石灰岩壁，让石灰岩里聚集起锌矿石和铅矿石。热的矿泉把玻璃屋子带得越来越高，四周直立着美丽的石灰质沉淀物，或者是褐色的文石生成的钟乳石——这种文石叫作卡尔斯巴德石，或者是杂色好看的缟玛瑙，形状像大理石。

接着热的矿泉分开成几股，一些细小的支流穿到了地球表面上，生成间歇喷泉和温泉。玻璃屋子走过了厚层的沉积岩，穿过了煤层，走进了二叠纪里生成的盐类，你在这里看见的是远古时代地球表面的景色。看，沉重的液滴掉下来，弄脏了你小屋子的玻璃壁。这是沉积岩的沙里的石油和各式各样的沥青。玻璃屋子穿过一个个的地层。

地下水又像雨点似的向玻璃屋子的外壁打来；屋子走过的路的两旁是很厚的砂岩壁，像把屋子嵌在里面；柔软的石灰岩和黏土质页岩发出各种颜色，在你的周围轮流出现，表明了地球过去的命运。玻璃屋子向着地球表面越走越近了。它很快地上升，突破了地层，就停住不动了。

你的面前是鲜明的火焰，一团团白色的蒸气变成雪白的云，遮蔽着整个天空，形状非常古怪。

你已经升到门捷列夫周期表的尖端了。你看见了元素氢在空气里燃烧成一股股的水蒸气。

*　　　　　*　　　　　*

你现在站在门捷列夫周期表的顶上。圆螺旋把你一步步地带下去。你扶着铬钢制的栏杆，顺着门捷列夫周期表旅行起来。

这是第二格。方格上写着一个大字"氦"。氦是惰性气体，是先在太阳上发现的，它渗透整个地球，充满在所有岩石、水和空气里。它是无孔不入的气体，我们收集它来填充飞艇。你在这间氦的小屋子里看到氦的全部历史：从太阳周围的日冕里的鲜绿色光谱线到难看的黑色钇铀矿——斯堪的纳维亚有这种矿脉，从这种矿脉里可以用泵抽出这种太阳上的气体——氦——来。

你小心地弯着身子从栏杆往下看，看见氦的方格底下还有五个方格。这五个方格上分别亮着火红般的字，是另外五种惰性气体的名字：氖、氩、氪、氙和镭射气——氡。

突然所有惰性气体的光谱线都燃亮起来，各式各样的颜色都开始出现。氖气显出橘色和红色的光线，随后是氩气的蓝青色的光线。混在这幅景色里的还有其他比较重的惰性气体所发出的浅蓝色颤动着的长条光带。城市里的商店利用这种光做广告灯箱，这是我们很熟悉的。

电灯又亮了。你的面前是锂的方格。它是最轻的碱金属。你在那里看到了它的全部历史，一直到未来的飞机。你再弯身往下看，底下又亮着锂的伙伴的名字：黄色的是钠，紫色的是钾，发红的是铷，发蓝的是铯。

你就这样顺着螺旋一步步地慢慢绕下去，把门捷列夫周期表里的元素一个个地看完，我们在这本书里讲过的元素应有尽有，但是这里每一种元素的历史不是用文字和插图来说明，而是做成生动的、真正的标本来表示它的全部历史过程。

还有什么能比生命和全世界的基础——碳——更出奇的方格呢！活物质的全部发展史在你的眼前映过，在这里你还看见碳元素死亡的全部历史：埋在地底下的生命变成了煤，而活的原形质变成了液体的石油！

在这幅由几十万种的碳化合物组成的复杂世界的奇异景象里，你的注意力特别集中在它的一头一尾上面。

看这颗巨大的金刚石晶体。这不是英国国王用的"非洲之星"，而是"奥尔洛夫"。它镶在俄国沙皇的金手杖上。

这间小屋子的最后是煤层。用风镐凿进去，一块块的煤就由长长的输送带送到地面上来。

现在你在螺旋上绕了两个大圈，一间屋子出现在你的面前，颜色非常鲜艳：黄的、绿的、红的石块闪亮着虹的全部色彩。那是中非洲的矿坑，这是亚洲黑暗的山洞。电影片缓慢地转着，放映出一个个矿井的景色，显示出了金属起源的情况。看，这是钒，它的原文名称是纪念神话里的一个女神的，因为钒有不可思议的力量，钢铁里添进了钒就坚硬耐久，有韧性，能够弯曲而不折断，这些都是汽车轴一定要具备的性质。你在同一间屋子里看见不同的两种轴：一种是钒钢造的，装在汽车上已经跑过几百万千米；另一种是普通的钢造的，汽车用它连一万千米还没有跑完就坏了。

你在螺旋上又兜过几个圈子。每间屋子各有它的特色。这是铁，是整个地球和钢铁工业的基础；这到处都有的是碘，它的原子散布在所有空间里；这是锶，是制造红色烟火的原料；这是镓，是闪白色的金属，拿在手里就会熔化。

哦，金的屋子多么好看！它发出千万点光芒。这是白色的石英矿脉里的金子；这是外贝加尔湖的金矿，它和银混杂着，颜色发绿；看这阿尔泰列宁诺哥尔斯克选矿工厂的小模型，淘金的水流在你眼前流过；这些是含金的溶液，闪烁着虹的全部色彩；这是金子在人类史和文化史上的作用。它是发财和犯罪的金属，是挑拨战争、抢劫掠夺的金属！辉煌的金光继续在你的眼前映过，这是国家银行地下室里的金块，这是著名的维特瓦特尔斯兰金矿里繁重的奴隶劳动的情况，这是操纵着股份公司的命运和金币的价格的银行老板。

紧往下的第二间屋子是另一种金属，是液态的汞。这间屋子布置得和 1938 年著名的巴黎博览会一样，屋子中心是喷泉，但是喷出的不是水而是银白色的汞。屋子的右角有一个小蒸汽机，活塞有节奏地动着，是用汞的蒸汽开动的，左面展出了这个挥发性金属的全部历史，它在地壳里的分散情形，顿巴斯砂岩里血红色的辰砂滴点，西班牙矿坑里液态的汞滴。

你再往下看。铅和铋过去以后，你看见一幅莫名其妙的图画。几种元素和方格混杂在一起。这里再也不像前几个方格那样清楚醒目。于是你走进了门捷列夫周期表里一些特别的原子的范围。这些也是金属的原子，可是不像你所熟悉的金属那样稳定不变。你看着这幅景色很陌生，觉得有些模糊，可是忽然从暧昧里出现了奇幻的现象。

铀和钍的原子都不肯老老实实地待着不动。它们放出射线，产生氦原子。于是铀原子和钍原子就分别离开了各自原住的方格。看，它们跳进了镭的方格，在那格子里放出明亮的神奇的光，像神话里说的那样变成了看不见的气体氡，以后你又眼看它们在门捷列夫周期表里往回跑，最后固定在铅的方格里。

看，这一幅图画比前面一幅更加离奇——一些飞快的粒子向铀飞来，它们把铀劈成碎块，铀裂开的时候发出噼噼啪啪和轰隆轰隆的声音，发出灿烂的光线，它在螺旋上方稀土族的方格里燃烧，然后又顺着螺旋下来，停留在和它无关的几个金属格里，最后在铂的附近慢慢熄灭。

这样一来，我们对于原子的概念是不是要有改变呢？我们的定律不都是肯定了，不是相信每一种原子都是不起变化的，都是自然界里死板的砖块吗？不是说任何东西都不能让原子起变化吗？不是锶永远是锶，锌原子也永远是锌原子吗？现在这些定律是不是违反了呢？

这下子你或许会觉得非常失望。仿佛我们前面讲过的一切都是靠不住的，原子还是不巩固的。原来你进入了某一个新的世界，这里的原子是不稳定的，它会崩坏，但是不是消灭掉，而是变成另一种原子。

你穿过门捷列夫周期表后半部的云雾，在乱飞的氦原子的闪烁火花和 X 射线中间下到螺旋的最后一个台阶，走进谁都不知道的深处。

可是你现在下去的并不是地球的深处，而是在天空灼热发光的星体的内部深处。那个地方的温度高达多少亿摄氏度，那里的压力大得没有办法用我们地球上的大气压的数字来表示；那里门捷列夫周期表里的一切原子都在闪光和分裂，它们完全是在混沌的状态。

这么说来，我们以前说过的那些都是不可信的吗？炼金术士想从汞里炼出金子，他们的想法倒是正确的吗？从砷和"哲人石"可以炼出银子来吗？科学幻想家早在 100 年前就说原子可以互相变来变去，说在我们达不到的复杂的世界里可以由一种原子产生另一种原子，他们的想法不也是正确的吗？

门捷列夫周期表决不是一张由方格拼成的死表。这张表不但代表今天的情况，同样也代表过去和未来的情况：这张表是说明宇宙里从一种原子到另一种原子的神秘变化的过程。这是原子世界里为存在而进行斗争的一幅图画。

门捷列夫周期表是叙述宇宙历史和宇宙生活的表！而原子本身是大宇宙里的一个小单位，它在门捷列夫表的复杂的周期、族和方格里永远在改变位置。

就是这样你看到了我们周围世界里的最奇妙的景象。

结尾

————— ◇ —————

这是这本书的结尾。我们自己也要变成移动着的小小原子，才能走上元素旅行的复杂的道路，才能钻到地下深处甚至火热的天体里看看各种原子在宇宙里和在人的手里究竟怎样动作，看看它们在工业上和国民经济上在做些什么。

所有原子都在经历着漫长的历史道路，我们不知道这条道路从什么地方开始，到什么地方完结。原子产生的过程怎样，它们怎样才开始在地球上旅行，我们还不十分清楚。在地球的复杂的未来的岁月里原子的命运怎样，我们也不敢说。

我们只知道，有些原子从地球上飞离，分散在星际空间里，那里每一立方米的空间还占不到一个微乎其微的原子，而那里全部原子加起来才占宇宙空间的 $1/10^{30}$。

我们知道，又有一些原子分散在地壳内部，分散在土壤里，分散在海洋和其他地方的水里；另外还有一部分原子受万有引力的规律支配，它们逐渐慢慢地回到地下深处。

拿性质来说，有一类原子是经常不变的，它们和用洁白的骨头造的弹子[1]一样结实；第二类原子则相反，像皮球似的富有弹性，它们彼此一冲撞就受到压缩，同时交叉起来变成复杂的结构，这种结构的外围还造成电场；第三类原子自己会彻底破坏，连核都分裂，同时放出能量，它们的本身变成奇奇怪怪的气体，这些气体的寿命已经根据蜕变规律作了精密的测定，有的活到几百万年，有的活几年，有的却只活几秒甚至几万分之一秒。

构成我们周围世界的元素差不多有 100 种，可是这些原子的形状和特性相差多远，它们互相配搭形成的结构又多么不一样！

我们现在还只是刚刚开始用新的眼光来读地球上化学元素的奇妙的历史。地球化学被自然界揭露出来的新面貌还很有限，对于地壳上每一种元素的动态进行观测、进行顽强的研究工作才开始不久，然而我们的任务却早已规定：作出每一种原子动态的报告，追究每一种原子的特点，研究清楚它有什么优点和缺点，一句话，详细地和深入地认识每一种原子，以便由零星的事实编成完整的原子史和宇宙史。

这种历史上的每一个环节是由到现在还摸不着底的原子的性质来决定的，原子在整个宇宙里的命运也罢，在地球上和掌握在人手里的命运也罢，都要由复杂的、意义深刻的规律来支配。

但是我们所以要认识原子，要知道它们在地球上的动态，不应该单单是为了好奇——不，我们还应该懂得怎样去支配它们才能适合我们工业、农业和文化上发展的需要。

是的，我们应该彻底掌握原子，要能够用原子制造出随便什么东西来；例如，我们要造出比金刚石还硬的合金，要做到这一点，就得明白原子在它们复杂的结构里是怎样排列的。

我们应该懂得金属化合物的性质，对于它们的性质不应该光是知道

---

1. 弹子，在我国北方叫台球。——译者注

一个大概，而是要确切知道。

我们应该尽可能多开采和提炼像铯和铊这一类很容易失掉外层电子的原子。我们要用这类原子来制造非常精巧灵敏的电视机，可以随身带在口袋里或笔记本里，还可以用这类原子制造特别精致的有声电影机，它的尺寸不比普通的书本大。

总而言之，我们要求征服原子，要求原子服从人的意志，服从有创造性的和能够把自然界一切凶恶有害的力量变成有用的力量的人的意志。我们希望整个自然界和全部门捷列夫周期表里的元素都服从苦心研究的人的指挥。

这就是我们地球化学工作的思想和任务，这就是为什么我们要了解和控制原子的道理。

我们就拿这几句话来做我们这个长篇故事的结尾吧！

可是，朋友们，难道科学和学问也会有结尾吗？关于这一点我要坦白地告诉你们。

这本书讲到这里是快完了，其实讲过的一切还只是我们这门知识的开端，即使你把这本书再多读几遍，仔细留意书里的每一幅图画，想一想某几种元素的动态，我们还是不得不承认：我们确实还只是刚刚开头。

要想在我们周围的自然界里探出一点什么秘密，我们还要好好多读多想和多多工作。

现在我们提出几点简短的、可是有用的劝告给我们的年轻的读者：

1. 多读关于矿物学、化学、物理学和矿产的书。不要忘记门捷列夫周期表，要仔细研究它。

2. 参观有关矿物学、地球化学、工业的和各地区的博物馆。

3. 参观工厂，懂得生产知识，深入了解生产过程当中的化学变化。

4. 夏天到矿山、矿坑和采石场去，观察大自然，大自然是地球上规模最大的实验室。

5.好好思考怎样利用自己祖国的天然富源，努力寻找聚集在地下的矿藏。

如果你在工作当中对于某一点不清楚，觉得困难，有的时候根本不懂，甚至可能感觉枯燥无味，你可千万不要灰心，而要勇敢前进去探索科学上的秘密，不屈不挠地深入钻研你所研究的现象，要相信自己的精力，要认识到自己祖国有无穷尽的宝藏，祖国人民有无穷尽的创造力，相信祖国的前途是无限美好的。

附 录

地球化学家的野外工作

引 言

这一章包括两个部分。第一部分是对勘探矿产和在某个地区进行地球化学研究的地球化学家贡献一些切合实际的意见。第二部分是简单地叙述地球化学研究工作的主要方法，叙述的顺序也就是地球化学家在进行野外工作的时候所应该遵守的顺序。

第一部分也好，第二部分也罢，都是依据最近研究家已经掌握的原理来叙述的；总的说来，科学的野外工作包括这样三个部分：准备阶段、研究工作本身、材料的装运和整理。

毫无疑问，这三个部分同样重要，每一个部分都要注意，都要考虑周密。

有一位科学旅行家说过这样的话：谁要是知道得多，想得周到，他的旅行就会有好的结果；另一位科学旅行家十分正确地补充说：在研究家所应有的各种工具里面，最有用、最重要的工具是他自己的眼睛，即使极细微的现象也不应该轻易放过，因为从这些现象往往会引出重大的结论。

第一部分

装备品

地球化学家应该仔细考虑野外工作需要用到的装备品，这是一个十分重要的问题，因为地球化学家不但需要一般地质考察的用品，他还需要另外一些仪器来进行物理研究和化学研究。他在考虑装备品的时候首先要估计到，在他进行工作的这个地区里怎样携带和运送这些装备品，因此，一定要特别认真地分析装备品本身的重量和大小，并且把分析的结果列在勘探计划里面。勘探的装备不够好，这固然是一个危险，而另一方面，装备品过多也往往是一个很大的缺点，因为这样一来，在勘探过程当中就很难迁移地方，这样造成的困难会使迁移地方的动作迟缓，甚至使得勘探人员不可能去到某些难以到达的地区。

在研究家常用的装备品里面，最要紧的是各式各样的小锤子。敲打沉积岩和柔软的岩石的锤子，应该既有锤子的性质，又有轻便的镐的性

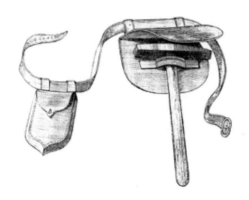

地质学家在野外使用的腰带，罗盘盒与地质锤都能挂在上面。选自 1877 年 4 月出版的英国杂志《科普月刊》（*Popular Science Monthly*）第十卷

质；这种锤子的柄应该长到 40 厘米左右，而且安在锤子头上的应该是柄的粗的一端，握在手里的应该是细的一端，免得锤子头在敲打岩石的时候脱落下去。如果在岩石坚硬的地区里进行勘探，所用的锤子就要比较重些（1～2 千克），柄也要长到 70 厘米左右。锤柄上应该刻好厘米的尺度，以便随时都能进行精密的测量。此外，在进行巨大的勘探工作的时候，不但要有重到 5 千克的笨重的大锤子，而且要有轻巧的短柄小锤子，这种小锤子的柄长 20～30 厘米，用来打碎小石块，或者把样品打成某种一定的形状。除了锤子以外，还要预备不同形状和不同大小的一套凿子。其他需要用到的装备品还有：放大镜（放大的倍数不超过 8 倍），矿山罗盘仪，卷尺，小刀，笔记本和铅笔，各式各样的小锤子，6 厘米 ×4 厘米大小的特制的而且标好了号码的标签，大量的包装用纸，几个小玻璃瓶用来装贵重的、娇嫩的样品和晶体，坚固结实的不同大小的小盒子，还要预备一套帆布做的小口袋，每一个口袋的外面要记上号码，用来装散粒的和土状的物体，这也是很重要的。

除了上面讲的那些装备品以外，还要有一个轻巧的照相机、一个无液气压计和一套颜色铅笔，这套铅笔是画地质图和地球化学图用的。

最好随身带一些小玻璃瓶，里面装着不同浓度的各种酸溶液，还要带一些好的木炭、一根白金丝、一点碱和硼砂，这些物质都是随时要用的。如果勘探工作是经常性的，那么除了这些基本的装备以外，还应该添一些专门的仪器和器具。

怎样包装和安放各种装备品，这是一个极其重要的问题。一部分装备品应该装在结实的、不透水的袋子里，这种袋子要背着方便（背囊）；另一部分装备品要装箱，这种箱子要求在进行勘探的那个地区运送起来方便，这一点应该特别注意和周密考虑，以免发生严重的错误和造成运输上的困难。

收集到的材料的包装

收集到的矿物应该怎样包装和运送，这个问题非常重要，是需要十分注意的。

把收集到的样品分别用纸包好，贴上标签，然后装箱或装袋，这件工作要做得仔细，因为这是使样品保持良好状态的最必要的条件。一定要遵守这样的规则：不管样品多小，也不要把几种样品包在同一张纸里，而一定要每一种包成一包。由于包装不小心而损坏了很好的收集到的材料，特别是柔软的矿物样品，这种情形已经发生过多少次啊！因此，包的时候一定要把娇嫩的和柔软的样品跟坚硬的样品分别清楚，把它们分开来装。每一种样品都要用两三张纸来包，但是无论如何不要先把这些纸叠在一起多层地包，而应该一张张地包。每一种样品上叠成两层的标签，不要直接贴在矿块上，而要包了一层纸再贴；这时候还应该注意，在标签上写字要用普通铅笔，而决不能用墨水笔。脆的和娇嫩的结晶矿，应该用薄的卷烟纸和棉花裹好以后才可以包在大张的纸里。

包装在勘探过程当中收集到的材料，要分成几个步骤，这一点是特别要注意的。第一步是每一天都把当天收集到的材料包装起来送到帐篷里去。这种方法是我50年来在收集矿物的过程当中实地研究出来的。在收集地球化学上的和矿物学上的材料的时候，把各组找到的样品送到同一个地方（靠近休息的地点）去，送去的样品分量应该比实际需要的多得多。然后，在一天的勘探工作结束以后（晚上），把所有收集到的材料整理和分类，要把最好的、典型的样品挑出来，并且暂时小心地装在背囊里面。在经常搭着的帐篷里，应该把样品放在干燥可靠的地方，等到勘探工作经过一定时期告一个段落的时候，把所有样品重新审查一遍，重新用纸包好，以便进一步装到坚固结实的箱子里去，每一箱装好样品以后的总重量不应该超过50千克。一般不用大箱子，因为箱子太大，装在里面的石块互相摩擦得很厉害，而且在输送和装卸的时候，十分沉重的箱子很容易损坏。材料装箱以后一定要紧跟着勘探队走。把样品留下来委托当地的某个居民照管和发送，往往会产生严重的后果，或者是研究家收到这些样品的时间很晚，或者是根本收不到。

研究家把装着材料的箱子拿到手以后，应该细心地整理样品，而且一定要把贴着标签的所有样品分放到适当的盒子里去，因为箱子里的标签很多很乱，这样可能招致无可弥补的损失，还往往会因此而得到不正确的和危险的结论。

样品应该收集什么样子的和多大的呢？这是在收集样品的时候经常发生的第一个问题。应该说，回答这个问题相当困难，只有凭借长期的经验和丰富的自然知识才能收集到好的矿物样品。毫无疑问，研究家至少要有一点艺术上的嗅觉，这样他收集到的某种样品在形状上和颜色上才会正好表现出这种矿物。所以有些矿物的样品不能限定形状，但是也有些矿物的样品，却最好有一定的形状和大小，大约是 9 厘米 ×12 厘米或 6 厘米 ×9 厘米。

地球化学普查工作当中的材料的收集

地球化学的普查工作，以及地球化学的研究方法本身，都要求有专门收集的材料。地球化学家把材料收集来了以后，接着就要把这些材料从矿物学上、化学上、光谱分析上和 X 射线分析上分别进行专门的研究，因此，这些材料的收集是一个极其重大的任务，地球化学的分析能不能成功，在极大的程度上就要看收集的材料的品质怎样，以及在收集的时候是不是经过周密的考虑。

那么对于这个收集工作有哪些要求呢？

1.首先应该收集到足够多的材料，不但用来进行光学的研究，而且要用来做化学的鉴定，而在进行详细的化学分析以前，有时候还要精选一遍，也就是把混杂着的、不相干的矿物剔除出去。因此，一定要收集几十千克最有代表性的岩石和错综在一起的矿物。

2. 为了进行矿物学的研究，也要收集各种矿物样品。这是为了要研究清楚矿物分离出来的先后次序，而且是为了把最重要的矿物的好的和纯净的作品选出来进行分析。

3. 收集材料不但是为了供实验室研究用，也是为了供博物馆做标本用。标本的收藏是一个重要的问题，因为收藏着的标本不但可以用来做实物说明，而且大一些的标本还可以用来跟其他矿床里产的同种矿物的标本进行比较。

比较分析法是自然科学家的研究方法之一。地球化学家在做研究工作的时候不应该犯旧的矿物学学派犯过的错误，只要他发现某种矿物里意外地含有某种化学元素，不管含量多么少，也应该十分重视；他一遇到漂亮的矿块生着很好的晶体，自然就会把这种矿块细心地收集起来，现在如果他发现某种矿物上生成了硬壳——风化的生成物，即使这层壳薄得实在算不了什么，也得同样细心地收集起来。

总之，材料要收集得越多越好，这是一个指导性的规则，是一切研究家都应该遵守的。在某个地区进行勘查的时候，一定要把这个地区所有的矿物和化学元素都收集齐全，也就是收集一套完整的材料，假如收集到的材料过多，就宁可事后把多余的完全扔掉，这样还是比收集得不齐全好些。

收集样品的时候千万不要存在这样的想法来安慰自己：将来还会回到这个地方来，那时候还可以收集一些新的材料做补充。这种指望不是总能实现的，结果，收集到的材料就往往不齐全，不成整套，也就没有什么价值了。

观察记录

野外工作的观察记录问题，是一个异常重大的问题。有一位科学家说得十分正确，旅行家和研究家应该用绳子缚着一支铅笔来套在脖子上，因为铅笔拿起来越方便，手也就记得越勤。记录有两种。第一种是记在标签上的记录，每一种样品贴好标签以后，标签上最好不但要写明这种样品的收集地点和日期，而且要记一些收集到这种样品的条件。样品的收集地点记得越确切，以后这种样品利用起来也就越方便。

但是主要的记录应该记在野外笔记本里，研究家应该随时想到，一定要把这个记录记得完美无缺。许多研究工作的成绩怎样，就看野外记录簿里的记录详细和完全到什么程度，以及思考周密到什么程度。观察记录应该先在勘查工作现场记下来，记录的内容应该包括在这个现场所做的全部观察，以及在观察过程当中产生的种种想法。一天的勘查工作结束以后，应该把当天记下来的材料概括地整理一下，还应该做日记，把一天做过的事情都记在里面。凡是勘查过的地方以及收集过样品的地方，都要随手在笔记本里分别画出简图来，这也是十分重要的。

笔记本里的记录做得完全而又精确，这常常是野外工作的一个最好的标志；野外研究家的严重错误之一，是信赖自己的记忆力。他们只凭事后的回忆来把想到的事情补记在野外笔记本里或者标签上面，这是一个十分危险的做法，这种做法往往使得收集的材料丧失价值，还会得到不正确的结论。

应该着重指出，在野外笔记本里做好记录，是一件相当困难的事情。通常这个记录只能在晚上做，在白天辛苦的野外工作结束以后再做，而这时候研究家已经很疲乏，已经想休息了。所以研究家常常要有一定的毅力，不管怎样还是要坚持每天都做野外观察记录，即使花费 15 分钟的工夫来做也是好的。在我的实践里，有时候也有过这种情形——由于过度疲劳而把记录的事情放松了。那样的话，最好休息一天，用几个钟头的工夫来静静地和认真地补正记录。

野外笔记本应该收藏得特别仔细；在进行野外工作的时间里也罢，

在当天的野外工作结束以后也罢，笔记本都要自己带着而决不能落在其他人的手里，因为笔记本是一种重要的文件，是应该经常跟有关勘探的其他重要文件放在一起并且随身携带的。

勘探回来把收集的材料整理完毕以后，接着就要做第二件工作——把野外工作进行总结。我十分重视这件工作，我认为这样总结出来的野外工作报告在许多方面都比最后的工作报告重要，因为前一个报告通常是把在野外直接观察到的现象做出客观的总结，因而这样的报告所具备的价值，经过详细整理的最后工作报告倒不一定具备，这是由于最后工作报告的内容受着种种外来因素的影响，既要参考一些文献，又要加进去其他研究家的意见，还有许多其他外来的因素。

在勘查的旅途上根据最初的印象写下来的报告，从问题本身的提法这点来看，比事后思考过的和整理过的报告正确得多和深刻得多。

第二部分

野外工作的进行方法和顺序

地球化学家在出发到野外去工作以前，除了应该准备前面所讲的那些装备品以外，还要做许多准备工作。

首先，对于要去的地区和要研究的问题应该先有所认识，这就要参看现有的有关文献。如果勘查工作的任务是寻找某一种化学元素，那就得事先认识清楚这种元素的性质和它的化合物的性质。研究家除了研究现有的文献以外，无论如何还要到博物馆去详细熟悉一下，要去的那个地区里一些典型的样品，如果勘查的对象是一些元素，还应该熟悉这些元素特有的矿物。特别重要的是事先要设法得到详细的地形图和地质图或者这些图的复制品，为的是在勘探的过程当中能够用颜色铅笔在图上画出走过的路程，记下一些极重要的矿物的发现地点。

在出发勘探以前，一定要详细知道野外研究所用的各种方法；不但要确切地懂得怎样使用地球化学家所携带的那些仪器，而且要学会修理这些仪器。

研究家到达目的地以后就要开始第二步工作。一到目的地就要先了解一下：关于这个地区的资料，有哪些是可以从当地的科学团体、博物馆、图书馆和学校那里收集到的，在这个地区里，哪些地方可以开采矿石、哪些地方有天然的露头，这一类的资料应该在居民当中进行收集。在许多情况下，分析地名也是非常重要的，因为地名本身常常表示这个地区里有一些矿山或者矿石开采地；拿中亚的地名来说，地名里有"干"字的表示矿山，"库梅什"表示银，"卡耳巴"表示锡或者青铜，等等。如果发现某个地方在造房子或者在铺马路，那么应该打听清楚，材料是从哪里运来的；应该调查明白，哪些地方正在修筑新路、修筑桥梁或者铺设铁轨。在集体农庄和国营农场里，应该仔细问问，哪里在掘井，当地居民砌炉灶用的黏土以及造房子用的石灰石或者涂料，都是从哪里取来的。

当地居民时常会想起来告诉你说，从前某某勘探队到这个地区里来进行过工作；许多熟悉当地情况的老住户都记得很多事情，他们会告诉你某个地方有什么矿产。在许多地区里还要打听清楚当地有没有旧的开采地、开采矿石以后剩下的废石堆、矿石熔炼以后剩下的矿渣堆和熔炼炉的残迹等，这也是非常重要的。

当然，供给研究家初步了解一个地区的矿物学上和地球化学上的情况的资料，最大来源与其说是天然露头，不如说是人工开采过的地方，就是矿山和开采场附近的废石堆，这些废石堆可以对矿物学家和地球化学家提供不显著的、然而时常是全新的资料。矿床里总是大量聚集着跟这种矿石伴生的矿物，因此，只要一连多用几天工夫来研究每一种新采掘出来的东西，把刚刚折断的样品的断面放在阳光底下来鉴定里面含的矿石，那么在矿坑的废石堆里就常常能够收集到很重要的资料。一般说来，矿物学家或者地球化学家从开采过矿石和石头的地方留下来的废石堆和矿堆里所得到的资料，比根据地下采掘所得的资料有价值得多，因为在地下坑道里是很难进行精密的观察的。

在露天矿和正在开采的矿山上，就应该多跟矿工谈谈，把收集到的样品多问问他们，请他们多注意有趣的事物，请他们把惹人注目的一切东西都留下来，这样做是非常有益的。可能而且一定要使当地居民对勘探工作发生兴趣，把你自己的工作讲给他们听听，讲一讲哪些矿物是可能找到的。应该在当地居民当中形成一种社会舆论，应该争取他们对勘查工作的同情和协助，这是勘查工作成功的重要因素之一。等到当地居民对这件工作开始感兴趣了，甚至孩子们也会到河边去捡一些大小石子送给勘探队；所以应该说，新矿床的重大发现常常是当地居民和当地的矿物爱好者的功绩。

每到一处露头、采石场、采矿场和矿山，都要把这些地方所有的矿体样品收集齐全，既要注意矿物大量聚集的地方，又要注意矿物分散得只微微剩下一点痕迹的地方，因为后一种情况表示这种地方发生过某一些地球化学的作用。

收集材料的时候当然应该同时观察矿物在岩石里的产状、各种矿物的相互关系和形成的年代等。研究家对一个地区有了初步的认识以后，就可能在这个地区里正确地进行地球化学的研究。这种研究纯粹属于科学研究的性质，下面所讲的就是有关这种研究的问题。

地质学家和岩石学家的野外工作，都是从研究一般的地质情况、地质构造和各种岩石的相互关系这些方面着手的；为了达到这些研究的目的，他们通常应该先广泛地了解整个区域的一般情况，其次才能开始详细研究某一个地段的具体情况。

但是地球化学家的野外工作通常不是这样做的；由于他的工作性质不同，他一定要从研究具体的材料入手，也就是从研究矿床本身入手。

他既然已经概括地知道这个地区的地质情况，那么他就应该从开采过矿石的矿堆和废石堆来开始他的研究工作。所以，到一个地区去勘探或者旅行，在进行研究工作的时候，地质学家所用的方法是跟地球化学家所用的方法截然不同的。

地质学家到了某一个矿床以后，他立刻就要到平窿或者竖井里去看看工作面，他首先要看的还有各种岩石的露头和天然的矿石露头等。

而地球化学家和矿物学家却不是这样，他们要去的地方首先是矿堆和废石堆。至于工作面，只有当他们会在阳光下凭目力来辨别各种矿物以后才需要去，因为在工作面里利用人工照明来鉴定各种矿物是一件相当困难的工作，这件工作一定要在长时期里积累了丰富的经验以后才能做好。只有先把矿堆和废石堆里的矿物详细研究过以后，地球化学家才要研究比较一般的矿物成因问题和地球化学问题，为了研究这些问题，他才要把工作转到研究天然露头以及详细研究工作面本身和现有的坑道略图。

那么，矿物学家和地球化学家来到矿山以后，为什么他们通常连矿堆都不去，而要到废石堆去，也就完全可以理解了。

我个人碰到过许多次这样的事情，我一到某个地区，不立刻到矿山去而是到废石堆去，当地的工程技术人员对我这种举动不但表示惊奇，而且公开表示不满。我们不要忘记，为了研究清楚有关某个矿床的最复杂的问题，为了了解这个矿床的成因，就一定要详细研究能够观察到的所有矿物的错综复杂的情况、各种矿物的相互关系以及这些矿物跟周围岩石的关系等。

因此，地球化学家初次到某个地区去收集科学资料的时候，他的工作可以按照下面的顺序进行：首先仔细研究废石堆；其次研究矿堆；再次研究露天矿的工作面，露头；最后，在这一切都做完以后才去看地下的采掘，研究新的地下工作面里的各种矿物的相互关系。

前面我们已经说过，地球化学家在收集材料的过程当中，应该把收集到的材料经常从矿物学和地球化学各个方面来进行分析，所以他一定要把注意力集中起来详细地比较观察到的一切现象。我记得我创造过一个理论，说是伟晶化作用是跟祖母绿矿坑里祖母绿的生成作用有连带关系的，但是过了很久，直到后来我们在一种伟晶岩里发现了一些极小的铌铁矿晶体，证实这种岩石是典型的伟晶花岗岩[1]以后，这个理论才得到科学家的认同。

地球化学家在考虑他所观察到的各种现象的时候，应该想明白各种矿物的相互关系，根据他自己的经验来把这些矿物的生成条件重现一遍，然后要把得到的所有资料进行比较性质的分析，这样，他就会逐渐得到一种资用假说来推测某个矿床的成因。这样的假说对于未来的勘探工作和试掘工作是完全必要的，但是不应该忘记，资用假说决不可以压倒确凿的事实。如果事实和假说不合，就一定要放弃这种假说。放弃假说的时候还要进行极深刻的自我批评和自我检查；善于根据微小的、极难察觉的事实来做出一些结论，这些结论既能阐明一切已知现象的相互关系，又能提示一些当时还不知道的事物，这正是勘探工作和试掘工作成功的原因。任何资用假说一定要能够指出新的工作途径，才是有益的假说。

我是有意识地十分重视这个问题的，因为时常有这样的情况，野外工作人员最先得到的资用假说已经跟新发现的事实肯定有了矛盾，而这时候他竟还不愿意放弃这种假说。

还有一个规则也要强调一下，这个规则本来是研究家应该遵守的，然而遗憾的是，近来他们对这个规则遵守得不够严格。研究家应该把下面两方面分别清楚，一方面是事实的本身和他所观察到的现象，另一方

---

1. 铌铁矿常和祖母绿伴生，同含在伟晶花岗岩里。——译者注

面是理论上的和一般的结论。在野外工作报告里也罢，在最后工作报告里也罢，研究家都要把这两部分清楚地分开，以便每一个人读了这些报告都看得出来，写报告的人到哪里为止是叙述他从观察里得到的实际资料，从哪里开始是叙述他从逻辑上和理论上推出来的意见。应该预先提醒青年研究家，千万不要把具体的实际资料撇开不管而只热心做出最后的结论，因为那样的话，这些结论就会变成空中楼阁。

这就是为什么我要特别坚持地一再强调精确地和仔细地视察自然现象本身的必要性。

研究家在野外观察的时候，任何琐碎细小的事物，只要没有逃过他的眼睛，就都要记下来。他应该把他的野外笔记本变成经常的日记，把他自己的想法和观察到的东西记在里面，也只有这样，他才能做出正确的结论和决定。还有，他到某个矿床或者某个地区去的第一年的工作性质和所做的记录的性质，应该跟他在以后几年的工作性质和所做的记录的性质划分得相当清楚。初去的时候，一定要特别注意积累纯粹属于事实的资料；第二年通常就已经有必要来检查他所得到的资用假说；到了第三年，就可以研究清楚一般性的问题，而且通常正是第三年的研究结果会带来新的发现，会提示出准确的勘查工作应该采取的方向。这些期限是不是能够缩短，要看研究家本人的经验怎样，也要看他去勘查以前，其他研究家对这个矿床或者地区从地质学和矿物学的观点所进行的研究已经到达怎样的深度。

如果在野外工作期间就把遇到的矿物和岩石预先鉴定好，就可以大大地提前得到最后的结论。如果有流动的地球化学实验室，如果在野外工作期间可能把一些样品送到最近的实验室去进行定量分析，那么野外研究工作进行起来就方便得多，最后的结论也就可以得到得早些。

最后，像我们已经知道的那样，做记录以及参看地球化学和矿物学的文献，都是极其重要的事情。

化学元素简单介绍

五画

氕——Protium　原子量是 1 的氢的同位素。参见氢条。

六画

亚锰　见铼条。

钆——Gadolinium（Gd）　原子序数 64；原子量 156.9。属稀土族元素。马里纳克在 1880 年第一次发现这种元素；它的原文名称是在 1886 年从加多林石（Gadolinite）得到的。

钇——Yttrium（Y）　原子序数 39；原子量 88.92。就它的化学性质来说，它很像镧族元素，而且总和镧族元素一同发现，所以也把它列入了稀土族。磷酸钇矿和硅铍钇矿（加多林石）

里都含有大量的钇。是 1794 年加多林发现的，1828 年维勒第一次制得纯态的钇。现在钇还没有很大的实际用途。

氘——Deuterium（D）　原子量是 2（2.01471）的氢的同位素，也叫"重氢"；是在 1932 年发现的。它的希腊文原意是"第二"。氘跟氧能生成重水 D_2O 和过氧化物 D_2O_2，这种过氧化物比普通的过氧化氢稳定。参见氢条。

氖——Neonum（Ne）　原子序数 10；原子量 20.183。它是一种惰性气体；一切惰性气体彼此间不能生成化合物，也不和任何别的物质化合，所以惰性气体在性质方面和所有别的元素差别很大。氖是 1898 年莱姆赛和特拉威尔斯发现氪和氙的时候一起发现的。它的希腊文原意是"新的"。空气里含有极少量的氖气。氖气用来填充气体放电灯（霓虹灯），发出红光。

七画

汞——Hydrargyrum（Hg） 原子序数 80；原子量 200.61。在普通状况下是液态的金属只有汞一个。人类在远古时代就知道了汞。它的希腊文原意是"液体的银"，中国俗称"水银"。它在 -39.3℃凝固；在 357℃沸腾；比重 13.6。它能溶解许多种金属（金、银、铜、锡）而生成种种液态的和固体的合金，这些合金的总名称是汞齐。汞的蒸气有剧毒。汞可以填充许多种仪器（譬如温度计），医药上也用它，又能用它从矿石里析出金来，可以制造雷汞——雷汞是最重要的一种起爆药。辰砂（HgS）是自然界里主要的汞矿。

钋——Polonium（Po） 原子序数 84；原子量 210.0。放射性元素。是居里夫人在 1898 年发现的，居里夫人为了纪念她的祖国波兰（Polonia）才取的这个名字。现在还没有制得纯态的钋。化学性质很像碲，属放射元素的铀系。半衰期是 133.6 天。

钌——Ruthenium（Ru） 原子序数 44；原子量 101.7。属铂族元素。是 1844 年俄国科学家克劳斯在喀山发现的，它的原文名称是纪念俄国。钌很脆。比重 12.26；熔点 1950℃。在自然界里和别的铂族元素混在一起，含量极少，所以现在还没有发现它的用途。

氙——Xenonum（Xe） 原子序数 54；原子量 131.3。惰性气体；是 1898 年莱姆赛和特拉威尔斯发现氪和氖的时候一起发现的。它的希腊文原意是"外来的"。空气里含有极少量的氙气。重量是空气的四倍半。

氚——Tritium 原子量是 3 的氢的同位素，也叫"超重氢"。参见氢条。

八画

钍——Thorium（Th） 原子序数 90；原子量 232.12。最重要的放射性元素之一。是 1828 年由瑞典化学家贝采利乌斯发现的，它的原文名称是取斯堪的纳维亚战神土尔（Thor）的名字。1898 年，居里夫人和施密特发现钍有放射性。游离态的钍是金属；比重 11.7；熔点 1842℃；外观像铂。钍的半衰期是 130 亿年。它在蜕变过程当中生成一系列放射性元素，都属钍系，最后变成原子量 208 的铅。含钍的主要矿物是独居石（磷铈镧矿）和钍石。独居石是从含独居石的沙里提取出来的。氧化钍对于制造煤气灯罩有重大意义。钍和铀一样，分裂的时候放出大量的原子能。

钐——Samarium（Sm） 原子序数 62；原子量 150.43。属稀土族元素。是 1879 年由法国化学家布瓦博得朗发现的，原文名称是从萨马尔斯克矿石得来的。钐的许多盐类能使电弧的光显粉红色。钐有放射性，只放出 α 射线而变成钕。

钒——Vanadium（V） 原子序数 23；原子量 50.95。是 1830 年塞夫斯特瑞姆发现的，它的命名是为了纪念女神凡娜迪斯。钒是钢灰色的金属，非常坚硬，而又不脆，在自然界里分布得相当广，可是都是在分散状态。从含钛的磁铁矿和沥青质页岩里可以提出钒来。钒的主要用途是制造优质钢，这种钢特别坚硬，弹性很大，不容易断裂。化学工业上用钒做催化剂，陶瓷工业上用它做颜料，照相上用它显影，医药上也用得上它。

钕——Neodymium（Nd） 原子序数 60；原子量 144.24。属稀土族元素。1885 年，奥地利化学家韦尔巴赫斯分析一向认为是新元素镨钕混合物中得出两种元素：钕（原意是"新的双生子"）和镨。钕的盐类显粉红色。

钨——Masurium（Ma） 1924 年有消息说发现了原子序数 43 的元素。这次发现的事实现在没有得到确认。参见锝条。

金——Aurum（Au） 原子序数 79；原子量 197.2。人类在远古时代就知道了金。它是有延展性的柔软金属，很难被氧化。它只能溶解在王水里。它不容易和别的元素化合；自然界里已经知道的只有它和银的合金以及它和硒、碲的化合物。化学纯净的金的比重是 19.3（天然的金含银 15% ～ 25%，它的比重是 15 ～ 16），熔点 1060℃，沸点 2677℃。薄的金叶稍显绿色。金是一种货币本位，它的价值主要就是这样来决定的。它在工业上的用途不大，只用它制造电器上的接触子，用来镀金，用在照相和医药方面。

放射性元素 所谓放射性元素，是指一些能够不断放射不可见射线的元素，这些不可见射线能够像 X 射线那样透过各种物质，使附近空气能够导电，使照相底板感光，等等。放射性元素放射的射线分成 α、β、γ 三种。钾的原子量 40 的一种同位素，铷、铟、镧、钐、铼的某些同位素，铀、钍、钚、镭、镁和所有的越铀元素，都有放射性。

九画

钙——Calcium（Ca） 原子序数 20；原子量 40.08。是 1808 年由英国化学家戴维、瑞典化学家贝采利乌斯发现的。它的原文名称是指石灰石。属碱土金属；是有延展性而相当坚硬的白色金属，熔点大约是 800℃，沸点 1240℃。钙的碳酸盐、硫酸盐和硅酸盐在自然界里分布很广。地壳里钙的平均含量是 3.4%，只有四种元素（O，Si，Al，Fe）在地壳里含量比它更多。目前金属钙还没有什么特别用途。

钚——Plutonium（Pu） 原子序数 94。1940 年用氘——重氢的原子核——冲击铀，第一次制得了钚。是放射性元素。现在知道的同位素有 12 种：寿命最长的一种同位素原子量 242；半衰期是 37 万年；原子量 239 的同位素是原子锅炉的一种重要产物。化学性质和铀近似。钚的原文名称是从冥王星（Pluto）得来的。天然铀矿里发现极少量的钚（大约每 1400 亿个铀原子有 1 个钚原子）。

钛——Titanium（Ti） 原子序数 22；原子量 47.90。在自然界里分布很广；构成地壳重量的 0.6%。是 1791 年由英国矿物学家格里戈尔发现，1795 年德国化学家克拉普罗特用希腊神话的泰坦为其命名。钛是很硬很脆的银白色金属；比重 4.5；熔点 1800℃。钛在冶金工业上特别重要：它能把熔解的钢里的氧和氮完全去尽，这样制得的钢铸件成分非常均匀，钢的硬度和弹性也很大。金属钛不管温度改变得多么剧烈，也还是很坚韧，因此在高速航空事业上可能会有很大的用处。二氧化钛可以制造非常好的白色颜料（钛白）。

钠——Natrium（Na） 原子序数 11；原子量 22.997。是 1807 年戴维电解苛性钠发现的；俄罗斯化学家符拉索夫（Семен Прокофьевич Власов）在圣彼得堡非常成功地重复了戴维的实验。钠的阿拉伯文原意是指碱。钠是银白色金属，和蜡一样柔软，在空气里易被氧化（所以要保存在煤油里），比水轻（比重 0.971）。在自然界里分布很广，生成硅酸盐类和卤素化物。钠本身和它的盐类在工业上的用途很大（食盐、碱、芒硝等）。

钡——Baryum（Ba） 原子序数 56；原子量 137.36。是 1774 年由瑞典化学家舍勒发现的；1808 年戴维析出了纯态的钡。这个元素的原文名称是从重晶石（barite）这种矿物得来的，钡就是从重晶石里提炼出来的。银白色金属，和铅一样硬，它的火焰显特有的黄绿色。钡的盐类用作优良的白色颜料。

钨——Wolfram（W） 原子序数 74；原子量 183.92。是 1781 年舍勒在黑钨矿里发现的。钨是银白色的重金属（比重 19.1），熔点很高（3370℃）。它不受氧化，除了王水以外，不溶解在任何别的酸里。耐高温。用来制造电灯泡里的丝、高速切削钢和几种超硬质合金，叫"伯别基特""维季阿""卡尔博洛依"。伯别基特差不多和金刚石一样硬，可以用它钻最坚硬的岩石。因为钨可以拉到只有百分之一毫米粗的细丝，所以可以用来制造灯丝。钨还可以制造化学器皿，可以制造电器上的接触子，代替比它贵的铂。

钪——Scandium（Sc） 原子序数 21；原子量 44.96。是自然界里最分散的元素之一。门捷列夫早在 1871 年就预言了它的存在（类硼）。1879 年，尼尔森用光谱分析的方法发现了它。关于钪的性质还研究得不多。它的原文名称是从斯堪的纳维亚半岛（Scandinavia）得来的。

钫——Francium（Fr） 原子序数 87。法国女科学家佩里在 1939 年最先在锕的天然蜕变生成的元素当中发现这种元素，后来又用人工方法制得它。钫的同位素的寿命不大，因此研究它的化学性质很困难。有一种同位素的原子量是 223。它的性质像铯，是最活泼的一种金属。它的原文名称是纪念佩里的祖国的。门捷列夫曾经预言钫的存在，他叫它作类铯。

钶——Athenium（An） 1951 年发表用碳核冲击锿原子，得到原子序数 99 的元素，但是到现在还没有得到证实。这个名称是纪念希腊的城市雅典的。

钬——Holmium（Ho） 原子序数 67；原子量 164.94。属稀土族元素。是 1880 年瑞典化学家克夫威发现的。钬的盐类是粉红色的。钬的原文名称是从瑞典首都斯德哥尔摩的原名得来的。

钯——Palladium（Pd） 原子序数 46；原子量 106.7。属铂族元素。是 1803 年由英国化学家沃拉斯顿发现的，它的名称是用一个小行星智神星（Pallas）的名字。是铂族元素当中延展性最大和最柔软的金属。奇怪的是它能够大量吸收氢气（1 体积的钯可以吸收 300 体积的氢气），吸收以后还保持金属状态，但是体积增大。因为它的外表很漂亮，所以用它做装饰品。

钜——Illinium（Il） 曾经用这个名称来叫原子序数 61 的元素。后来关于发现它的事实没有得到证实。参见钷条。

氡——Radon（Rn） 原子序数 86；原子量 222.0。最重的惰性气体；是镭放射蜕变的生成物。氡的寿命不长：半衰期只有 3.85 天；它变成氦气和固体的镭 A。是在 1900 年道尔恩发现的。它和镭在原文里是从同一个字根来的。氡也叫作镭射气。可以用它治疗癌症。

氟——Fluorum（F） 原子序数 9；原子量 19.0。是一种卤素。1886 年莫瓦桑第一个析出了游离态的氟，虽然早在 1810 年安培就认为它是元素。氟的拉丁文原名是从萤石（Fluorite）得来的。

氟的俄文名称是从一个希腊字根来的，这个字根的意思是"破坏的"。氟在普通状况下是气体，厚层的氟气显浅黄绿色。比重 1.11（液体）；熔点 -223℃；沸点 -188℃。游离态的氟气没有用途。氟化氢或氢氟酸在化学实验室里应用很广，侵蚀玻璃也用它。

氢——Hydrogenium（H） 原子序数 1；原子量 1.008。最轻的元素，在元素周期表里占第一位。氢在地壳里，包括水和空气在内，一共占 1%。氢是无色的气体，重量是空气的 1/14。16 世纪前半期，巴拉塞尔士用铁跟硫酸起作用，第一个制得了氢气。1776 年，卡文迪许确定了氢气的性质，指出了它和其他气体不同的地方。1783 年，拉瓦锡第一次从水里制得了氢气，证明水是氢和氧的化合物。地球上只有化合态的氢：水、石油、活细胞组织里都含氢；在大气的上层才有极少量游离态的氢。火山爆发的时候也有氢气喷出。用分光镜可以看出太阳和许多其他恒星上也有氢气存在。根据现代的研究，宇宙空间里的物质含游离态的氢气 30% ～ 50%，所以氢原子是宇宙的主要组成部分。除去原子量是 1 的氢以外，还是两种很少的同位素，它们的原子量是 2 和 3，它们和氧化合生成"重水"。原子量是 1 的同位素特称作氕，原子量是 2 的特称作氘，原子量是 3 的特称作氚。氢气用来填充氢气球和飞艇，因为它比空气轻，所以能使飞艇和气球上升；焊接金属也可以用氢气，它能生成 2000℃高温的火焰；化学工业上用氢气可以从煤制得人造石油。

类硅 见锗条。

类铝 见镓条。

类铯 见钫条。

类碘 见砹条。

类硼 见钪条。

类锰 见锝条。

十画

砹——Astatium（At） 原子序数 85；寿命最长的、半衰期 8.3 小时的一种同位素原子量 210。最早是在 1940 年，用 α 粒子冲击铋原子得到的。它的希腊文原意是"不稳定的"。已经知道的同位素有 20 种。它的性质和门捷列夫预言的完全符合，门捷列夫原来把它叫作类碘。

砷——Arsenium（As） 原子序数 33；原子量 74.91。砷的俄文原意是"毒鼠药"，它的拉丁文名称是用含砷的一种矿物颜料的名称。人类在远古时代就知道了砷。黑褐色的金属，质地很脆，容易飞散，有大蒜臭味。固态的砷在 633℃的时候不经过液态而直接升华。在 36 个大气压下，在 818℃的时候熔化。砷和它的可溶性盐类都有毒。砷可以和铅、铜制造合金，又用来制造杀灭农业害虫的药剂；制造玻璃可以用砷脱色。

钲——Centurium（Ct） 1951 年发表消息说，发现了原子序数 100 的一种新元素，但是到现在还没有得到证实。

钴——Cobaltum（Co） 原子序数 27；原子量 58.94。是 1735 年布兰特发现的，原名是从一个地神的名字得来的。是非常坚硬的灰白色金属，有延展性，熔点 1490℃。钴可以被磁化，但不及铁。钴粉能吸收大量的氢气。物理性质和化学性质很像铁。自然界里有钴的地方：陨石里有钴和银、铁的合金；地壳里有钴和砷、硫的化合物。用来制造特种钢，制造蓝玻璃和蓝搪瓷用它做颜料，从煤制造发动机燃料的时候用它做催化剂。

钶——Columbium（Cb） 见铌条

钷 ——Promethium（Pm） 原子序数 61。门捷列夫元素周期表里排在稀土族里。铀分裂的裂块当中可以分出它的一种寿命比较长的同位素，原子量 147。它的半衰期近 4 年。这个名称是纪念神话里的普罗米修斯（Promethus）的。

钼——Molybdänium（Mo） 原子序数 42；原子量 95.95。是 1782 年耶尔姆发现的，但是直到 1895 年，莫瓦桑才析出纯态的钼。它的希腊文原意是"铅"，因为辉钼矿和铅类似。自然界里钼的主要矿物是辉钼矿，也叫作硫钼矿（MoS_2），辉钼矿看外表很像石墨。钼是灰白色的坚硬金属，在高温下有可锻性。金属钼可以和钢制成合金，这种合金非常坚硬耐用。钼和钨的合金可以代替铂用。钼还可以用作 X 射线管里的对阴极，又能用它制成小细钩子来钩住电灯泡里灼热的钨丝。钼和碳化合生成碳化物 MoC_2，硬度极大。

钽——Tantalum（Ta） 原子序数 73；原子量 180.88。稀有元素。是 1802 年瑞典化学家埃克贝格发现的，它的原文名称是取希腊神话里的英雄坦塔拉斯（Tantalus）的名字。钽很容易进行机械加工，化学性质非常稳定，所以能用它制造各种重要的化学仪器和手术用具。钽和碳的合金特别坚硬，是制造切削刀具和钻头的极有价值的合金。在自然界里非常少见，总和铌在一起，也常常和钛在一起。

钾 ——Kalium（K） 原子序数 19；原子量 39.096。1807 年，戴维电解苛性钾，第一次制得了钾。钾的原文名称是从阿拉伯文的"强碱"得来的。自然界里没有游离态的钾，但是钾的硅酸盐和卤素化合物却分布很广。原子量 40 的一种同位素是放射性的。钾是银白色金属，在空气里很快就被氧化，所以要把它保存在煤油里。钾和蜡一样柔软，熔点 63.5℃，沸点 762℃；它比水轻（比重 0.862）。它能和钠制成合金，这种合金在常温下是液体，可以代替汞制造温度计。金属钾的用途不大，因为价值比较便宜的钠可以代替它。

铀 ——Uranium（U） 原子序数 92；原子量 233.07。在不久以前还是元素周期表里的末一个元素。是 1789 年克拉普罗特在沥青铀矿里发现的，但是直到 1841 年佩利果才制得纯态的铀。铀是难熔的银白色金属；比重 18.7；熔点

1690℃；有放射性。1898 年，贝克勒尔正是由于研究铀才发现放射现象的。天然铀有几种同位素；最多的是原子量238 的一种；原子量 235 的一种同位素含量 0.7%。原子量 238 的铀经过放射蜕变而生成铀系元素，原子量 235 的铀蜕变以后生成锕系元素。铀系的最后生成物是原子量 206 的铅；锕系的是原子量 207 的铅。铀 235 的核一受到慢中子的冲击，很容易分裂成两个差不多一样大小的裂块，同时放出大量的原子能。铀的原文名称是从天王星（Uranus）来的，天王星是在发现铀不久以前发现的。

铁——Ferrum（Fe） 原子序数 26；原子量 55.85。人类在远古时代就已经知道用铁。铁很容易受氧化，也容易和其他元素化合，所以纯净的铁很难制取。金属铁显铜灰色，有可锻性。铁是最容易显磁性的金属。含碳的铁（钢含碳 0.2% ～ 2%，铸铁含碳 2.5% ～ 4%）是 20 世纪冶金工业的基础。主要的铁矿石有：赤铁矿——Fe_2O_3，磁铁矿——Fe_3O_4，菱铁矿——$FeCO_3$，褐铁矿——$Fe_2O_3 \cdot nH_2O$。地壳里的含铁量是 4.7%，宇宙里的铁还要多。含铁在 30% 以上的岩石都叫作铁矿石。全世界铁矿石里蕴藏的纯铁是 100 亿吨。

铂——Platinum（Pt） 原子序数 78；原子量 195.23。是铂族当中最重要的元素。1748 年，安多尼奥·乌罗阿在平托河的金砂里发现了铂；沃茨顿（1750 年）第一个说铂是一种元素。铂的西班牙文原意是指银，中国俗名"白金"。比重 21.4；熔点 1773.5℃。有光泽、有延展性的金属，在空气里即使加热到极高温度都不发生变化。因为很难熔化，而且化学性质稳定，所以在科学和技术的实验室里有很大用处。铂在自然界里生成游离态。大部分的铂都从冲积矿床里开采。

铅——Plumbum（Pb） 原子序数 82；原子量 207.21。人类在远古时代就知道了铅。铅是又软又重的青灰色金属。比重 11.34；熔点 327℃。铅的用途很多。主要是用来包电缆和制造蓄电池板；大量的铅用在制造子弹和霰弹。用铅可以制成许多种合金：巴氏合金、铅字合金等。铅的化合物用作白色颜料。自然界里主要的铅矿是方铅矿 PbS，铅也就是从这种矿物里提炼出来的。

铈——Cassiopeum（Cp） 有些国家用这个名称来叫元素镥。参见镥条。

铈——Cerium（Ce）　原子序数58；原子量140.13。属稀土族元素。是1803年希新格、克拉普罗特、贝采利乌斯共同发现的，它的原文名称是从一个小行星谷神星（Ceres）的名字得来的。含铈的混合物可以制造打火机里的"火石"，医药上也用它，又可以用它显示炮弹发射出去的弹道。铈是从独居石（磷铈镧矿）里提出来的，是制取钍的副产物。

　　钸——Didymium　1841年，莫桑德从氧化镧里提出一种粉红色的新氧化物，他相信里面含有新元素，命名叫钸，它的原文意思是"双生子"。1885年，奥爱尔又从钸分离出两种元素，分别命名叫钕和镨。参见钕和镨条。

　　铊——Thallium（Tl）　原子序数81；原子量204.39。是1861年克鲁克斯用光谱分析的方法发现的。它的希腊文原意是"绿色的枝条"，因为它的光谱里有绿色的光谱线。铊是比铅轻的金属，非常容易飞散，熔点302℃，火焰显绿色。在自然界里是分散的。制取铊的主要原料是煅烧某些金属的硫化物矿石以后的灰。耐酸合金里含铊，制造光学玻璃和光电管也用它。

　　铋——Bismuthum（Bi）　原子序数83；原子量209.00。很脆的白色金属，稍带红色。人们早在古代就知道铋的化合物，但是那时候还不会分别铋和铅；15世纪的炼金术用的。士瓦伦汀第一个析出了纯态的铋。铋容易熔化。含铋的合金用在印刷业上，也用来制造各种防火器材。当温度接近绝对零度的时候，铋的导电率大大增加，这点性质是很有用的。

　　铌——Niobium（Nb）　原子序数41；原子量92.91。是1801年哈契特发现的，把它叫作钶。到1846年，罗泽把钶分成两种元素，一种是铌，另一种钽。美国现在还用钶这个名称，而欧洲各国都改用铌了。铌这个名称是取女神尼奥勃（Niobe）的名字，她是希腊神话里的英雄坦塔拉斯（Tantalus，钽的名称就是从它得来的）的女儿。纯态的铌是1907年制得的。铌是坚硬的灰白色金属，有可锻性，化学性质非常稳定。铌在自然界里总是和钽、钛聚在一起。用铌制成的特种合金和钢可以焊接机器上的重要部件，因为铌能够大大提高焊接口的坚固程度。用铌又能制造超硬质合金；真空管制造工业上也特别需要用铌。

铍——Beryllium（Be）　原子序数 4，原子量 9.013。最轻的金属之一。是 1797 年沃克兰发现的，并且因为它的盐类有甜味，所以给它取名镀（原意是"甜味的"）。但是只有法国用这个名称。铍的原文名称是从绿柱石（beryl）这种矿物得来的。铍是非常坚硬而又轻巧的白色金属（比重 1.85），在空气里很稳定。可以用它和铜制造合金（铍青铜），也可以和其他金属制造合金，这些合金像钢一样硬，即使对它的压力激烈改变也不会"疲乏"（可以用作发条）。自然界里很少有大量聚集的铍。

氩——Argonium（Ar）　原子序数 18；原子量 39.944。惰性气体。氩的原文名称就是从它的惰性得来的，它的希腊文原意是"不活动的"。莱姆赛和瑞利勋爵在 1894 年发现氩气。氩气在自然界里是空气的成分之一，空气里大约含氩气 1%。氩气可以用来充气体放电灯，它发出蓝色的光辉。

氦——Helium（He）　原子序数 2；原子量 4.003。是一种惰性气体。1863 年，让森第一个发现太阳周围的大气里有氦的光谱线。到 1895 年，莱姆赛发现地球上也有氦气，是从钇铀矿里分离出来的。它的原文名称是指太阳。它是氢气以外最轻的气体；它的重量只有空气的 1/8。在自然界里，氦气不但空气里有，它还从地底下和其他天然气体一同冒出地面。放射性元素在蜕变过程当中生成氦气；放射性元素原子核放射的 α 粒子，就是氦的带正电的核。氦气和氢气都用来填充飞艇，用氦气填充飞艇更能防止爆炸。氦液化的时候可以得到地球上最低的温度，几乎低到 -273℃。

氧——Oxygenium（O）　原子序数 8；原子量 16.0000。氧的原意是指"酸的生成者"。是 1774 年由英国化学家普利斯特里发现的。在自然界里分布极广，占地壳重量的 49.5%。在各种自然变化过程里起很大的作用，水、大多数矿物和有机体里都含氧。冶金工业上（炼铁的时候）用得很多，和氢气或者乙炔混合用在焊接金属上，也用在许多别的化学工业上；液态的氧或液态的空气用作猛烈的炸药。

十一画

铼——Rhenium（Re）　原子序数 75；原子量 186.31。是最分散的元素之一，1925 年，诺达克夫妇才发现它。这个名称是为了纪念莱茵河（Rhine）而起的。门捷列夫早已预言了它的性质，叫它作亚锰。金属铼的外观很像铂。它是最重而又最难熔化的元素之一。它在电工业上很有用，因为用铼造的电灯丝比用钨造的更经久耐用。也可以用它制造合金。在自然界里，辉钼矿里所含的铼不超过一千万分之一。

硅——Silicium（Si） 原子序数14；原子量28.09。地壳里除氧以外，要数硅分布最广。硅在自然界里绝对没有游离态的，都是生成氧化物（所谓硅石SiO_2）或者生成硅酸盐。石英这种矿物和它的许多种变体都含硅石。许多很重要的工业品像玻璃、瓷器、水泥、砖，它们主要的成分都是硅酸盐；一些主要的岩石也是这样：花岗岩、玄武岩、正长岩等。是盖-吕萨克和泰纳尔在1811年发现的。但是直到1823年才由贝采利乌斯断定它是一种元化学元素。硅的俄文名称是从发火的燧石得来的，它的拉丁文原意是指"石头"。

硒——Selenium（Se） 原子序数34；原子量78.96。是贝采利乌斯在1817年发现的；它的希腊文原意是"月亮"。硒能导电，它的导电率随着对它照明的程度而改变。所以硒的主要用途是制造光电管。它的化学性质像硫，特别像碲。比重4.8；熔点220.2℃；沸点688℃。在自然界里是分散的，有少量混在硫里。除了用来制造光电管以外，电工业、橡胶工业、玻璃工业上也都用硒，还有电视机上也用它。但是它的用途还很有限。

铑——Rhodium（Rh） 原子序数45；原子量102.91。属铂族元素。是1803年沃拉斯顿发现的，它的希腊文原意是"粉红色的"，因为它的盐类显粉红色。在自然界里和其他铂族元素聚在一起，都呈游离态。用铂和铑的合金制得的仪器可以测量高温（热电偶）。

铒——Erbium（Er） 原子序数68；原子量167.2。属稀土族元素。是1843年莫桑德发现的，它的原文名称是采用瑞典的小城"依特比"（Ytterby）的名字。

铕——Europium（Eu） 原子序数63；原子量152.0。属稀土族元素。是1901年由法国化学家德马赛发现的。铕的盐类是粉红色的。

铜——Cuprum（Cu） 原子序数29；原子量63.54。人类在远古时代就知道用铜。铜的原文名称是用地中海一个叫塞浦路斯（Cyprus）的岛的名字，古代那个岛上制造过大量铜器。自然界里铜的主要矿物是硫化物，也有自然铜，但是比较少。铜是有延展性的红色金属。电工业上应用纯净的铜，纯铜特别善于导电和传热。铜可以分别和锡和锌制成合金（青铜和黄铜），用途很广。

铝——Aluminium（Al） 原子序数13；原子量26.98。在地壳里分布很广，只比氧和硅少。占地壳重量的7.5%。很轻的银白色金属。黏土、长石、云母以及其他好多种矿物都含有铝。铝在自然界里主要集中在铝硅酸盐里，这种盐是含铝、硅、氧和另一些金属的矿物。铝土含铝特别多，铝土的主要成分是含水的氧化铝。铝主要是从铝土里提炼出来的，也可以从霞石里提取。在飞机制造业上广泛地应用铝的合金。韦勒在1827年制得了纯态的铝。铝的原文名称是指明矾。

铟 ——Indium（In） 原子序数49；原子量114.76。是雷赫和李希特在1863年用光谱分析的方法发现的；铟的光谱里有蓝的光谱线，很像蓝靛（indigo），"铟"的原文名称便是这样得

来的。游离态的铟是银白色金属，比铅软。属自然界里稀有的分散元素；还没有发现含铟很多的矿物；但是好多种金属矿石都含有极少量铟的化合物，特别是锌的矿石。铟是制造镜子最好的金属。

铥——Thulium（Tu） 原子序数69；原子量169.4。属稀土族元素。是1880年克利威发现的，原文名称是从斯堪的纳维亚的古称丢耳（Thule）得来的。铥的盐类是绿色的。

铪 ——Hafnium（Hf） 原子序数72；原子量178.6。虽然地壳里的铪比金和银都多，而且铪在某些矿物里的含量多达30%，但是直到1923年才由荷兰科学家科斯特和匈牙利科学家赫维西发现。这是因为它的化学性质和锆非常近似，很难把铪和锆分开。金属铪非常硬，熔点也高——大约2200℃。用铪的氧化物制成的合金可以制造电灯丝。铪的重要用途是在无线电工业方面，还可以用它做极好的耐火器材。铪的原文名称是从丹麦首都哥本哈根的旧称（Hafnia）来的。

铬 ——Chromium（Cr） 原子序数24；原子量52.01。是1798年沃克兰分析巴拉斯从乌拉尔运去的铬铅矿而

发现的。它的希腊文原意是"颜色"，因为铬的各种化合物显好多种颜色。铬非常脆硬，空气和水对它都没有作用；比重7.1；熔点1765℃。自然界里最主要的铬矿是铬铁矿。铬主要用在钢铁工业上。铬钢非常坚硬耐用，可以制造工具、炮筒和枪筒；其他金属镀上铬可以防止腐蚀。

铯——Caesium（Cs） 原子序数55；原子量132.91。属碱金属。比重1.87；熔点28.5℃。它的原文名称是说"天蓝色"，因为它的光谱线是天蓝色的。铯是第一个用光谱分析的方法发现的元素（是德国化学家本生在1860年发现的）。

铯的火焰显紫色。到现在为止，铯的矿物只知道有一种——铯榴石。铯用作光电管里的主要成分。

铱——Iridium（Ir） 原子序数77；原子量192.2。是1803年坦南特在铂矿石里发现的。铱的原意是"彩虹的"（它的盐类溶液显各种不同的颜色）。是最重的金属之一（比重22.4）。硬度特别大，化学性质特别稳定；熔点2454℃。化学性质很像铑。在自然界里总和铂在一起发现。纯净的铱可以制造

坩埚、高热电炉和热电偶。铱在制造合金上有很大的用途。

银——Argentum（Ag） 原子序数47；原子量107.88。是贵金属。人类在远古时代就知道了银。纯银是白色的，非常柔软。比重10.5；熔点960.5℃；性质很像金和铜；在空气里不起变化。延展性非常大。比一切其他金属都更善于导电和传热。在自然界里有游离态的银，也生成硫化物和氯化物。银的合金可以制造日用器皿、装饰品和银币。银的原文名称是从梵文来的，原意是"明亮的"。

铷——Rubidium（Rb） 原子序数37；原子量85.48。属碱金属。是1861年本生用光谱分析的方法发现的。它的原文名称是指它光谱里特有的红色光谱线（暗红色）。它的性质很像钠和钾。比重1.52；熔点39℃；沸点696℃。铷是自然界里非常分散的元素；天河石（一种绿色长石）里含铷最多（达0.1%）；光卤石里也含有相当多的铷。铷有放射性，只放出β射线而变成锶。它的半衰期是700亿年。

氪——Kryptonum（Kr） 原子序数36；原子量83.80。惰性气体；是

1898 年莱姆赛和特拉威尔斯发现氪和氖的时候一起发现的。它的希腊文原意是"隐蔽的"。空气里有氙气，但是含量极少。

十二画

锎——Californium（Cf） 原子序数 98。用 α 粒子冲击原子量 242 的一种锔的同位素制得的。原子量 246 的一种同位素的半衰期是 35 小时。它的原文名称是由美国加利福尼亚州（California）得来的。

越铀元素 门捷列夫元素周期表里在铀以后的元素，就是原子序数 93 以后的元素，叫作越铀元素或超铀元素。它们全是用人工方法制得的。最先研究的是镎（1939 年）。越铀元素都是放射性的。它们的寿命都比我们地球的年龄小得多。所以在自然界里已经找不到它们。现在已经知道的有下面几个越铀元素：镎、钚、镅、锔、锫、锎、锿、镄、钔、锘、铹。

超铀元素 见越铀元素条。

硫——Sulphur（S） 原子序数 16；原子量 32.066。人类在远古时代就知道了硫。硫有几种同素异形体：斜方硫、单斜硫、无定形硫。硫的晶体显淡黄色。硫在自然界里分布很广，有游离态的，也有硫化物的矿石和硫酸盐（石膏、硬石膏等）。硫可以制造硫酸，可以杀灭农业害虫（葡蚜），又用在橡胶工业上。猎枪火药、火柴、烟火、群青（一种蓝色颜料）的成分里都含硫；医药上也用硫。

铍——Glucinium（Gl） 见铍条。

铽——Terbium（Tb） 原子序数 65；原子量 159.2。属稀土族元素。是在 1843 年由莫桑德发现的。它的原文名称是从瑞典的小城"依特比"（Ytterby）的名字得来的，稀土族的矿最初就是在这里发现的。

铈——Virginium（Vi） 这是阿里逊给原子序数 87 的元素起的名字。发现这个元素的事实还没有证实。参见钫条。

锂——Lithium（Li） 原子序数 3；原子量 6.940。是最轻的金属。是 1817 年阿尔费德森发现的；它的原意是"石头"。属碱金属，化学性质非常活泼，很像钾和钠。锂比水轻（比重 0.534）。锂的盐类的火焰显鲜红色。锂在自然界里只有化合态；许多矿泉里含有极少量的锂。用在制造潜水艇用的蓄电池、制造特种合金和焊接铝制品上。

锆——Zirconium（Zr） 原子序数 40；原子量 91.22。是 1789 年克拉普罗特发现的，它的原文名称是从风信子石（Zir-con）得来的。二氧化锆很难熔化，到 3000℃才变成液体，而且化学性质特别稳定。所以锆用来制造很好的耐火材料。铸铁里加锆可以提高铸件的品质。锆在自然界里生成风信子石和一些复杂的硅酸盐。

锇——Osmium（Os） 原子序数 76；原子量 190.2。属铂族元素。是 1803 年坦南特发现的，锇的希腊文原意是"有臭味的"，因为锇酐的蒸气发出烂萝卜的臭味。不活泼的元素，化学性质非常稳定。比重 22.48，是地球上最重的物质。熔点 2500℃。在自然界里呈游离态和铂在一起。锇和铱的合金特别坚硬，可以用作自来水笔的笔尖。

锌——Zincum（Zn） 原子序数 30；原子量 65.38。锌是 16 世纪巴拉塞尔士发现的。它的原文名称是说"白色的薄层"（因为锌的盐类是白色的）。锌是灰白色的金属，水和空气很难对它起作用。自然界里主要的锌矿是闪锌矿（ZnS）。锌可以镀铁（锌镀铁或白铁），

也可以和铜做成合金（黄铜）。白色的锌盐可以用作颜料，医药上也要用到。

锑——Stibium（Sb） 原子序数 51；原子量 121.76。古代的人已经知道它，游离态的锑到 15 世纪才由瓦伦汀制得。它的俄文名称是从土耳其文来的，原意是"摩擦"。锑是非常脆的金属。自然界里有锑和硫的化合物。铅字合金里含锑，医药上也用锑；铅里加锑可以大大增加铅的硬度，制造铅字合金和子弹就用加锑的铅。火柴工业、橡胶工业和玻璃工业都用到锑的化合物。

锔——Curium（Cm） 原子序数 96。1944 年用人工方法制得。现在知道锔有 8 种同位素。寿命最长的一种同位素原子量 245。它的半衰期在 500 年以上。锔的化学性质和稀土族元素相像。这个名称是纪念居里夫妇和约里奥 - 居里夫妇的。

锕——Actinium（Ac） 原子序数 89；原子量 227。是 1899 年法国化学家德比埃尔内从沥青铀矿里发现的。锕是铀蜕变以后的生成物，有放射性，半衰期是 20 年。锕继续蜕变就生成一系列放射性元素，叫作锕系。锕系蜕变的最后生成物是原子量 207 的非放射性元素

铅。科学家对于锕和它的化合物还没有很好的研究。

锕族元素 周期表上跟在锕后面的元素，组成化学性质很相近似的一族。这一族也像稀土族或镧族元素那样，应该有 15 种元素：从第 89 号到第 103 号；里面有 14 种已经发现或者用人工方法制得：锕、钍、铀、镎、钚、镅、锔、锫、锎、锿、镄、钔、锘、铹。头三种在自然界里可以找到。这一族元素总称锕族元素。锕族元素的化学性质都跟镧族元素相像，在门捷列夫元素周期表里占据第三族里在稀土族下面的一格。

氮——Nitrogenium（N） 原子序数 7；原子量 14.008。无色气体，占我们周围空气体积的 4/5。丹·卢瑟福在 1772 年第一个指出有氮气这样一种特别的物质存在，但是到了拉瓦锡才证明氮是一种元素，并且给它取了现代通用的名称——氮（它的希腊文原意是"没有生命的"）。氮的拉丁文名称是由"硝石"和"要素"两个字组成的。除空气里有氮气以外，一切有机体也都含氮；硝石和智利硝石是钾和钠的硝酸盐，也是氮的化合物。游离态的氮气用来充电灯泡；氮的化合物用作肥料和制造炸药，都是很重要的。

氯——Chlorum（Cl） 原子序数 17；原子量 35.457。是 1774 年舍勒发现的；它的原文名称是说"绿色的"。氯是黄绿色的气体，比空气重。自然界里有氯的钠盐和钾盐，或是溶解在海水里，或是生成厚层的岩盐（NaCl）。在化学工业上是重要的元素之一，主要是用它制造漂白粉；在制造染料、颜料、许多种药物和毒气上都是非常重要的。大量的氯用在漂白织物和纸，消毒饮用水和在农业上杀灭害虫。氯的钠盐（NaCl）大量用作调味品（每人每年要用 2 ~ 10 千克食盐）。

稀土族元素——Terra Rarae（T.R.） 门捷列夫周期表的第 57 格里，不像其他格那样只有一种元素，而是有 15 种元素，它们的性质彼此非常近似。这 15 种元素的原子序数从 57 到 71，总称作稀土族元素，也叫作镧族元素。稀土族包括：镧、铈、镨、钕、钷、钐、铕、钆、铽、镝、钬、铒、铥、镱、镥。稀土族还可以包括元素钇（第 39 号元素）。稀土族元素又可以分作钇族和铈族。稀土族元素的化学性质彼此十分近似。游离态的稀土族元素都是熔点很高的金属，能在常温下使水分解。它们在自然界里总是混杂在一起。要把它们一一分开是非常困难的。含稀土族元素的主要矿物是独居石（磷铈镧矿）。目前只有铈有实用价值。发现一个个稀土族元素的历史是相当复杂的。1794 年，加多林第一个发现"新土元素"的存在；最后发现的一个稀土族元素是镥；不久以前，用人工方法制得了第 61 号元素——钷。关于每种稀土族元素的补充材料，见各该元素的分条说明。

十三画

碘——Iodium（I） 原子序数 53；原子量 126.51。碘是典型的准金属。通常状况下是固体，容易升华，也很容易溶解在许多种溶剂里。是 1811 年法国药剂师库尔图瓦利发现的。工业上从智利硝石里提取的碘每年达到 1000 吨。含有石油的地下水里和海藻里也有碘，也从这些地方提取碘。碘是自然界里分散的元素之一。它的希腊文原意是"紫色的"，表示它的蒸气的颜色。医药上，X 射线治疗上用得很多，又用来制造起偏振玻璃，用在照相和染料工业上。

硼——Borium（B） 原子序数 5；原子量 10.82。是 1808 年由英国的戴维、法国的盖 - 吕萨克和泰纳尔发现的。它的原文名称是从硼砂（borax）得来的。从熔化的铝里析出的结晶的硼几乎和金刚石一样坚硬。硼在自然界里生成硼酸和硼砂，有些硅酸盐里也含硼。硼的主要用途是制造搪瓷，也用在医药上。硼和碳、和氮的化合物有非常大的硬度。

砹——Alabamium（Ab） 门捷列夫曾经预言原子序数 85 的元素的存在，并且预言了它的性质（类碘）。1931 年美国发表说发现了原子序数 85 的这个元素，叫它作砹；但是这个消息并没有得到证实。参见砹条。

锗——Germanium（Ge） 原子序数 32；原子量 72.60。门捷列夫曾经预言过它的性质（类硅）。它是 1886 年文克尔用光谱分析的方法发现的。它的性质既像金属，又像非金属。它是最稀有的元素之一；用途非常有限——在无线电工业上用作荧光物质，制造特种玻璃也用到它。

锝——Technetium（Tc） 原子序数 43。锝是第一个用人工方法制得的元素。1937 年，佩里埃和塞格雷用氘子——重氢原子核——冲击钼而制得。

现在已经知道的同位素有 17 种。寿命最长的一种同位素原子量 99。化学性质像铼和锰。它的希腊文原意是"人造的"，因为这个元素是用人工方法制取的第一个元素。它的性质和门捷列夫预言的完全一致，门捷列夫原来把它叫作类锰。

锡——Stannum（Sn） 原子序数 50；原子量 118.70。锡是人类最早知道的元素之一，在远古时代（青铜器时代）就已经知道。游离态的锡是银白色金属，延展性很大；比重 7.28；熔点 232℃。锡在 18℃ 以下变成灰色的一种同素异形体。弯曲锡棒的时候发出一种特有的劈裂声，这可能是由于锡的各个晶体互相摩擦出声的缘故。锡不受水和空气的作用；所以广泛地用它镀铁（就是所谓马口铁，主要用途是制造罐头铁皮）。锡的合金像巴氏合金和青铜都是很有价值的。自然界里主要的锡矿石是锡石（SnO_2）。

锫——Berkelium（Bk） 原子序数 97。这个元素是用人工方法冲击原子量 241 的镅的同位素制得的。到现在为止所得到的锫的同位素的半衰期不超过几小时。它的原文名称是从美国加利福尼亚的伯克利城（Berkeley）得来的。

锰——Manganum（Mn） 原子序数 25；原子量 54.93。是 1774 年舍勒从软锰矿里发现的（软锰矿是天然的二氧化锰，像黑色的苦土或美格尼西亚土，锰就是这样得名的）。是坚硬的银白色金属，在自然界里分布非常广，在海洋沉积物里生成软锰矿层。冶金工业上用锰来改良钢的品质，颜料工业以及许多其他化学工业上也用到锰。

溴——Bromium（Br） 原子序数 35；原子量 79.916。是 1826 年巴拉德发现的；它的原文名称是指恶臭。溴是沉重的暗红色液体；它和别的卤素一样，化学性质非常活泼，几乎能和一切元素化合；和金属的化合反应特别激烈。溴滴在皮肤上能引起严重的烫伤。溴在自然界里主要是和金属钾、钠、镁生成化合物。克里木的盐湖里含溴很多。溴用在医药和照相工业上。

十四画

碳——Carbonium（C） 原子序数 6；原子量 12.011。人类在远古时代就知道了碳，它的拉丁文名称是指煤炭。在自然界里生成金刚石、石墨、煤和各种碳氢化合物（石油、天然气），有机物里也含碳。但是含碳的主要物质是碳酸盐——石灰石、大理石等，也有混在水里和空气里的（二氧化碳）。碳的用途：金刚石用来钻凿、切开和琢磨玻璃，也用作装饰品；石墨用作耐火材料（石墨坩埚），润滑剂，涂饰铸造机器零件的黏土铸型，制造铅笔、变阻器、电炉的电极；煤和石油用作燃料，是能量的最重要的来源；烟炱用作涂料。把煤加工可以制得许多种化学产品，包括苯胺、药物（阿司匹林、消发灭定）、糖精、炸药（三硝基甲苯）等。

碲——Tellurium（Te） 原子序数 52；原子量 127.61。是 1782 年雷亭士坦发现的；1798 年克拉普罗特证实了这个发现，给这个新元素取了这个名字；它的拉丁文原意是"土"。碲的化学性质像硫，特别像硒。陶瓷工业上用碲，玻璃着色也用它，汽油里加了碲可以加快汽油在发动机里的燃烧。

锶——Strontium（Sr） 原子序数 38；原子量 87.63。属碱土金属。是 1790 年克劳福德发现的。锶是银白色的金属，化学性质非常活泼，所以它在自然界里只有化合态。锶的火焰显红色。

烟火工业和制糖工业上用到它。

镁——Magnesium（Mg） 原子序数 12；原子量 24.32。是 1808 年戴维用电解法发现的。它的原文名称是从一种叫苦土的矿物的名称得来的，苦土的原名叫美格尼西亚白土（美格尼西亚是希腊的一处地名）。属碱土金属。在自然界里分布很广：占地壳重量的 2.5%；有些岩石含镁的碳酸盐和硅酸盐。海水里含有大量可溶性的镁盐。很轻（比重 1.74），有延展性，化学性质非常活泼，然而在合金里却很稳定。近年来航空工业上用得很多，用的是镁和铝的合金。

镅——Americium（Am） 原子序数 95；最稳定的、半衰期大约 1 万年的一种同位素原子量 243。1944 年用 α 粒子冲击铀的时候制得这种元素。现在已经知道的同位素有 5 种。它的化学性质很像稀土元素。

十五画

镉——Cadmium（Cd） 原子序数 48；原子量 112.41。银白色金属。是 1817 年斯特罗迈耶发现的，它的希腊文原意是指一种锌的矿石。镉的性质非常像锌，并且在自然界里总和锌聚在一起。用来代替锌镀在铁上，加在铜里使制成的铜线坚固耐用，制造熔点低的合金，制造黄色颜料。

镍——Niccolum（Ni） 原子序数 28；原子量 58.69。镍的原文名称是从"红砷镍矿"（Coppernickel）得来的，这种矿物的原文名称是"不中用的铜"的意思。是 1751 年克隆施泰特发现的。镍是相当坚硬的银白色金属，熔点 1455℃。自然界里的镍或者生成硫化物，或者生成硅酸盐的矿石。镍的用途很广，像镀镍、制造特种钢和用作催化剂。

镎——Neptunium（Np） 原子序数 93。是第一种越铀元素，1940 年用中子冲击铀而制得的。是放射性元素。现在已经知道有 12 种同位素，寿命最长的一种同位素原子量 237，半衰期是 220 万年。它的化学性质和铀近似。镎的原文名称是从海王星（Neptune）得来的。自然界里也发现有极少量的镎。

镓——Gallium（Ga） 原子序数 31；原子量 69.72。它是门捷列夫预言过性质的元素之一（类铝）。是在 1875 年布瓦博德朗用光谱分析的方法发现的，为了纪念法国才用这个名字，因为法国的古名叫高卢（Gaul）。镓是柔软的银白色金属，熔点非常低，只有 29.8℃（拿在手里就能熔化），但是沸点竟高达 2300℃，固体的镓比液体的轻，所以镓的固体能漂在它液体的上面。镓属于稀有的分散元素；用镓制成的温度计能测量高温，镓又是荧光物质的成分。制造光学镜子也能用镓。

十六画

镝——Dysprosium（Dy） 原子序数 66；原子量 162.46。属稀土族元素。是 1886 年布瓦博德朗发现的。它的希腊文原意是指"难以到手"。

十七画

磷——Phosphorum（P） 原子序数 15；原子量 30.975。它的希腊文原意是"带光的"，因为它能在暗处发光。是布兰特在 1669 年发现的。比重 1.83；熔点 44℃；沸点 280.5℃。磷有几种同素异形体：黄磷，红磷，1914 年布列治曼制得了黑磷。磷酸盐在地壳里分布很广，生成许多种矿物：磷灰石、土耳其玉，还有铁和铜的磷酸盐等。制造火柴、烟幕、引火物质等都用磷。纤核磷灰石和磷灰石是制造磷肥的极重要的原料。

镤——Protactinium（Pa） 原子序数 91；原子量 231。放射性元素。是 1917 年哈恩和梅特纳发现的。1927 年，格罗斯析出了百分之一克游离态的镤。是银白色金属。它的希腊文原意是"第一条射线"。在自然界里和铀聚在一起，是铀蜕变的生成物之一。半衰期是 3200 年。

镥——Lutecium（Lu） 原子序数 71；原子量 174.99。属稀土族元素。是乌尔班在法国和奥爱尔在德国同时发现的。

镧——Lanthanum（La） 原子序数 57，原子量 138.92。属稀土族元素。是 1839 年莫桑德发现的，它的希腊文原意是"隐藏"。它的合金用作打火机里的"火石"。

镧族元素 见稀土族元素条。

镨——Praseodymium（Pr） 原子序数 59；原子量 140.92。属稀土族元素。是 1885 年奥地利化学家韦尔斯巴赫和钕一起发现的。它的希腊文原意是"绿色的双生子"。它的盐类显绿色。

十八画

镭——Radium（Ra） 原 子 序 数 88；原子量 226.05。属放射元素的铀系，是居里夫妇在 1898 年从沥青铀矿里发现的。它的原文名称是指"射线"。镭是银色的金属，能在常温下使水分解。它的化学性质非常像钡，所以镭的盐类很难和钡的盐类分开。镭的最显著的性质就是有很强的放射性，比铀的放射性强好几百万倍。镭放出 α 射线、β 射线和 γ 射线。镭的盐类在暗处会发光；镭的射线除了能够对照相底板作用以外，还能引起许多种化学反应，又能破坏动物体和杀死细菌。特别叫人惊异的是镭可以不停地放出大量的能。镭的半衰期是 1580 年。医疗上用镭医治癌症和狼疮。

镱——Ytterbium（Yb） 原 子 序数 70；原子量 173.04。属稀土族元素。是 1878 年马里纳克发现的，他断定在元素铒里还含有一种"新土族元素"。镱的原文名称是采用瑞典小城"依特比"（Ytterby）的名字。

名词注释

一画

乙炔 水和碳化钙起作用而生成的气体。燃烧的时候发出明亮的白光；广泛地用来焊接和截断金属。

α 粒子 某几种放射性物质射出来的氦离子。α 粒子射透物质的时候会使这种物质电离，射在能起荧光作用或磷光作用的物质上就能使这种物质发光。人或别的动物的皮肤受到 α 粒子的照射，就会引起很难治好的创伤。α 粒子还能引起一些化学反应。

α 射线 见 α 粒子条。

γ 射线 波长极短的电磁波。镭和另外一些放射性元素的原子在蜕变的时候产生 γ 射线。它很像 X 射线，但是穿透力比 X 射线强。

β 射线 原子核分裂时候放射出来的电子流。β 射线能使气体电离，使好多种物质发光，使照相底板感光。

二画

X 射线 波长很短的电磁辐射波，是 1895 年伦琴发现的，所以也叫作伦琴射线。在科学上和技术上应用极广。可以用来研究原子和分子的结构。可以用来分析物质，寻找这种物质里是不是含有某些元素。在医学上也得到广泛的应用。

二水钒铜矿 一种橄榄绿色的稀有矿物，含铜和钒；是某些矿床经过表面风化以后生成的。

二叠纪 古生代里的最后一个纪，

在这以前是石炭纪。二叠纪的地层在俄国从前的帕尔姆省地区形成得最完备，有关二叠纪的知识最先是在这个地区里得到的，所以二叠纪的原文名称就是这个省的名字。

三画

土耳其玉 也叫绿松石或铜铝磷石，一种不透明的矿物，呈美丽的蓝色和浅蓝绿色，光泽暗淡，成分是铜和铝的磷酸盐。用作装饰品。

土状萤石 见萤石条。

土壤 覆在地球表面上的生成物，成因是岩石受到水和空气的破坏作用，就是所谓风化作用，以及动植物的各种生活作用。

土壤学 一门科学，研究土壤的生成和变化，研究土壤变得肥沃的过程，并研究为了提高作物的收获量而对土壤进行作用的方法。

工作面 矿的开采面，从这里直接开采出矿产来。

大气圈 地球的气态外壳。现代知道大气圈可以分成五层：从里到外依次是对流层、平流层和中间层、热层、逃逸层。

大理岩 细粒的或中等晶粒的石灰岩和白云岩的总称，这类岩石都可以磨光。大理岩有各种各样的颜色和花纹。它在建筑上、技术上和装饰上都是很有价值的重要材料。雪白的和粉红色的大理岩可以雕刻。

四画

天体物理学 天文学的一个分支，研究天体和星际物质的物理状态和化学成分。

天青石 一种矿物，成分是硫酸锶$SrSO_4$，显美丽的天青色。用途是制取各种锶盐。

天狼星 大犬星座里的 α 星，是天空中最亮的星。天狼星是由两个恒星组成的（"双星"）。天狼星的伴星一定要用望远镜才看得见，因为这个伴星的亮度是天狼星的三千分之一。

天然盐水 溶解着大量盐类的水，盐类在这种水里的溶解量超过在海水里的含量；有些没有出口的海和湖经常进行着猛烈的蒸发，结果就生成天然盐水。

元素的迁移 化学元素在地壳里的移动和改变分布的情况；由于元素的迁移，某种元素在一些地区里会分散开来，在另一些地区里会集中起来。

无烟煤　煤的一种，是含碳最多的煤，含碳量多达 90% ～ 96%。

无液气压计　见气压计条。

云母　一群成分复杂的矿物，含碱金属、镁和铁的各种铝硅酸盐。云母的特点是能够裂成极薄的片。主要的云母有白云母和黑云母两种：白云母是浅色透明的，里面含钾；黑云母从能够隐约透光到完全不透明，里面含铁和镁很多。有时候能生成极大的晶体。是很有价值的电绝缘材料。

云母页岩　一种页状岩石，主要成分是云母和石英，也含少量的长石。

木化石　也叫硅化木，显木材构造的玉髓、石英和蛋白石。

巨砾　岩石的碎块，主要是花岗岩、石英岩和石灰岩等的碎块，直径从 10 厘米到 10 米，也有更大的。岩石的风化作用和冰川作用都能生成巨砾。巨砾可以铺路，可以用作混凝土里的碎石子；大的巨砾可以用作纪念碑的台座。

日珥　凸出在太阳表面上的物质，是一些炽热的气体，主要是钙和氢。在日全食的时候可以看得很清楚，形状像从太阳表面的边缘喷射和爆发出来的火热的物质。不在日食的时候，就一定要用分光镜才能看见它。

中子　一种基本粒子，不带任何电荷；重量跟质子的重量相等。化学元素的原子量就等于原子里质子数和中子数的和。中子和质子组成原子核。

水成论　认为一切岩石（连火成岩在内）都是由水里的沉积物生成的一种学说，在 18 世纪末和 19 世纪初，这个学说在地质学家当中非常流行。

水泥　石灰石和黏土混合煅烧以后的生成物。水泥加水搅拌，就会凝成像石头一样坚硬的块状。现在水泥的产量很大，是一种建筑材料。

水晶　一种透明的石英。在自然界里生成美丽的六角柱晶体。用在无线电技术上。

水羟锰矿　一种非常稀少的矿物，也叫作韦尔纳茨基石，属碱式含水硫酸铜群。发现在维苏威火山口里。

贝采利乌斯（1779 ～ 1848）　瑞典著名的化学家和矿物学家。圣彼得堡科学院名誉院士。他写的化学教科书以及在 1820 ～ 1847 年逐年写的化学成就简述，促进了 19 世纪前半期化学知识的发展。

气压计　希腊文的原意指"测量重力"，是气象学上测量大气压力所用的仪器。气压计有汞气压计和金属气压计（无液气压计）两种。

升华　物质由结晶状态直接变成蒸气（就是不经过熔化）的过程。

长石　在地壳里分布最广的一群矿物，占整个地壳重量的50%左右，是大多数岩石的主要成分；长石的化学成分是钠、钾和钙的铝硅酸盐。长石可以根据它的成分来分成钾长石（正长石和微斜长石）和钠钙长石（斜长石）两种。

片麻岩　变质的片状岩石，成分跟花岗岩相似。用作建筑材料。

分子　物质分到不失去这种物质的物理性质和化学性质的最小粒子。分子是由原子组成的，一个分子里的原子数，少的只有一个（例如惰性气体），多的可以有几千个（例如蛋白质）。

分光镜　研究光谱的仪器。

月长石　产在白海地区的伟晶岩脉里，也叫作白海石，是钠长石的一种。

风化　岩石和矿物由于受到空气和水的物理作用和化学作用而被破坏的现象。

丹粉　天然出产的或人造的研磨料，用来磨光金属、光学玻璃和别种玻璃，磨光细工用的和装饰用的石头。

文石　也叫霰石，一种矿物，化学成分跟方解石一样（$CaCO_3$），但是原子的排列和其他物理性质都跟方解石不同。文石有白色的、黄色的、绿色的和紫色的。文石的特征是生成致密的球状鱼卵石，也有生成许多种泉华形状的——从山洞顶部下垂的钟乳石以及从洞底迎着钟乳石往上长的石笋。文石通常是在热溶液和冷溶液里生成的。

文象花岗岩　正长石和石英相伴生成的岩石，生成的过程有一定的规律，生成的形状类似古代的楔形文字——叫作文象结构。

方铅矿　一种银灰色光泽的矿物，成分是硫化铅（PbS），铅的含量达到86%。方铅矿里经常混杂着银，因而方铅矿通常也是有价值的银矿石。方铅矿的用途是制造铅丹，提炼铅，制造铅白和釉药，还用在无线电技术方面。

方解石　白色的、无色的或稍带别的颜色的矿物，成分是碳酸钙（$CaCO_3$），常常混着各种杂质。方解石能生成多种形状：极美丽的晶体，粒状和致密的块，泉华片状，钟乳石，石笋。完全透明的方解石叫作冰洲石，隔着它看物体，能看到两个像。有几种岩石，例如大理岩、石灰岩和白垩岩，完全或者几乎完全是由方解石构成的。

火成论　流行在 19 世纪末的一种学说，认为一切岩石都是受了地下热的作用而生成的。

火成岩　见岩浆岩条。

火流星　天空里的发光现象，像一个火球在天空飞行，是由流星体从行星际空间侵入地球的大气圈里引起的。

五画

玉髓　这种矿物是一种隐晶质的、纤维结构的石英，颜色各种各样都有。常生成结核块装和泉华状。半透明，能微微透光。可以制造技术上应用的物品，还可以用作次等宝石和细工材料。带状的玉髓叫玛瑙。

正长石　见长石条。

正长岩　一种浅色的结晶的火成岩，主要成分是长石和普通角闪石。和花岗岩不同的地方是不含石英。原文名称是埃及的一个城市的名字，叫作西也那。

正离子　见离子条。

去氧剂　含在液态的钢里的杂质烧掉以后，为了使熔在钢里的氧化亚铁还原而加进去的一种材料——含有氧化亚铁的钢在煅打的时候容易折断。去氧剂通常含有碳、锰和硅这三种元素，都能使氧化亚铁还原成铁。

古生代　地质史上很早的一个年代。包括五个纪：寒武纪，志留纪，泥盆纪，石炭纪，二叠纪。苏联在古生代里产出的矿物极多。

石灰岩　白色、灰色和别的许多颜色的沉积岩，成分是碳酸钙（$CaCO_3$），常常是由生物骨骼和贝壳的残骸聚集成的。在地壳里分布很广，能生成极厚的岩层。在建筑、制造水泥、化学工业、冶金工业、农业和国民经济的其他部门上都有用途。

石英　无色、白色或别的许多颜色的矿物，性质坚硬，成分是二氧化硅（SiO_2）。石英是好多种岩石的重要成分；是地壳里分布最广的矿物之一。石英常常生成极美丽的晶体，也生成粒状和致密的块。石英的变种很多：透明的有水晶，紫水晶，烟晶，黄水晶；微透明的有乳色和灰色等的黑晶；不透明的有普通白色的石英和含铁的石英等。石英在好多种工业部门里都得到广泛的应用——用来制造物理仪器和光学仪器，还用在精密的器械上和无线电技术上，用在玻璃和陶瓷工业上等；还可以用作宝石和细工材料。

石制的细工艺品　用宝石和有彩色的石头制成的细小制品和装饰品。

石油　也叫作液态沥青，是一种褐色的、暗绿色的或黑色的液体，接近无色的非常少见。臭味很像煤油，因此很容易根据臭味来辨识。石油的主要成分是碳和氢，这两种元素生成烃一类极其多样的化合物。石油呈层状或鸡窝状渗透在疏松的或多孔的沉积岩里面。石油在国民经济的各个部门里都起着极其重大的作用，主要是用作燃料。在炼油厂里经过加工以后，可以得到各种有价值的产物，例如汽油、煤油、润滑油、沥青、炸药和好多种其他产物。

石笋　在地下山洞或坑道的底上生成的泉华，是含有大量碳酸盐的水滴从上面滴下来而生成的。石笋会在洞里的地面上逐渐地长高起来。

石棉　许多种细纤维状矿物的统称，成分是镁的硅酸盐。石棉纤维的长度可以达到5厘米或者更多。石棉用来制造不燃性的织物，用作热和电的绝缘衬垫物，在建筑上还用作贵重的耐火材料等。

石榴石群　一群矿物的统称（属硅酸盐类），变种极多，分布极广；这群矿物颜色各种各样，都有脂肪和玻璃光泽，硬度很大。有几种石榴石可以用作装饰品，还可以用作研磨料。

石膏　一种矿物，也能生成单矿沉积岩，有白色的，也有稍带其他颜色的。化学成分 $CaSO_4 \cdot 2H_2O$。石膏在自然界里分布极广，在建筑上、装饰上、塑造上以及水泥的制造上都用得很多；在医药上可以用作外科的绷扎材料；在农业上可以用来改良土壤。石膏的变种——雪花石膏和透石膏都可以用作细工材料。

石墨　结晶的碳的一种，是一种柔软的矿物，用手去摸有滑腻的感觉，能留下痕迹，颜色从黑色到钢灰色。熔点在3000℃以上，能耐酸耐碱。在金属铸造工作上用来制造熔炼金属的坩埚，还可以用来制造电极、干电池、颜料和铅笔等。

平窿　水平的或稍稍倾斜的矿山坑道，坑道一端露出地面。平窿的横截面有梯形的、椭圆形的或圆形的。

卡斯巴石 从捷克卡斯巴地区的温泉里沉淀出来的碳酸钙，性质坚硬（参见文石条）。

卡路里 热量的单位，简称卡。使 1 千克水的温度升高 1℃ 所需要的热量叫作一个大卡；使 1 克水的温度升高 1℃ 所需要的热量叫作一个小卡，也就是通常所说的卡。

卢克莱修（公元前 99 ～前 55 年）罗马的天才诗人、哲学家。在他写的《物性论》这篇著作里，他用韵文的体裁阐述了原子论唯物主义的哲学。

卢瑟福（1871 ～ 1937） 英国的伟大物理学家，他研究了原子结构和放射作用，他在这方面做了很多实验。

甲苯 从煤焦油和炼焦炉的气体里得到的一种化合物。是制造糖精的主要原料；又可以用来制造染料。硝化以后可以生成三硝基甲苯——一种重要的炸药。

电子 带负电的基本粒子。是原子的组成部分。电子在原子里顺着一定的轨道绕着带正电的原子核旋转。元素的原子里的电子数，等于这种元素的原子序数。

电子显微镜 最新式的显微镜，不用光线而用电子流，所以能把要观察的东西放大到 50 万倍。

电气石 成分非常复杂而又不固定的一种矿物，含碱金属、钙、铁、镁等的铝硼硅酸盐。颜色也有各种各样的。有一些变种。可以用作宝石，还可以用作热电材料和压电材料。

电离 某种介质的中性粒子（分子，原子）变成带正电荷或负电荷的粒子——变成离子——的作用。

电流计 灵敏度很大的一种测量电流的仪器。

电磁波 电场和磁场的周期性的振动。无线电波、光线、X 射线和 γ 射线——这一切都是电磁波。

四面体 有四个面的立体，每面都是一个三角形。

白云石 一种白色、灰色或微带别种颜色的矿物，成分是钙和镁的碳酸盐。$CaCO_3$ 的含量是 54%，$MgCO_3$ 的含量是 44%。

白云母 见云母条。

白云岩 是坚硬的沉积岩，主要成分是粒状的白云石这种矿物。在不同的地质年代的海水里都有白云岩沉积出来。可以用作耐火材料，用作鼓风炉里的熔剂，还可以用在化学工业上和建筑上。

白垩纪 在地壳生成史上是中生代的最后一个纪。又可以细分作下白垩和上白垩两个世。白垩纪的海底沉积物的特点是，能够书写的山垩堆聚成了极厚的地层。

白垩岩 一种有机生成的沉积岩，是白色柔软的细土状物。是由极小的贝类聚集成的，主要成分是碳酸钙。用在玻璃工业、水泥工业、橡胶工业、造纸工业和染料工业上，还可以用来制造粉笔等。

白钨矿 一种不透明的浅灰黄色矿物，有脂肪光泽，成分是钨酸钙（$CaWO_4$）。受到紫外线照射的时候能发射出美丽的浅蓝绿色光线。用途是提炼钨——在冶金上极重要的一种元素。

白榴石 一种白色或浅灰色的矿物，属硅酸盐类，含有铝和钾。常生成球状的二十四面体。是某几种喷出岩的成分。现在科学家正设法从白榴石里提出钾和铝来。

玄武岩 黑色或黑绿色的火成岩，有时候熔融的玄武岩从地底下喷出到地球表面上或水底下。里面的矿物含有多量的镁和铁。玄武岩呈六角柱状的劈理。

玄武岩底基 根据一些现代岩石学家的意见，玄武岩是最初的母岩浆，这种岩浆在坚硬的地壳下面形成玄武岩层。

闪长岩 一种浅灰绿色的火成岩，成分是斜长石和普通角闪石，有时候还含黑云母和石英（石英闪长岩）。因为有很大的黏性和硬度，所以是很好的建筑材料。

闪石 也叫作普通角闪石，是一种暗绿色、浅黑绿色或黑褐色的矿物，有玻璃光泽。是硅酸盐类的造岩矿物。生成致密的粒状和纤维状块。

闪电熔岩 像手指那样粗的管状岩石，是闪电打在沙上，把沙熔化以后生成的。

闪锌矿 有金刚石光泽的一种黄色、红褐色、绿色和黑色的矿物。成分是硫化锌（ZnS）。是提炼锌的矿物。它有铅的光泽，但是并不含铅，所以闪锌矿的原文名称有"欺骗"的意思。

半衰期 在物理学上，放射性元素原子的分量分裂到原来的一半所需要的时间叫作半衰期。每一种放射性元素都有固定的半衰期。半衰期的长短有短得不到一秒的，有长到百十亿年的。

尼禄（37～68）　罗马皇帝。

发光石　乌拉尔人叫那些可以拿来琢磨的宝石的名字，例如祖母绿、黄玉和蓝宝石等都是。

发晶　也叫作维纳斯发，是含有金红石和别的毛发状矿物的水晶、烟晶和紫水晶。

六画

约翰·赫歇尔（1792～1871）　英国天文学家，他的父亲威廉·赫歇尔也是英国杰出的天文学家。

老普林尼（24～79）　罗马科学家。在维苏威火山爆发的时候死去。他写了一部独特的百科全书，叫作《博物学》，一共有36卷，一直流传到今天；这部书除了生物学、植物学和医学方面的记述以外，还包括宇宙志、矿物学甚至艺术史方面的记述。

地壳　就是岩石圈，地球外部坚硬的壳，理论上地壳的厚度从地球表面算起一共只有15～17千米。但是有些科学家认为地壳厚到60千米。

地沥青　一种浅褐色或浅黑色的坚硬的沥青，通常氧化了的石油一变硬就生成地沥青。在70℃～110℃的温度下变软，温度再高就熔化。地沥青有天然的和人造的。

地质时代　地质年代上最大的时间单位，每一个时代相当于地质史上的一个界。地质时代有四个：太古代，古生代，中生代，新生代。

地球物理学　一门综合性的科学，内容是研究地球的物理性质和在地球内部进行的物理变化。

地震仪　也叫作地震计，是记录和测量地球内部和建筑物里的震动的仪器，这种震动是由于地震、爆炸、运输的作用、工厂机器的开动和别的原因引起的。

地震学　研究地震的科学。

亚里士多德（公元前384～前322年）　古希腊伟大的哲学家。他的著述概括了当时的每一门知识：逻辑学，心理学，自然科学，历史学，政治学，伦理学，美学。但是他的著述一种也没有流传下来，现在只能看到古代作者的著述里引证他的一些文句。

过磷酸石灰　一种矿物肥料，主要是硫酸钙和酸式磷酸钙的混合物。过磷酸石灰是应用极广的肥料。

压延 根据金属的受范性来用压力对它进行加工的主要方法之一。热的和冷的金属都可以压延，但是大部分金属都是在热的状况下进行压延的。

有孔虫 原生动物里的一类单细胞动物，有外壳，壳的主要成分是碳酸钙（$CaCO_3$），各个地质时代的海水沉积物里都有这种动物；有几种有孔虫可以用来测定岩石的地质年龄。

页岩 这种岩石不管成分和成因怎样，都有薄层结构，而且都有明显的片理，也就是说，可以分成平整而又平行的薄层或薄板；它可以是沉积岩，也可以是火成岩起了变质作用以后生成的。

达尔文（1809～1882） 英国伟大的自然科学家，他创造了生物进化的唯物的学说——达尔文主义。他是科学的进化论生物学的创始人。他的著作有《物种起源》等。他的学说在对生物界的认识上帮助唯物主义战胜了唯心主义，这就是达尔文的历史功绩。

成因 也就是起源。矿物学上关于成因的学说（矿物起源的学说），目的是确定矿物生成的作用和条件，并且研究矿物生成以后的变化。

轨道 （1）物体运动的路线。（2）天体在行星际空间围绕太阳运行的路线。

光卤石 一种透明的浅红色矿物。成分是含水的钾和镁的氯化物。光卤石能吸收水分，因而会在空气里潮解。光卤石是制造钾肥和提炼金属镁的矿物。

光谱分析 研究某种复杂物质的光谱来测定这种物质的化学成分的方法。这种方法非常灵敏。

同位素 同一种化学元素的原子量不同的原子，原子的质量数不同，但是原子核的电荷都一样，所以在门捷列夫周期表里占着同一个位置。

刚玉 一种矿物，成分是氧化铝（Al_2O_3）。它特别坚硬，能够刻划金刚石以外的一切矿物。透明而颜色匀净的刚玉晶体可以用作宝石。红色的刚玉叫作红宝石，蓝色的叫作蓝宝石。

刚铝石 是用人工方法从天然的铝硅酸盐或铝土矿里制出来的氧化铝（Al_2O_3）。参见研磨料条。

肉红玉髓 红色玉髓的旧名称，颜色从浅到深，也有红棕色到褐色的。

钇铀矿 一种矿物，含铀和一些稀土族元素。钇铀矿受热会放出大量的氦气来，这些氦气是这种矿物内部的铀在放射蜕变的过程当中生成的。科学家研究了钇铀矿放出来的气体而初次发现地球里也有氦气。在这以前，科学家只知道太阳上有氦气。

乔尔可夫斯基（1857～1937）俄罗斯杰出的科学家，自学成才的发明家，用毕生的精力研究火箭航空，他在这方面有很大的科学创造。

伟晶岩　岩浆的最后部分形成的不同成分的脉岩，这部分岩浆充满着许多种容易逸散和容易熔化的元素。许多岩石都能生成伟晶状，最著名的是伟晶花岗岩。伟晶花岗岩里的长石、石英、黑云母和白云母的晶粒都特别大，还常常聚集着宝石和稀有矿物。

伟晶岩晶洞　伟晶岩脉里的洞，是天然生成的。这种空洞的四壁上常常生成形状美丽的各种矿物的晶体。伟晶岩晶洞这个名称是乌拉尔采矿工人起的。

伦琴（1845～1923）德国著名的物理学家。他从1895年起特别出名，因为那年他发现了一种特别的射线，就叫作伦琴射线，也就是所谓X射线。

似曜岩类　一类熔化过的小玻璃块，曾经在地球上许多地方找到过。似曜岩类的成因到现在还没有得到充分的解释。有人认为它们是陨石。

负离子　见离子条。

多金属矿石　含有几种金属的矿石，最常见的是同时含有铜、锌、铅和银的矿石。

冰川　天然堆聚的冰块，由于自身的重力作用而像河流似的沿着山坡或山谷缓慢地向下移动。冰川在移动的路上破坏着它的河床，磨平着它河底突起的地方，冻在冰块里的碎石块也随着冰川的移动磨损着这些地方，这样，冰川就会把大量的碎石块和巨大的圆砾等（这些东西叫作冰碛）搬运到很远的地方去堆聚在那里。山地的冰川一流到山谷解冻的地方，就开始变成汹涌的河流。

冰洲石　见方解石条。

冰晶石　一种非常稀有的雪白的矿物，成分是铝和钠的氟化物（Na_3AlF_6）。熔融的冰晶石可以溶解氧化铝，用在金属铝的电解上，在玻璃工业和陶瓷工业上也用到冰晶石。现在已经能用人工方法制取。

次生矿物　在矿床里接近地球表面的地方，原生矿物由于受到地下水和空气里的氧气的作用而生成的矿物。

宇宙速度　天体在行星际空间的运动速度；宇宙速度比现在所知道的地球

上各种物体的运动速度都大好多倍。

宇宙射线 从宇宙空间射进地球大气圈的一种射线；有大量的能，因而射透力特别强。宇宙射线的本质到现在还没有得到肯定的解释。

红土 潮湿的亚热带地方岩石破坏后的红色生成物，形状像黏土。含有铁和铝的氧化物。外观像砖，用在建筑上；所以红土也叫砖红壤。

红宝石 刚玉的红色变种，可以用作首饰，用作表和计算器等的"钻"。也能用人工方法制造。参见刚玉条。

纤核磷灰石 也叫磷钙土，是有机生成的沉积的磷灰石。外观是结核状，碎片状或球状的，并且有辐射构造。混有少量黏土和石灰石的纤核磷灰石是有价值的矿物肥料。

约里奥－居里（1900～1958） 法国杰出的物理学家，现代最伟大的原子物理学家之一，著名的进步的社会活动家，加强国际和平斯大林奖金获得者，世界和平理事会主席。他在 1942 年加入了法国共产党。

七画

玛瑙 成层的带状玉髓，能生成不同颜色（白的、红的、黑的等）的层次。参见玉髓条。

花岗岩 一种火成岩，呈晶质粒状结构。成分是石英、长石和云母，有时候还含普通角闪石。花岗岩的颜色多种多样，从白色到黑色，或者从浅粉红色到暗红色。花岗岩坚硬美观，又能生成巨大的单一岩，所以它是贵重的建筑材料、装饰表面用的雕刻材料和耐酸材料。

克利奥帕特拉（公元前 69～前 30 年） 最后一个埃及女王。

克拉 宝石的重量单位，等于 200 毫克。1 克等于 5 克拉。

李比希（1803～1873） 19 世纪最伟大的化学家之一。农业化学和土壤学的创始者。他对有机化学的贡献非常大。

辰砂 一种金刚石光泽的红色矿物。成分是硫化汞。辰砂是主要的汞矿石。

针铁矿 也叫作歌德石，是一种脆的矿物，呈浅红黄色或黑褐色，成分是含水的铁的氧化物。针铁矿和其他铁的氧化物都用来炼铁。

希罗多德（公元前 484～前 425 年左右） 古希腊历史学家，后人称他作"历史学之父"。他写过《希腊波斯战争史》，但是没有写完。

角砾云母橄榄岩 颜色深得发黑的一种火成岩，主要成分是橄榄石、褐色的云母和辉石，这种火成岩是在火山爆发的时候巨大的漏斗状火山口里凝成的；在南非洲和美洲，角砾云母橄榄岩里含有金刚石晶体。

条带状大理岩 不同颜色的方解石生成的带状沉积物。可以用作美丽的装饰材料。

条带状玛瑙 玛瑙的一种；形成白和黑、白和红或别的不同颜色间隔着的层次。层面很平而条纹又很直的条带状玛瑙可以用来制造小巧的浮雕和别的细工制品。

库尔斯克地磁异常区 库尔斯克城附近面积很大的一个地区，磁针在这个地区里偏斜得很厉害，这是因为这里有储藏量丰富的磁铁矿。

辛烷值 测定液体燃料抗震性能的一种单位。把异辛烷的辛烷值定作100，把震性极大的庚烷的辛烷值定作0；差不多一切别的液体燃料的辛烷值都在100和0之间。

沥青 各种烃的混合物的统称，自然界里产的沥青有气态的（石油气），有液态的（石油，地沥青），也有固态的（地蜡）。沥青常常渗透在石灰岩、页岩和砂岩这些岩石里面，这类岩石就叫作沥青岩。

沙 细小松散的石粒，是各种矿物（石英，长石等）的圆的或尖角的颗粒，大的有2毫米，小的只有0.02毫米。沙是岩石经过崩坏、漂移、沉积等作用而生成的。采集沙的目的非常多。根据它在技术上的用途可以分成许多种：建筑用沙，玻璃用沙，铸型用沙，研磨用沙，过滤用沙等。

沃克兰（1763～1829） 法国化学家。1797年，他在西伯利亚的红色铅矿石里发现了铬。同年他在绿柱石这种矿物里发现了一种金属氧化物，这种金属是以前所不知道的，就是铍。他在有机生成的矿物质方面研究得很多。

沉积岩 物质受了重力的作用成层地沉积而成的岩石，大部分是从水里沉淀出来的，例如石灰岩和砂岩等都是。

阿尔戈船上的勇士 希腊传说里的英雄，他们乘着阿尔戈船在伊阿宋指挥下到科尔希达（现在的南高加索）去寻找金羊毛。关于阿尔戈船勇士的神话，反映了希腊初期的殖民史。

阿兹特克人 墨西哥最大的印第安种族之一。1519～1521年，西班牙人征服了墨西哥，这个种族从此得不到独立发展。

阿格里科拉 德国医师、矿物学家兼冶金学家乔治·拜耳（1494～1555）的拉丁名字。他写的《论采矿业》在一连两个世纪里都是采矿技术和冶金技术上的参考书。

纯橄榄岩 一种深成火成岩，主要成分是橄榄石这种矿物。

八画

环礁 一种珊瑚岛，形成接连的或间断的环，围在当中的叫作潟湖。环礁是在外海里生成的。这种岛可能生成一个孤岛，也可能分布成许多群岛。

青铜 现在所谓青铜，是指铜跟一些别的元素的合金，主要是跟别的金属的合金。就在几十年前，"青铜"这个名称还是专指铜和锡的合金说的。

帕尔姆海 二叠纪里的一个海。

拉瓦锡（1743～1794） 法国的伟大化学家。他绘制了法国的矿物分布图，因而当选法国科学院院士。

拉长石 属于长石群的一种矿物，呈浅灰蓝色或黑色，有美丽的虹彩，很像孔雀的羽毛。

拉长石岩 一种混合结晶岩，主要成分是拉长石。是很好的建筑材料和装饰用的石头。

构造地质学 地质学的一个分支，是研究岩层构造和岩层变位的一门科学。

矾土 成分是氧化铝（Al_2O_3）。含在好多种岩石和矿物（铝硅酸盐）里面。矾土在工业上主要是用铝土矿制取的。自然界里的矾土有刚玉等矿物。

矾类 一类硫酸盐复盐的总称。自然界里产得最多的是铝明矾（明矾石）和铁明矾。

矿井 矿山里挖的竖的或斜的规模很大的坑道，地面上有一个出口，可以把地下的矿物运送上来。矿井有时候可以深达3000米，或者更深。

矿石 矿物或岩石，里面有用矿物的含量多到有开采价值的。

矿块 矿物的样品，常常连着含这种矿物的岩石。

矿床 地壳里天然聚集着矿石的地方，在产状、大小和所含金属的百分比方面是值得开采的。

矿泉 溶解着大量无机物的泉水。

尼普顿 古罗马神话里的水神、河神和雨神。后来由于海外贸易发达，尼普顿就逐渐专指海神，成了海员的保护神。

轮机压气机 利用轮机使气体膨胀来进行冷却的一种机器。用来从空气里提取氧气和别的气体。

软玉 一种乳白色、灰色、苹果绿色直到暗黑色、差不多墨绿色的矿物。是含有钙、镁和铁的闪石。不透明，但是薄片可以透光。可以磨得很光。硬度大，有韧性，有极细微的交错着的纤维结构，所以很有价值。它可以用作细工材料，在技术上也有用处。

虎眼石 黄褐色或浅黑褐色的石英，由于它含有纤维状的普通角闪石，所以显金色闪光。

果里岑（Борис Борисович Голицьгн，1862～1916） 俄罗斯物理学家，科学院院士，地震学的创始人。他的科学著述很多。

明矾石 白色或红褐色的矿物，是天然的硫酸钾铝。

易裂钙铁辉石 透辉石的一种，成分是石灰质的铁的硅酸盐，颜色是暗色的或暗绿色的，产在贝加尔湖，所以也

叫作贝加尔石。

岩石 天然的矿物聚集，由于共同的生成作用而结合在一起，成分和结构或多或少是固定的。根据成因，岩石可以分作岩浆岩（火成岩）、沉积岩和变质岩三类。

岩石学 地质学的一个分支，是研究岩石的成分和结构的一门科学。

岩石圈 见地壳条。

岩脉 岩石里的裂缝，里面填充着某些矿物，这些矿物是从岩浆、热溶液或冷溶液里结晶出来的。

岩盐 成分是氯化钠 NaCl（含钠 39.39%，氯 60.61%）。有咸味。可以食用，所以也叫作食盐。大家知道，食盐放在潮湿的空气里就发潮，这是因为食盐里含有杂质。岩盐是早在过去地质年代的海底和湖底生成的。现在岩盐夹在岩石的内部形成了致密的岩层。此外，食盐也有沉积在地球表面上的，主要是沉积在草原地带和沙漠地带，这就是所谓白霜，是薄膜状的和层状的。

岩浆 希腊文的原意是指"面团"，是坚硬的地壳下面火热的液态熔化物。化学成分是各种复杂的硅酸盐。岩浆随着温度、压力和其他因素的变化

而分布在不同的地区里，这些地区里岩浆的成分各不相同，每个地区里的岩浆凝固以后都生成一种特别的岩石。

岩浆岩　也叫作火成岩，是熔化的岩浆在冷却凝固以后生成的各种岩石。岩浆岩有深成岩和喷出岩两类：深成岩是在地下深处凝成的（花岗岩、橄榄岩、辉长岩等）；喷出岩是岩浆喷到地面上来以后凝成的，例如火山爆发的时候从火山口里喷出来凝成的岩石就是（安山岩、玄武岩、流纹岩等）。

岩盖　岩浆岩侵入地壳的一种形状，常形成大块凸起的物体，或者像圆面包，或者像蘑菇的盖。岩浆没有到达地面就在地下凝固，这时候岩浆上方的地层就弯成穹窿状，这就是岩盖的成因。岩盖上方的沉积岩受到风化和侵蚀以后，岩盖就会露出地面而形成小山，例如别什套山、马舒克山（北高加索）和阿尤达格山（克里木）等都是。

季米里亚捷夫（1843～1920）　俄罗斯伟大的科学家，革命家，植物生理学家，又是达尔文进化论的热心宣传者。

质子　带有正电荷的一种物质基本粒子。质子和中子共同构成原子的核。核里的质子数等于核外带有负电荷的电子数，因而也等于元素的原子序数。

质谱仪　测定各种化学元素里的同位素分量的一种仪器。

舍勒（1742～1786）　瑞典杰出的化学家，他发现了氧、氯和锰。

金刚石　结晶的碳的一种。在已经知道的天然矿物里是最硬的。常见的是无色的或者稍带颜色，黑色的很少见。是极贵重的宝石，也是极好的技术上用的石头。是在高压和高温下从熔化的岩浆里结晶出来的。

金红石　一种矿物，成分是二氧化钛（TiO_2）；生成褐色和肉红色的晶体。有时候在石英体里生成纤细的毛发状，叫作"发晶"，也叫作"维纳斯发"。

金绿宝石　一种透明的绿色矿物，含铍和铝（$BeAl_2O_4$），并混有少量的铁，有时候还混有少量的铬。是一种稀有的宝石（它的原文名称是指"金色的绿柱石"）。

金属渣　熔化的金属（铁，铜）表面上的皮壳，是由于跟空气接触而生成的。渣的成分不固定，要看温度的高低和空气充足到什么程度。

变质作用　见变质岩条。

变质岩　火成岩或沉积岩生成以后

在矿物成分、化学成分和结构方面起了变化（变质作用）的一种岩石；有深成变质岩（结晶页岩，云母页岩，片麻岩等），有接触变质岩（角页岩，电气石页岩等），还有局部再熔化而生成的变质岩。

放射虫 原生动物里极小的一类单细胞动物。放射虫的骨骼非常特别而且多种多样，骨骼的主要成分是二氧化硅。

放射性 一种物理现象，就是某些化学元素，主要是周期表里最后的几种元素，它们的原子会自动进行分裂——蜕变。元素进行这样放射蜕变的结果，一种元素的原子就会变成另一种元素的原子。

单矿岩 单由一种矿物组成的岩石。

炉料 添在熔矿炉里的材料，是矿石和各种必要的补助原料的混合物，这些成分是按照一定的比率混合着的，这样就可以熔炼出来非常纯净的金属。

泥灰岩 黏土和石灰石按不同比率混合而成的一种沉积岩（黏土质泥灰岩和灰质泥灰岩）。如果泥灰岩含碳酸钙 $75\% \sim 80\%$，含黏土 $20\% \sim 25\%$，这样的泥灰岩就适宜制造波特兰水泥而不必再加什么别的东西（这样的泥灰岩叫作水泥泥灰岩或天然水泥）。

玻意耳（1627～1694） 英国著名的化学家兼物理学家。

居里夫人（1867～1934） 杰出的科学家，放射性物质学说的创始人之一，巴黎大学的第一个女教授。她发现了钋和镭（1898 年）。

孟加拉烟火 成分不同的各种烟火，燃烧得很慢，并生成白亮的或有色的火焰。可以用来照明，也用来制造烟火。烟火的颜色因它所含的化学元素不同而不同（例如锶能生成红色的火焰等）。

九画

珊瑚虫 海生的腔肠动物。大部分都成群地过活，而且在海里是停住不动的。骨骼里含有石灰质。

珊瑚礁 水面下的或者隆起在水面上的石礁，主要是由石灰质的珊瑚虫群生成的。珊瑚礁完全分布在热带的海洋里，大陆沿岸附近，靠近岛屿的地方，或者外海里水浅的地方。

荧光 物质不是由于灼热而是由于表面受到太阳光、电弧的光、紫外线或 X 射线的照射而发光的现象。一停止对这种物质照射，它也就立即停止发光。

研磨料　硬度很大的物质，碎裂的时候能生成有棱角的颗粒。金属、石头和玻璃等都要用研磨料来进行切削、锯断、钻孔、车光、磨平、麻光和各种别的加工。重要的天然研磨料有：金刚石、刚玉、石榴石、燧石、石英、沙石和浮石；人造的研磨料有合成的刚玉（电刚玉，刚铝石）、金刚砂（石英和碳的合金）、司太立合金、钨碳合金和碳化硼。研磨料在技术上的用途极大。

钙铬榴石　翠绿色的含钙和铬的石榴石。

钛铁矿　一种半金属的不透明的黑色矿物，成分是 $FeTiO_3$。是提炼钛的重要矿石。

钟乳石　石灰岩地带的地下山洞和坑道里大量生成的泉华，成分是方解石和其他矿物；钟乳石都从洞顶和洞壁的上方垂下来呈柱状（像冰柱）。

钢　碳和铁的一类合金，多少有些可锻性，还可以含另一些化学元素。

选矿　是矿石的初步加工，目的是清除矿石里的废石或别的矿物。

重砂　含金的和含铂的沙砾经过冲洗以后的剩余部分，是由比重大的矿物组成的。由于它所含的矿物不同，有黑色的和灰色的两类。

重晶石　比重大而不透明的一种矿物，成分是硫酸钡（$BaSO_4$）。通常是无色的，也有呈黄色、红色、蓝色和别的颜色的。广泛地用来制造白色颜料和化学试剂等。

修斯（1831～1914）　奥地利的地质学家。他的主要著作是《地球的轮廓》，这部著作促进了地质学的许多分支的发展。

炼金术　化学在中世纪的名称。通常把科学的化学发展以前的时代叫作炼金术时代。

洪堡（1769～1859）　德国杰出的自然科学家和旅行家。

恒星系　多少万个炽热的恒星组成恒星系，宇宙里有许许多多个恒星系。我们的太阳也属于一个恒星系，叫作银河系，太阳只是银河系里多少万个自己会发光的恒星之一。

祖母绿　见绿柱石条。

陨石　掉在地球表面上的铁块或石块，是进入大气圈的流星体没有完全烧毁的剩余部分。

陨石学　专门研究陨石以及陨石掉

到地球上来的条件的一门科学。

结晶学　研究晶体的科学；研究晶体的形状、光学性质、电学性质、机械性质和别的性质，研究有关晶体的产生和成长的问题，并且研究晶体跟各种化学成分的关系。

十画

起偏振片　用特别的晶体制成的薄片，这种薄片能把天然的光变成偏振光。

盐土　渗透了大量盐的土，表面上结成了薄层的盐，或者散布着细小的盐粒晶体，显出一片白色。

盐沼地　在干涸了的湖沼的地方形成的盐土，能清楚地看出来原先沿岸的界线的。

埃　长度的单位，等于一厘米的一亿分之一，也就是 $1×10^{-8}$ 厘米。记号是 A。主要用在光学上来测量光波的波长，还用在原子物理学上。这个单位的名字是从一个瑞典科学家埃斯特朗的名字得来的，他在 1868 年首先使用了这个单位。

荷马　传说里的古希腊写叙事诗的诗人。

真空　在密闭的容器里空气极其稀薄的空间。

原子　希腊文原意指"不可分的"，是化学元素最小的粒子。在 19 世纪中叶以前，科学家认为原子是绝对不可分而又绝对不变的物质粒子。到 20 世纪初，科学家证明了原子只是在化学上是不可分的。

钻井　一种特别的矿山坑道，横截面是圆的，口径不大，而深度极大。钻井是用冲击式的或旋转式的钻孔工具来钻凿成的。为了测定矿体的大小和品质，为了开采石油、硫和取地下水等，都需要钻井。现代钻井的深度已经超过 5000 米。

钻石　琢磨成某种形状的金刚石。用作最贵重的装饰品。

钻石轴承　用非常坚硬的矿物制造的轴承，主要是用红宝石（天然出产的和人造的）制造的。是安在精密的机械上来支持迅速旋转的轴。表里的"钻"就是一个例子。

铁矿石　含铁 25%～70% 的各种矿物。铁跟氧的各种化合物都是铁矿石：赤铁矿（包括镜铁矿），磁铁矿，褐铁矿，褐铁矿的变种（黄色赭石，含水针铁矿，等等），针铁矿，菱铁矿，铁石英岩等。铁跟硫的化合物不适宜用来提炼铁。

铌钇矿 也叫作萨马尔斯基石，是一种天鹅绒黑色的稀有矿物，成分是铌酸盐类和钽酸盐类。

铌钛铁铀矿 稀有的红褐色的放射性矿物；成分是铀、铁和另一些金属的铌酸盐和钛酸盐。最早是在马达加斯加岛发现的。

铌铁矿 一种稀有的不透明的黑褐色矿物，成分是铁和锰跟铌和钛的化合物。是制取钛和铌这两种稀有金属的矿物。主要产在伟晶花岗岩脉里。

铍青铜 铜和铍的混合物（铍的含量是 2%～2.5%），坚韧性和弹性都很大，导电性和导热性也很强。用来制造弹簧，制造起重要作用的弹性零件；也用来制造在高温高压下用高速度动作的齿轮、轮壳和轴承。

射气 放射性元素蜕变生成的气体。

高山病 一种病，是人升到很高的山上受了低气压的作用而产生的结果。

高岭土 一种瓷土，最初是在中国江西景德镇的高岭开采的（那里有高岭土层），因而得名；颜色很浅，通常是白色的，常生成疏松的细粒土状，成分几乎只有高岭石这一种矿物。纯净的高岭土有很大的耐火力，熔点是 1750℃。高岭土是由含长石很多的岩石分解而成的。在陶瓷工业、造纸工业、橡胶工业、化学工业和别的工业部门上都有用途。

高岭石 一种不透明而没有光泽的白色矿物，成分是 $Al(OH)_4[Si_2O_5]$，含大约 40% 的矾土（氧化铝），其余是二氧化硅和水。

离子 带有正电荷或负电荷的原子、分子、分子的一部分或者分子团。物质电解的时候，带正电的离子向负极移动，这样的离子叫作正离子（例如盐里的金属离子和酸里的氢离子）；同时，带负电的离子向正极移动，这样的离子叫作负离子。带有不同电荷的离子互相吸引，这就是它们化合成分子的原因。

烟煤 一种黑色的煤，含碳 70%～90%，参见煤条。

海王星 太阳系的第八个行星，是 1846 年发现的。

海蓝宝石 透明的绿柱石的一种，有像海水那样的蓝绿色；是一种贵重的宝石。

流星 像一颗星落下来似的发光现象，是由重不到一克的固态小颗粒从行星际空间侵入了地球的大气圈而发生的。

流星体 固态的铁块和石块，轻的不到一克，重的有好几千吨，是在行星际空间绕着太阳运动的独立的天体。流星体一侵入地球的大气圈，地面上就可以看到流星或火流星的现象，有时候就有陨石掉到地面上来。

陶瓷器 是把黏土或黏土加上别的矿物质烧成的制品。陶瓷器这类制品很多：建筑用的砖，瓦，瓷砖，花砖，透化硬砖，水道管，排水管，耐火制品，耐酸制品，陶器，釉陶，瓷器。早在石器时代，人们就开始用简陋的方法烧制陶瓷器。

验电器 检查物体带不带电或粗略地测量两个物体之间的电位差的仪器。

十一画

探井 竖直的浅井，是为了勘探矿床而挖掘的。

基什拉克 乌兹别克语，指中亚的居民点。

菱镁矿 白色的或稍带其他颜色的一种矿物。化学成分是碳酸镁。是制造

冶金炉等的极好的耐火材料。

黄玉 有很强的玻璃光泽的一种矿物，有透明的、微透光的和不透明的，颜色有无色、酒黄色、浅绿色、青蓝色、浅红色等。化学成分是铝的氟硅酸盐。透明而又美丽的黄玉晶体可以用作宝石。

黄铁矿 一种金黄色的矿物，成分是铁的硫化物（FeS_2），含铁46.7%，含硫53.3%。在自然界里分布得非常广，主要用途是制造硫酸、绿矾、矾类和硫。

黄铁矿类 铜和铁（以及镍和钴）的有颜色的硫化物，有金属光泽。黄铁矿和黄铜矿就是这一类矿物的例子。

黄铜矿 一种黄铜色矿物，含铜35%，硫35%，铁30%。是主要的铜矿石之一。

萤石 从透明到不透明的一种矿物，大部分显不同色调的紫色、绿色、蓝色和灰色，有玻璃光泽；化学成分是氟化钙。在冶金工业上用作熔剂，来降低矿石熔化的温度，在化学工业上用来制造氢氟酸，又用来浸枕木，在陶瓷工业和玻璃工业上也要用到。透明的萤石晶体可以用在光学上——叫作光学萤石。比较漂亮的萤石可以用作细工材

料。萤石有一种淡紫红色的土状变种，叫作土状萤石。

硅钛钠石 一种紫色的稀有矿物，成分是钛硅酸的钠盐，含在霞石正长岩的伟晶岩里。

硅铍石 一种透明到半透明的矿物，显鲜艳的酒黄色，也有显浅红色的，成分是铍的硅酸盐。

硅铍钇矿 也叫作加多林石，是一种黑色的或浅黑绿色的稀有矿物，成分是稀土族元素的复杂的硅酸盐。

硅酸盐类 一大群矿物的总称，成分是硅和好多种其他元素（各种各样天然的硅酸盐）。硅酸盐类是地壳里最大的一群矿物；包括长石、云母、普通角闪石、辉石和高岭土等矿物。

硅藻 极小的单细胞的海藻，有介壳（薄膜），壳的成分是二氧化硅。硅藻分布在全世界各处的淡水和海水里面。是一种造岩生物，能生成厚层的硅藻石和硅藻土。这样聚集起来的硅藻石和硅藻土有很大的经济价值，可以用作建筑材料和研磨料。

雪崩 大量的雪和冰从高山的山坡上崩塌下来的现象。

蛇纹石 含水的硅酸镁，里面含有少量的铁、铬和镍；最常见的蛇纹石是从葱绿色到浅红绿色的。可以用作装饰品。

蛇纹岩 一种致密的绿色次生岩石，成分是蛇纹石、磁铁矿、铬铁矿和其他矿物；里面常有绿色、黑色、灰色、白色、红色和黄色的斑点，很像蛇皮。

铝土矿 一种黏土质岩，通常是白色的，有时候显浅红色，成分是铝、铁和钛的氧化物的含水化合物。是提炼铝的原料。

铝硅酸盐 属硅酸盐类，主要成分是氧化铝，也就是矾土。

铬铁矿 比重很大的一种矿物，显黑色或浅黑褐色。常生成粒状和致密的块状。是一种提炼铬的矿石。

铱锇矿 一种稀有的铂族元素矿物，成分是锇跟铱的天然合金。

偏振光显微镜 研究结晶物质的一种显微镜。主要是用来研究岩石和矿物的。

假像 矿物生成的有晶体结构的、然而不是这种矿物所应该有的形状。这种矿物的外观像别种矿物，像埋在地底下的木头或者贝壳。

斜长石 见长石条。

猫儿眼 透明的浅绿色石英，含有石棉的细纤维，所以显丝状光泽。猫儿眼，特别是磨过了的猫儿眼，能够闪出很漂亮的带状光彩。

孔波斯特拉红宝石 一种稀有的鲜红色石英晶体，产在中亚的山洞里，西班牙也有出产。

羟钒矿 非常稀有的一种红色美丽的矿物；成分是天然的钒酸（$V_2O5 \cdot H_2O$）。产在中亚。

格德罗依茨（Константин Казтанович Гедройц，1872～1932）苏联土壤学家兼农业化学家，1929年起当选科学院院士。他创立了一种学说，论述土壤的胶体以及这种胶体在土壤的生成和土壤肥沃性上的作用。

混凝土 人造的砾石质的材料，是一种坚硬的混合物，成分是胶结的物质（水泥）、水和天然或人造的石质填料（沙，小粒矿渣，小的砾石，碎石子）。

淤泥 江湖海洋底部的沉积物，主要成分是细小的黏土粒，大小不到0.01毫米。通常还把黏性小而水分多的软泥叫作淤泥。

蛋白石 一种非晶质结构（玻璃状）的矿物，成分是含水的二氧化硅，水的含量不固定。外观有各种各样。主要的几种是透明的、晕色的和色泽匀净的（贵蛋白石、玻璃蛋白石、水蛋白石、火蛋白石等），各种普通的蛋白石都没有晕色，也不完全透明（乳蛋白石和蜡蛋白石等）；各种半蛋白石有稍稍透光的或不透明的，里面含有多种混合的杂质（玛瑙蛋白石、碧石蛋白石、玉髓蛋白石等）；美蛋白石是一种白色瓷状的蛋白石。蛋白石在自然界里分布很广，是从热溶液和冷溶液里析出来的。海底聚集着大量的蛋白石物质，是各种海生动物和植物（放射虫类、海绵类和硅藻类）进行生活作用的结果。

绿泥石类 一类矿物，成分是含水的镁的铝硅酸盐，一部分氧化镁和氧化铝可以被铁的氧化物所替代。颜色都是绿的，但是深浅不同，也有深得呈黑色的；这类矿物里还常常混有黑云母、普通角闪石和辉石。跟云母一样，这一类矿物也可以分成一片一片的，但是没有弹性，这是跟云母不同的地方。

绿柱石 提取金属铍的主要矿物。主要成分是硅、铝和铍（铍的氧化物的含量达到14%）。无色，或者呈浅绿色和浅黄色。有许多透明的、颜色美丽的变种：祖母绿（鲜绿色），海蓝宝石（海水的颜色），红绿柱石（粉红色），等等。纯净的和颜色美丽的绿柱石都是宝石，祖母绿的价值特别大。

绿高岭石　一种土状的苹果绿色的稀有矿物，成分是铁的氧化物和硅酸盐；是原生的硅酸盐经过风化而变成的。

十二画

琥珀　针叶树树脂凝成的致密块状的化石，主要是第三纪的针叶树树脂凝成的。颜色从乳白色、铜黄色、褐色到深橙色和浅红色。性脆，但是很容易车圆和磨光。燃烧的时候有香味。在化学工业上和电工技术上都有用处，还可以用作细工材料。

斑岩　凡是含有大的晶体和大的矿物颗粒（长石，石英）的岩石都叫作斑岩，这种晶体和颗粒嵌在由比较小的颗粒所组成的岩石主要成分里。

超声波　频率超过听觉的最大限度的机械振动。

超基性岩　这类岩石含镁和钙等金属（都是碱性的）特别多，也含氧化亚铁；硅酸的含量有 4.5%。一切超基性岩都是深色的（绿色或黑色），比重也大，是地下很深的岩浆生成的。

超短波　波长不到 10 米的电磁振荡。

斯特拉波（公元前 63～公元 20 年）希腊著名的哲学家和历史学家。到小亚细亚、叙利亚、埃及、意大利和希腊旅行过许多次。他写了一部 17 卷的《地理》，这部书差不多很完整地流传到了今天。已经有许多种文字的译本，包括俄文译本。

《斯堪的纳维亚古事记》　古代斯堪的纳维亚的传说，是全世界闻名的一部记事文献。

硝石　钾的硝酸盐，自然界里的硝石都在沙漠地区生成白色的薄壳覆在地面上，也有生成大块岩石和别的形状的。硝石可以用作肥料，也可以制造炸药。

紫水晶　紫色透明的矿物。是石英的一种。参见石英条。

紫外线　波长从 4 万埃到 100 埃的电磁波的总称。

紫锂辉石　透明的浅紫色或粉红色的一种锂辉石，锂辉石是含锂和铝的硅酸盐的一种矿物。紫锂辉石可以用作宝石。

辉长岩 一种深成火成岩。含铁、钙和镁很多，含硅酸很少。颜色是黑的、浅绿的或者灰的。是极好的建筑材料。

辉石 含铁、钙和镁很多的硅酸盐，化学成分很复杂；有灰色的、浅黄色的和绿色的，直到黑色的。有玻璃光泽。它的变种相当多（顽辉石、古铜辉石、紫苏辉石、透辉石等）。这一类矿物的代表是普通辉石。

辉钼矿 一种铅灰色有金属光泽的矿物。化学成分是二硫化钼（MoS_2）。是主要的钼矿石。

辉锑矿 铅灰色有金属光泽的矿物，还常有五彩的晕色。成分是硫化锑（Sb_2S_3）。常生成针状晶体和致密的块状。用途是制取锑。

喷气孔 火山附近喷出气体的孔，喷出的气体流含硫化氢和二氧化碳，并含少量的氨和沼气。最著名的喷气孔在意大利的托斯卡纳。它喷出的气流里面含有硼酸，可以提出来供工业上使用。从喷气孔里来的水蒸气可以用在暖气装置上。

晶体 由原子或离子构成的有规则的几何结构，这些离子或原子都分布在结晶格子的交点上。早在公元前就有"晶体"这个名词，那时候是指水晶说的，那时候的人们以为水晶就是石化的冰。到了后来，人们就把天然出产有多面体形状的一切矿物都叫作晶体。结晶学就是专研究各种晶体的。

晶洞 岩石里的空洞，有圆形的和椭圆形的，扁豆形状的比较少；空洞的四壁上有各种矿物的晶体。

喀斯特 也叫作溶解陷穴或岩洞，是有能在水里溶解的和能被水渗透的岩石——石灰岩，白云岩，石膏——的地方特有的地形。由于岩石受到地下水的淋蚀，地面上就逐渐出现塌陷漏斗和闭塞洼地，而在地底下也出现洞穴。这些地带的河流常常流进裂缝和塌陷漏斗里，流到地下，然后又流出到地面上来。喀斯特现象在克里木、乌拉尔和在西伯利亚的一些地区正在发展。

黑云母 见云母条。

黑钨矿 一种浅黑褐色矿物，含有钨、铁和锰。钨的含量达到50%，全世界95%的钨都是从黑钨矿里提炼出来的。用途是炼钢和制造颜料。

黑晶 几乎全黑的水晶，但是薄的

黑晶碎片能透露褐色。把黑晶小心地加热（放在面包里烘焙），它的颜色就会变浅，变成黄色，可以用来做宝石。如果继续加热，它的颜色就会褪尽。它的颜色的成分和成因还都不清楚。参见石英条。

智利硝石 钠的硝酸盐。参见硝石条。

氰化法 从岩石里提取金的一种方法。这种方法是使岩石里细小分散的金粒溶解在氰化钾的水溶液里。

普通角闪石 见闪石条。

普鲁托 古希腊神话里冥府（地狱）的神。

道库恰耶夫（1846～1903） 俄罗斯伟大的自然科学家，他奠定了现代科学的土壤学和自然界的综合研究方法。他的研究方法是科学的地理学的基础。他的经典著作是《俄罗斯的黑土》（1883年）。

滑石 最软的矿物之一，成分是硅酸镁，有银白、浅绿和浅黄各种颜色，特点是有脂肪光泽和珍珠的闪光，并有滑腻的感觉。粉末状的滑石在卫生上可以用作爽身粉，在橡胶工业、造纸工业、颜料工业和另外一些工业部门上都

可以用作填料；板状的整块滑石可以用作耐火、耐酸和电绝缘材料。有一个致密的变种叫作块滑石。

富铀烧绿石 也叫作门捷列夫石，是一种稀有的黑色矿物，含铌和钽。

十三画

蓝宝石 见刚玉条。

蓝柱石 非常稀有的一种透明的矿物，显蓝色或浅蓝绿色，属硅酸盐类，成分跟绿柱石非常近似。是一种美丽的宝石。

蓝晶石 一种美丽的青蓝色矿物，从能隐约透光到完全透明。含60%左右的氧化铝。用作极好的耐火材料和耐酸材料，透明的和颜色美丽的经过琢磨以后可以用作宝石。

硼砂 它的成分是十水四硼酸钠：$Na_2B_4O_7 \cdot 10H_2O$。很容易溶解金属的氧化物，所以在焊接金属的时候可以用来擦净金属的表面。也用在陶瓷工业、制革工业、医药上等。

硼酸 一种弱酸，成分是 H_3BO_3，自然界里有天然产的，就叫天然硼酸。是一种白色晶体，形状像鳞片。

雷汞 成分是 $Hg(ONC)_2$，是汞的

雷酸盐。白色或灰色的晶体，有毒。受到碰撞、摩擦以及受热和受到一些浓酸的作用都很容易爆炸。因此，处理雷汞的时候一定要十分小心。用作起爆药。

输送机 也叫作输送带，是车间的内部或者车间相互间为了不停地大量运送货物所用的一种装置，在建筑工地、转载地点和仓库等地方常常使用。

锡石 一种矿物，颜色从褐到黑不等；成分是二氧化锡（SnO_2），锡的含量达到79%。是最重要的锡矿石。

锰矿 在沉积岩里生成的锰的各种氧化物。锰矿里重要的矿物有硬锰矿、软锰矿和水锰矿。

微米 一毫米的千分之一。

煤 大量聚集的各种生物残骸——主要是植物残骸——在漫长的地质年代里逐渐发生变化而形成的产物。煤都生成层状，常跟黏土、砂岩和其他岩石的层次交错在一起。煤层的厚度薄的不到一厘米，厚的有几米。煤分作无烟煤、烟煤和褐煤三种。

裾 平原上长条倾斜的冲积物，是流水冲刷岩石生成的。

十四画

碧石 玉髓这类矿物里的一种，混有大量杂质，这些杂质都是细小分散的染色物质。自然界里常有大量聚集着。很坚实，硬度也大，颜色又美丽而且多种多样，所以在技术上和艺术上都有很大的价值。

赫拉克利特（公元前530～前470年左右） 古希腊杰出的唯物主义哲学家。

碳化物 金属和碳的化合物，是用碳和金属或金属的氧化物作用制得的。

碳酸矿泉 基斯洛沃德斯克城里的矿泉。泉水里溶解着多种盐和大量的二氧化碳，所以这种泉水可以治病。

碳酸盐 碳酸的盐类。碳酸盐在自然界里分布很广。

磁铁矿 一种黑色不透明的矿物，成分是氧化铁和氧化亚铁；磁性极强，有时候能够生成大山脉（例如乌拉尔的马格尼特那亚山和维索卡亚山）。是最重要的铁矿石。参见铁矿石条。

雌黄 一种黄色矿物，常生成页状和柱状块，成分是砷的硫化物。

镀铬钢 镀了铬的钢。特点是表面坚硬，不受化学作用侵蚀。

腐殖酸 含在天然腐殖土里的腐殖质里的酸性部分。这是复杂的有机物，在植物栽培上起着很大的作用。

熔岩 火热的液态物质（岩浆），是从火山口里或者从地球表面的裂缝里流出来的。凝固以后就形成各种火山岩。熔岩可以形成急流（在火山的山坡上），也可以形成地面的覆盖物（从地面的裂缝里流散开来的时候），这样凝成的火山岩有时候占极大的面积。

熔剂 熔化矿石的时候加进去的矿物，目的是使矿石容易熔化，使金属跟熔化了的废石（矿渣）分离开来。石英、石灰石、萤石以及另一些矿物和岩石都可以用作熔剂。

褐铁矿 铁的氧化物的各种水化物所生成的胶状沉积物，成分不固定。是提炼铁的一种矿石。参见铁矿石条。

褐煤 煤的一种。含碳 50% ～ 90%，灰分和硫的含量比较多。广泛地用作燃料。

十五画

赭石 重金属氧化以后生成的黄色土状物（例如钒、钨、铁、铬和铅等氧化以后都能生成赭石）。有一类赭石可以用作颜料，成分是铁的各种氢氧化物，里面含有不同量的水分，颜色从土黄色到红色。

橄榄石 一种黄绿色、橄榄色或黄褐色的矿物，有玻璃光泽，能隐约透光。成分是铁和镁的硅酸盐。生成板状晶体和粒状。透明而显金绿色的橄榄石叫作贵橄榄石，可以磨成宝石。

橄榄岩 一种深灰色或黑色的结晶深成火成岩，成分是橄榄石和辉石这两种矿物。里面含铁和镁很多。

德谟克利特（公元前 460 ～前 370年左右） 希腊伟大的唯物主义哲学家。

潟湖 浅水的港湾，跟海（或湖）隔着一条冲积成的泥沙地带——沙洲。根据当地的气候条件，潟湖的水可能是咸的，也可能稍带咸味；潟湖的水之所以含盐，是因为海水定期地冲进里面来。潟湖里的生物总是比海里的生物少。

十六画

凝灰岩 也叫作火山凝灰岩，是火山灰压紧在一起而形成的岩石。颜色从浅灰色、浅紫色到黑色。

十七画

磷灰石　一种矿物，成分是含有氟和氯的磷酸钙。用途是制造磷肥。

磷酸盐类　含磷和各种金属的化合物。自然界里最常见的是和钙和氟的化合物：磷灰石和纤核磷灰石等。

霞石　也叫作脂光石，一种浅灰白色或浅绿象色的矿物，有玻璃光泽或脂肪光泽，化学成分是碱金属含量很多的铝硅酸盐。霞石在化学工业（制造碱、矾类、硅胶等）上可以当作一种铝矿石应用，在研磨料工业、陶瓷工业、玻璃工业和制革工业（代替鞣革材料）上也都有用处，还可以用来制造不透水的织物、浸渍木材和用作肥料等。

霞石正长岩　一种深成火成岩，成分有霞石、长石、辉石和闪石，但不含石英。这种岩石在自然界里比较少见；聚集得最多的地方是科拉半岛。

黝铜矿类　这是一类矿物的统称，主要代表是砷黝铜矿和锑黝铜矿。黝铜矿类可以用来提炼铜。

黏土　一种沉积岩，主要成分是含水的铝硅酸盐，还经常含有各种矿物的微小颗粒。黏土有可塑性，跟水混合以后形成面团似的块状。用在建筑上和制造陶器等。

二十一画

露头　岩石、矿脉和矿床直接露在地面上的地方。露头有天然的和人工的两种。

二十二画

镶嵌　把不同颜色的石块、玻璃块、木块、骨头块和别种材料拼成图画的一种艺术品。

图片来源

———— ◇ ————

序 P006. 卡拉库姆沙漠 /Hotel Kaesong

P009. X 光 下 的 颌 针 鱼 /Dazeley at English Wikipedia

P011. 氯化钠的结构模型 / 杨小咪

P014. 氢原子 / 杨小咪

P014. 氦原子 / 杨小咪

P014. 锂原子 / 杨小咪

P014. 钠原子 / 杨小咪

P016. 塔吉克斯坦的高山湖泊 /Oleg Brovko

P017. 冶金厂 /Сергей Гуров

P019. "吉斯 110" 型 汽 车 /Thomas Taylor Hammond

P022. 克 里 木 海 岸 的 夜 景 /Ivan Ayvazovsky 绘

P023. 日珥爆发 /NASA, SDO, AIA

P028. 巫师星云 /Chuck Ayoub

P035. 铀原子 / 杨小咪

P047. 方铅矿和闪锌矿 /Géry PARENT

P050. 电气石 / 邱雅

P053. 锂辉石 / 邱雅

P056. 镭原子 / 杨小咪

P057. α 射线、β 射线、γ 射线穿透示意图 /Ehamberg, Stannered

P058. 装在玻璃管中的含镭涂料 /Fred Bayer

P058. 装在玻璃管中的含镭涂料（发光）/Fred Bayer

P065. 铀 235 原子核里自动进行的链式反应图解 /Mike Run

P067. U235 核反应堆示意图 /Emoscopes

P076. 硅原子 / 杨小咪

P077. 水晶 / 邱雅

P077. 碧石 / 邱雅

P079. 放射虫化石 /Picturepest

P081. 石英晶体里的硅原子和氧原子排列 / 杨小咪

P083. 巨蛋玛瑙 /James St. John

P085. 黄石公园中的猛犸间歇泉 / Matthias Kabel

P086. 发晶 / 邱雅

P086. 金红石 /Géry PARENT

P089. 碳原子 / 杨小咪

P091. 煤 /Amcyrus2012

P091. 天然金刚石 /Géry PARENT

P091. 石墨 /Zbynek Burival/ Mineralexpert.org-CC-BY-SA-4.0

P095. 地球上的碳循环 /Nasa

P096. 地下煤矿的隧道 /hangela

P098. 石油在生产上的应用 / 慌慌慌 绘

P099. 海上的石油钻井平台 /Mrs Brown

P100. 金刚石和石墨的碳原子排列 / 杨小咪

P101. 南非的金刚石矿坑 /Paul Parsons

P104. 磷原子 / 杨小咪

P105. 正在炼制哲人石的炼金术士 / Joseph Wrigh

P106. 罗伯特·玻意耳画像 /Wellcome Library

P108. 磷灰石矿场 /kallerna

P109. 磷灰石 / 邱雅

P111. 磷在生产上的应用 / 慌慌慌 绘

P112. 硫原子 / 杨小咪

P113. 西西里岛的自然硫晶体 /Didier Descouens

P115. 活火山喷发示意图 /vecteezy.com

P116. 黄铁矿晶体 / 邱雅

P117. 透明石膏晶体 / 邱雅

P119. 硫在生产上的应用 / 慌慌慌 绘

P120. 钙原子 / 杨小咪

P122. 日冕 /NASA

P123. 玄武岩柱状节理 / 邱雅

P124. 卡拉拉采石场 /digital341

P125. 海底世界 /wanzi989813

P126. 方解石 / 邱雅

P128. 溶洞 /Julia_s

P129. 钾原子 / 杨小咪

P130. 白榴石 / 邱雅

P132. 盐湖 /Anna Ilarionova

P139. 铁原子 / 杨小咪

P142. 钢水出炉 /Alfred T. Palmer

P144. 地壳岩层 /K. D. Schroeder | Wikimedia commons-CC-BY-SA-4.0

P146. 锶原子 / 杨小咪

P251. 地球大气层 /Medium69

P258. 地球的构造

P269. 霓虹灯 /Teravolt

P270. 氮原子 / 杨小咪

P272. 使用液态氮制作冰激凌 /Sarah_ Ackerman

P274. 地球上的水循环 /Tttrung

P278. 深海中的红藻 /Derek Keats

P282. 波拉波拉岛 /The TerraMar Project

P282. 斯瓦尔巴群岛 /Gary Bembridge

P283. 正午时分，在莫斯科郊外 /Ива н Ива нович Ши шкин 绘

P284. 伏尔加河畔的日古利山脉 /Kaa707

P285. 阿姆河 /Ninara

P286. 天山 /Ondřej Žváček

P287. 帕米尔高原 /Nihongarden

P289. 印度洋海岸 /Wallstrand

P291. 硅藻化石 /Picturepest

P293. 蓝风铃海鞘 /Nhobgood

P295. 菊石 /Balise42

P304. 镁合金制成的车轮 /CSIRO

P305. 光卤石晶体 /Sopivnik I.

P307. 锂云母 /Géry Parent

P308. 与磷灰石伴生的黑钨矿 /Didier Descouens

P309. 与石英伴生的辉钼矿 /Didier Descouens

P317. 轻型装甲车 /Scott Dunn, U.S. Marine Corps

P319. B-1B 轻骑兵战略轰炸机 /Balon Greyjoy

P319. 燃烧弹 /Hurley, James Francis

P320. 探照灯 /Dallinson G W（Lieut）

P326. 亚里士多德和柏拉图 /Raffaello Sanzio da Urbino 绘

P334. 波尔塔瓦战役马赛克壁画 /Serge Lachinov 摄

P348. 辉锑矿晶簇和重晶石 /Rama

P349. 钙铬石榴石 /Géry Parent

P350. 富铀烧绿石 /Christian Rewitzer– CC-BY-SA-3.0

P352. 雌黄晶体标本 /Géry Parent

P357. 原子模型和概念 /Igor Kubik

本书中所有原子示意图和晶体结构示意图均由杨小咪绘制

其余未署名图片均属于公共版权领域